高职高专"十三五"规划教材·机械类

机械设计基础与实践

主 编 郑 钢

西安电子科技大学出版社

内 容 简 介

本书是根据普通高等教育"机械设计基础"课程的教学基本要求,采用现行的有关国家标准,结合编者多年的教学实践与课程建设经验编写而成的。本书对传统教材的内容和体系进行了一定的改革,以培养工程设计能力、应用能力、机械系统运动方案创新能力为目标。全书共11章,内容包括平面机构的结构分析、平面连杆机构、凸轮机构、齿轮传动、蜗杆传动、间歇运动机构、轮系、挠性传动、连接设计、轴及轴承、机械传动系统。

本书在每章末附有一定数量、不同题型的思考题,可供学生课后参考和练习。

本书可作为机械类、机电类或近机械类相关专业的教学用书,也可供有关工程技术人员和大、中专学生参考使用。

图书在版编目(CIP)数据

机械设计基础与实践 / 郑钢主编. —西安:西安电子科技大学出版社,2019.7
ISBN 978-7-5606-5317-4

Ⅰ. ① 机… Ⅱ. ① 郑… Ⅲ. ① 机械设计 Ⅳ. ① HZ122

中国版本图书馆 CIP 数据核字(2019)第 082980 号

策划编辑 陈 婷
责任编辑 宁晓蓉
出版发行 西安电子科技大学出版社(西安市太白南路2号)
电 话 (029)88242885 88201467 邮 编 710071
网 址 www.xduph.com 电子邮箱 xdupfxb001@163.com
经 销 新华书店
印刷单位 咸阳华盛印务有限责任公司
版 次 2019年7月第1版 2019年7月第1次印刷
开 本 787毫米×1092毫米 1/16 印张 16.5
字 数 389千字
印 数 1~3000册
定 价 36.00元
ISBN 978-7-5606-5317-4 / TH

XDUP 5619001-1

前　　言

　　"机械设计基础"是一门近机类专业的技术基础课，也是讲授机械传动、常用零部件在设计中共性问题的一门主干技术基础课。为适应现代自动化机械设计对机构选型与零部件强度设计方面的要求，本课程着重讲述常用机构与零部件的工作原理和简单的设计方法，以及机构选型、强度计算和结构设计的原则。通过本课程的学习，学生可掌握工程中简单力学问题的分析方法、典型变形下构件强度的基本知识，掌握常用机构的原理、运动分析和通用机械零件的结构、工艺及强度校核等基本知识，并初步具有分析和选用机械零件及简单机械传动装置的能力，为学习后续课程和将来从事专业技术工作打下必要的基础。

　　全书共分 11 章，内容包括平面机构的结构分析、平面机构运动简图及自由度计算、平面连杆机构、凸轮机构、齿轮传动、蜗杆传动、间歇运动机构、轮系传动、带传动和链传动、螺纹连接与螺旋传动、滑动轴承和滚动轴承、机械传动系统设计与实例。

　　本书的主要特色是：从满足教学基本要求出发，以机械设计的基本理论、基本知识、基本技能为基础，加强学生设计能力的培养。在内容的选取上突出工程性、创新性、实用性和实践性，理论以够用为度，淡化了复杂繁琐的推导；在内容的安排上体现教法和学法，首先明确学习的主要内容，并按照知识的内在联系、认知规律和机械传动的一般顺序安排章节；列举实例对理论知识进行深入讲解，拓宽了学生的知识面，也增加了本书的可读性。本书的参考学时为 64～96 学时。

　　广东岭南职业技术学院郑钢担任本书主编。

　　由于编写水平有限，书中难免存在不妥之处，恳请读者批评指正。

编者

2019 年 1 月

目　　录

绪　　论

1. 本课程研究对象

1) 机器与机构

"机械设计基础与实践"课程的研究对象是机械。机械是机器和机构的总称，是人类在长期生产和生活实践中应用的重要劳动工具。在现代生产和日常生活中，机械应用于各个领域，如建筑、冶金、石油、化工、纺织、食品、信息等，起着非常重要的作用。

机器的类型很多，其结构、功能和用途也各不相同，但它们都有共同特征，下面以一个实例进行分析。

图 0-1 所示为颚式粉碎机。电动机 1 通过 V 带 3、带轮 2 和 4 带动偏心轮 5 转动，再通过动颚板(连杆)6 带动装在定颚板(机架)7 上的肘板 8 往复摆动，动颚板 6 做平面运动，它不断地将料斗中的矿石向定颚板 7 挤压，以达到粉碎矿石之目的。

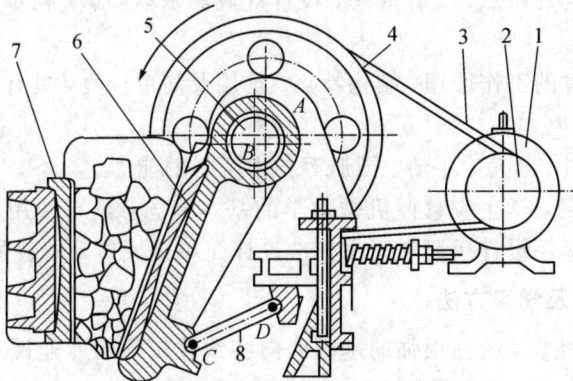

1—电动机；2、4—带轮；3—V带；5—偏心轮；
6—动颚板(连杆)；7—定颚板(机架)；8—肘板

图 0-1　颚式粉碎机

从以上实例可以看出，机器具有三个基本特征：

(1) 都是人为的多个实物的组合；

(2) 各实物之间有确定的相对运动；

(3) 能够代替或减轻人类劳动，能做机械功或完成机械能转换。

凡同时具备以上三个特征者称为机器。仅具备前两个特征者称为机构。机器与机构的主要区别在于：机器能转换能量和传递运动，机构只能传递运动。

通常机器都由若干个机构组成，如内燃机由连杆机构、凸轮机构、齿轮机构几个基本机构组成。

2）构件与零件

组成机构的各个相对运动的基本单元称为构件。构件可以是一个单个的零件，如内燃机中的曲轴，也可以是由几个零件刚性地连接组成的整体。构件是机械中基本的运动单元。

从制造的角度看，机器是由若干零件组成的，零件是机械中基本的制造单元。

2. 本课程的性质、内容和任务

"机械设计基础与实践"是一门理论性、实践性、综合性较强的技术基础课，主要目的是综合应用"工程制图""工程力学""金属工艺学"等课程的知识解决机械设计中的问题。本课程是机械类或近机类专业的主要课程之一，在教学中具有承上启下的作用，是机械工程技术人员及管理人员必修的课程。

本课程主要讲述力学基础知识、常用机构和通用零件设计的有关问题，介绍静力学的基本概念，构件变形和强度分析的基本知识，机械中常用机构和通用零件的工作原理、特点、基本设计理论和方法。在课程内容里应用了一些国家标准和规范。

本课程的主要任务如下：

（1）理解静力学的基本概念、构件基本变形的概念和强度的计算方法；

（2）掌握常用机构的特点、工作原理、设计计算等基本知识，初步具有分析和设计常用机构的能力；

（3）掌握通用零件的工作原理、结构特点、选用及简单计算，具有设计机械传动装置的基本知识；

（4）具有运用标准、规范、手册、图册等技术资料的能力。

通过本课程的学习，学生应掌握机械力学的基本概念，具有使用、维护和改进机械设备的基本知识，具备运用设计手册和国家标准设计简单机械传动装置的能力。

3. 本课程的特点及学习方法

本课程是从理论性、系统性很强的基础课向实践性较强的专业课过渡的一个重要转折点，因此，学习本课程时必须在学习方法上有所转变，注意以下几点：

（1）本课程将多门先修课程的基本理论应用于实际，解决有关工程问题，因此先修课程的掌握程度会影响到学生对本课程的学习。

（2）由于在生产实践中所遇到的问题很复杂，很难用纯理论的方法来解决，因此在教材中常常采用很多经验公式、参数以及简化计算（条件性计算）等，必须在学习过程中逐步适应。

（3）计算步骤和结果不像基础课程那样具有唯一性。

（4）计算对解决设计问题很重要，但不是唯一要求的能力。学生必须逐步掌握综合分析的能力，把理论计算与结构、工艺等结合起来解决设计问题。

（5）学习机械设计不仅在于继承，更重要的是应用和创新，机械科学产生与发展的历程就是不断创新的历程，学习中要注意应用所学的理论知识分析和解决生活、生产中的实际问题。

第一章　平面机构的结构分析

机构是用来传递或变换运动的构件系统，组成机构的各构件彼此间应具有确定的相对运动。显然，任意拼凑的构件系统不一定能相对运动，即使能够运动，也不一定具有确定的相对运动。因此研究机构在什么条件下具有确定的相对运动，对于分析现有机构或设计新机构进行机构的创新具有重要的指导意义。

此外，实际机构的外形和结构一般都很复杂，为了便于机构的运动分析，在不影响机构运动特性的前提下，常常采用简单的线条和符号形成的运动简图来表示一个具体的机构。本章将详细介绍机构运动简图的绘制方法。

根据机构的运动范围，可把机构分为空间机构和平面机构两类。所有构件都在一个平面或相互平行的平面内运动的机构称为平面机构；否则称为空间机构。工程中大多数常用机构是平面机构，因此本章只讨论平面机构。

第一节　平面机构的组成

一、机构

机器是由机构组成的。一部机器可以只包含一个机构，如电动机、鼓风机，也可以包含几个机构，如内燃机便由曲柄滑块机构、齿轮机构、凸轮机构等组成。组成机构的各个相对运动部分称为构件。构件可以是单一的零件，也可以是几个零件通过刚性连接组成的一个整体。图1-1所示内燃机的连杆就是由连杆体1、螺栓2、螺母3、开口销4、连杆盖5、轴瓦6、轴套7等几个零件组成的，这些零件之间没有相对运动，作为一个整体进行运动，构成了一个构件。由此可知，构件是运动的单元，而零件是制造的单元。

从运动的观点看，机构是由若干构件组成的。一般机构中的构件可分为以下三类：

（1）机架（固定件）。用来支承活动构件的构件称为机架。机架可以固定在地基上，也可以固定在车、船等机体上。在分析研究机构中活动构件的运动时，通常以机架作为参考坐标系。

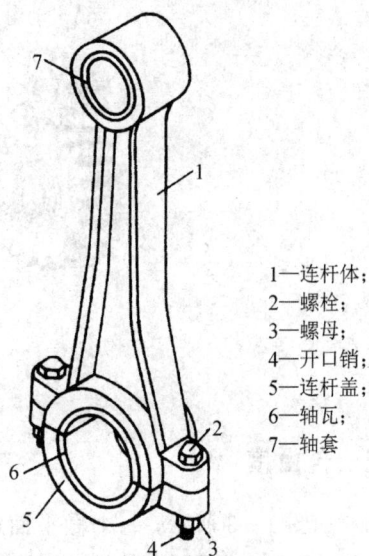

1—连杆体；
2—螺栓；
3—螺母；
4—开口销；
5—连杆盖；
6—轴瓦；
7—轴套

图1-1　连杆

（2）原动件。运动规律已知的活动构件称为原动件。它是机构的动力来源，其运动规律由外界给定。一般情况下原动件与机架相连接。在机构运动简图中，原动件上通常画一箭头，用以表示其运动方向。

（3）从动件。机构中随着原动件的运动而运动的其余活动构件称为从动件，其中输出预期运动规律的从动件称为输出构件。从动件的运动规律取决于原动件的运动规律和机构的组成情况。

在任何一个机构中，只能有一个构件作为机架。在活动构件中至少有一个为原动件，其余的都是从动件。

二、运动副

机构由两个以上具有相对运动的构件系统所组成，所以必须采用能使两构件产生一定相对运动的连接形式。我们把两构件直接接触而又能产生一定相对运动的连接称为运动副。两构件上能参与接触而构成运动副的部分称为运动副元素。如图 1-2 所示，轴颈与轴承之间的连接(图 1-2(a))、滑块与导槽之间的连接(图 1-2(b))以及两轮齿之间的连接(图 1-2(c))均属于运动副，它们的元素分别为圆柱面与圆孔面、两个平面以及两齿廓曲面。在实际中构成运动副的元素可以是点、线、面。

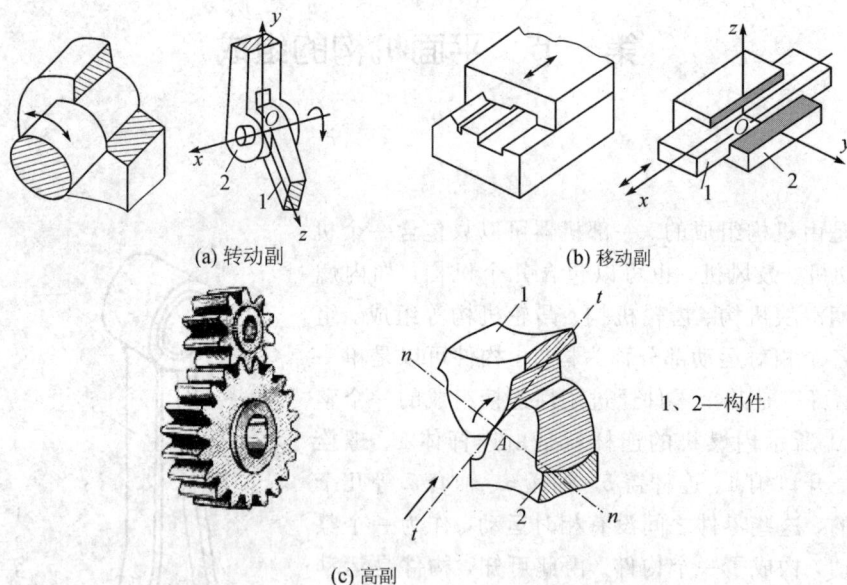

(a) 转动副   (b) 移动副

(c) 高副

1、2—构件

图 1-2 运动副

三、自由度

如图 1-3 所示，一个做平面运动的自由构件有三种独立运动，即构件沿 x、y 轴方向的移动及 xOy 平面内的转动。构件所具有的独立运动的数目称为构件的自由度。显然，一个做平面运动的自由构件有三个自由度。

　　当构件用运动副连接后，它们之间的某些独立运动将不能实现，这种对构件间相对运动的限制称为约束。自由度随着约束的引入而减少，不同的运动副引入不同的约束。

　　构成运动副的两构件之间的相对运动为平面运动时，则该运动副称为平面运动副；若相对运动为空间运动，则该运动副称为空间运动副。平面运动副有转动副、移动副和平面高副三种，这里主要介绍平面运动副，对空间运动副，仅介绍应用较多的螺旋副和球面副。

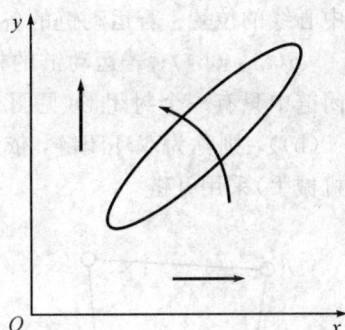

图 1-3　平面运动机构的自由度

1. 转动副

　　图 1-2(a)中的构件 1、2 只能做相对转动，构件 1 相对于构件 2 沿 x、y 轴的轴向运动受到限制。这种只能做相对转动的运动副称为转动副，简称铰链。

2. 移动副

　　图 1-2(b)中的构件 1、2 间只能做相对移动，构件 1 相对于构件 2 沿 y 轴方向的移动和绕垂直 xOy 平面的自由转动受到约束。这种只能做相对移动的运动副称为移动副。

3. 平面高副

　　如图 1-2(c)所示，由一对齿廓构成的运动副中，构件 1 相对于构件 2 既可沿接触处切线 tt 方向独立移动，又可绕啮合点独立转动。这种具有两个独立相对运动的运动副称为平面高副。常见的平面高副有齿轮副和凸轮副。

　　此外，常用的运动副还有如图 1-4(a)所示的球面副，图中构件 1 和 2 可绕空间坐标系的 x、y、z 轴独立转动；图 1-4(b)为螺旋副，其两个构件做螺旋运动，螺杆一方面绕 x 轴转动，另一方面沿 x 轴移动，但这两个运动并不独立，即螺杆转动一圈，同时沿 x 轴移动一个导程。这两种运动副均属空间运动副。

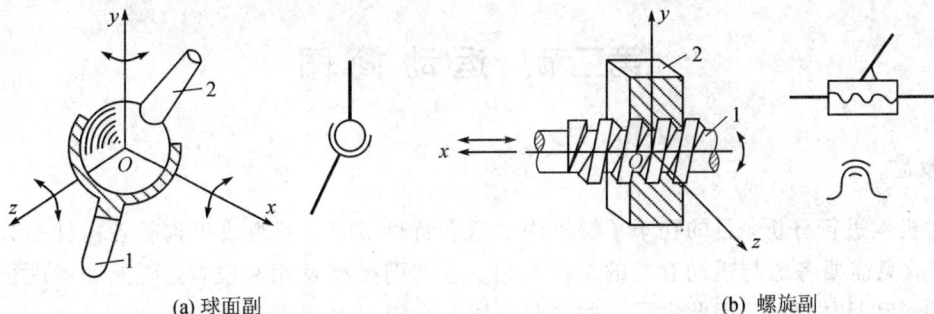

(a) 球面副　　　　　　　　　　　　　　　(b) 螺旋副

图 1-4　空间运动副

四、运动链

1. 运动链

　　两个以上的构件以运动副连接而构成的系统称为运动链。图 1-5(a)表示用四个转动副连接四个构件的运动链，图中 A、B、C、D 四个小圆代表转动副，圆心所在位置表示转动副中心线的位置。若运动链的各构件构成首末封闭的系统，称为闭式运动链，简称闭链（见图 1-5(a)、(b)）；若运动链的构件未构成首末封闭的系统，则称为开链（见图 1-5(c)）。若闭链中只有一个封闭形（见图 1-5(a)），则称为单环闭链；若闭链中有两个封闭形（见图 1-5(b)），则称为双环闭链，依此类推。在各种机构中，一般都采用闭链，少数机构（如工业机械手）采用开链。

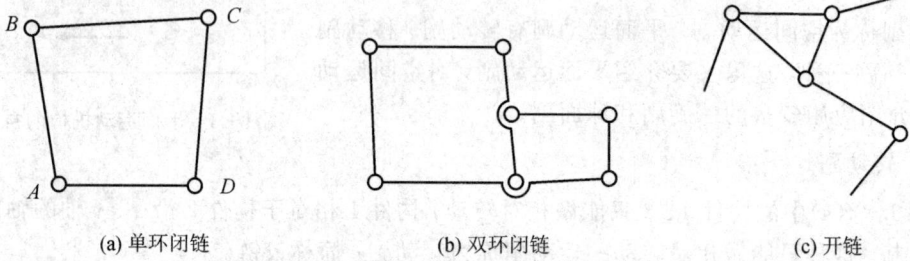

| (a) 单环闭链 | (b) 双环闭链 | (c) 开链 |

图 1-5　运动链

2. 机构

当运动链形成以后，若各构件之间不能保持相对的确定运动，这时它不能实现一定的功能，此运动链不能称为一个机构。要使运动链能构成机构，必须满足以下三个条件：

（1）有一个机架。机架是研究机构中各构件相对运动的参考坐标系。通常选择运动链中与地面相对固定的构件作机架，但在有些机器（如车、船、飞机等）中，机架相对于地面亦有运动。

（2）具有一个或几个给定运动规律的构件。这类构件称为原动件，多数情况下原动件与机架相连。

（3）各构件间具有确定的相对运动。除原动件和机架以外的构件为从动件，当原动件按给定运动规律运动时，从动件亦随之具有确定的相对运动。

第二节　运动简图

一、概念

对机构进行分析，目的在于了解机构的运动特性，即了解组成机构的各构件是如何工作的，故只需要考虑与运动有关的构件数目、运动副类型及相对位置，而无需考虑机构的真实外形和具体结构，因此常用一些简单的线条和符号画出图形进行方案讨论和运动、受力分析。这种撇开实际机构中与运动关系无关的因素，按一定比例用规定的简化画法表示各构件间相对运动关系的工程图形称为机构运动简图。图 1-6 所示为冲床机构的运动简图。

只要求定性地表示机构的组成及运动原理而不严格按比例绘制的机构图形称为机构示意图。

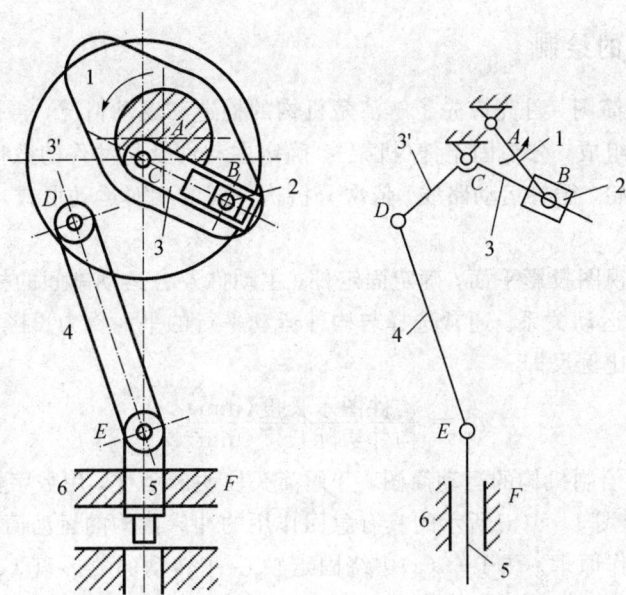

(a) 结构图   (b) 运动简图

1—菱形盘；2—滑块；3—拨叉；3'—圆盘；4—连杆；5—冲头；6—机架

图 1-6 具有急回作用的冲床机构

二、运动副及构件的规定表示方法

常用构件和运动副的简图符号见表 1-1。

表 1-1 常用构件和运动副的简图符号（摘自 GB/T4460—2013）

名　称		简图符号	名　称		简图符号
构件	轴、杆		机架	机架	
	三副元素构件			机架是转动副的一部分	
	构件的永久连接			机架是移动副的一部分	
平面低副	转动副		平面高副	齿轮副 外啮合	
				内啮合	
	移动副			凸轮副	

三、机构运动简图的绘制

要绘制机构运动简图，首先应先了解清楚机构的构造和运动情况，再按下列步骤进行：

（1）分析机构的组成，分清固定件（机架），确定主动件及从动件的数目。

（2）由主动件开始，循着运动路线，依次分析构件间的相对运动形式，并确定运动副的类型和数目。

（3）选择适当的视图投影平面，确定固定件、主动件及各运动副间的相对位置，以便清楚地表达各构件间的运动关系。通常选择与构件运动平行的平面作为投影面。

（4）采用适当的比例尺即

$$\mu_l = \frac{\text{构件图示长度（mm）}}{\text{构件实际长度（mm）}}$$

用规定的符号和线条绘制机构的运动简图，并用箭头注明原动件，用数字标出构件号。

【例 1 - 1】 绘制图 1 - 6(a)所示的具有急回作用的冲床机构的运动简图。

解 （1）分析工作原理。图 1 - 6(a)中绕固定轴心 A 转动的菱形盘 1 与滑块 2 在 B 点铰接，通过滑块 2 推动拨叉 3 绕固定轴心 C 转动，而拨叉 3 与圆盘 $3'$ 为同一构件；当圆盘 $3'$ 转动时，通过连杆 4 使冲头 5 实现冲压运动。根据机构的运动情况，可确定冲床的原动件为菱形盘 1，而执行构件为冲头 5。该机构的传动路线为 1—2—3($3'$)—4—5，包括机架 6 在内，该机构由 6 个构件组成。

（2）确定构件数以及运动副数量、类型和相对位置：菱形盘 1 与机架 6 绕 A 点转动，构成转动副，与滑块在 B 点构成转动副；拨叉 3 与滑块 2 形成移动副，与机架在 C 点形成转动副；圆盘 $3'$ 与机架在 C 点形成转动副，与连杆 4 在 D 点形成转动副；冲头 5 与连杆 4 在 E 点形成转动副，与机架形成移动副。该机构共有 6 个转动副、2 个移动副。

（3）确定视图平面。选择构件的运动平面为视图平面。

（4）绘制机构运动简图。根据机构实际尺寸及图样大小选定比例尺 μ_l，并确定 A、B、C、D、E、F 的位置，用构件和运动副的规定符号绘出机构运动简图，并在主动件上标上箭头，如图 1 - 6(b)所示。

第三节　自由度计算

一、平面机构的自由度

在平面机构中，各构件只作平面运动，当做平面运动的构件尚未与其他构件构成运动副时，共有三个自由度，即沿 x 轴和 y 轴的移动，以及在 xOy 平面内的转动。所以，如设一平面机构共有 n 个活动构件（除机架外的构件），则当各构件尚未通过运动副而相连接时，显然它们共有 $3n$ 个自由度。但是，在机构中，每一构件必须至少与另一构件相连接而构成运动副。当两构件构成运动副后，它们的运动就受到约束，因而其自由度将减少。平面机构中的运动副只有平面低副（转动副和移动副）和平面高副两种。对于构成平面低副的两构件，转动副和移动副分别引入了两个约束，从而减少了两个自由度。平面高副引入了一个约束，减少了一个自由度。因此，在平面机构中，如果有 n 个活动构件，其中低副有 P_l 个，高副有 P_h 个，则机构中全部运动副所引入的约束总数为 $2P_l + P_h$。因此活动构件的自由度总数减去运动副引入的约束总数就是该机构的自由度，以 F 表示，则机构自由度的计算公式为

$$F = 3n - 2P_l - P_h \tag{1-1}$$

这就是平面机构自由度的公式。由式(1-1)可知，机构自由度取决于活动构件的件数及运动副的性质。

下面举例说明平面机构自由度的计算。

【例1-2】　计算图1-6所示的冲床主体机构的自由度。

解　在冲床主体机构中，活动构件有 $n = 5$ 个，包含 7 个转动副，没有高副和移动副，其中 $P_l = 7$，$P_h = 0$。由平面机构自由度计算公式，得

$$F = 3n - 2P_l - P_h = 3 \times 5 - 2 \times 7 - 0 = 1$$

该机构具有一个原动件，与机构的自由度相等。

【例1-3】　计算图1-7所示机构的自由度。

解　该机构中有 8 个构件，其中活动构件为 7 个，包含 8 个转动副、2 个移动副，没有高副，故 $P_l = 10$，$P_h = 0$。由平面机构自由度计算公式，得

$$F = 3n - 2P_l - P_h = 3 \times 7 - 2 \times 10 - 0 = 1$$

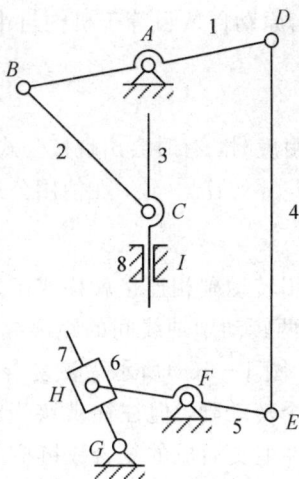

图1-7　例1-3图

二、平面机构具有确定运动的条件

机构具有确定的运动，是指机构的主动件按给定运动规律运动时，其余构件也都随之作相应的运动，亦即当主动件的位置被给定时，其余构件也都要随之处于唯一的位置上。机构的自由度数目表明了机构具有独立运动的数目，而机构中每个主动构件相对于机架只有一个独立运动，因此，机构自由度数目必须与机构主动件数目相等，同时机构必须有接受外界运动的主动件。由此得到，机构具有确定运动的条件是：机构的自由度数目等于机构的原动件数目，即机构有多少个自由度，就应给机构多少个原动件，即 $F > 0$，且 F 等于原动件数目。

机构的原动件的独立运动是由外界给定的。如果给出的原动件数目不等于机构的自由

度数目,则将产生如下影响:

如果机构的原动件数目大于机构的自由度数目($F=3\times4-2\times5=2$),机构将不动甚至导致机构中最薄弱环节损坏,如图 1-8(a)所示;如果机构的自由度数目小于零($F=3\times3-2\times5=-1$),机构成为超静定桁架结构,如图 1-8(b)所示;如果原动件数目小于机构的自由度数目($F=3\times4-2\times5=2$),机构的运动将不确定,如图 1-8(c)所示。

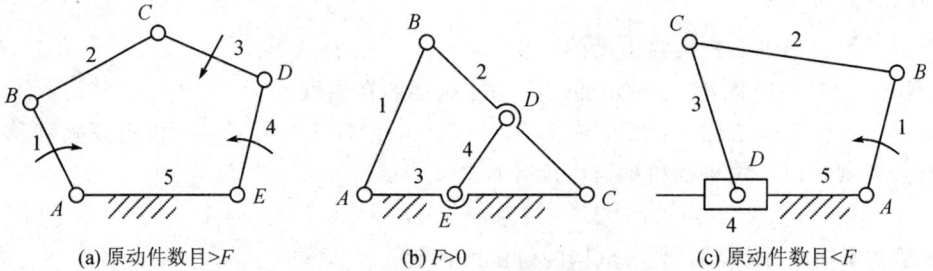

(a) 原动件数目>F　　　　　　　(b) F>0　　　　　　　(c) 原动件数目<F

图 1-8　原动件数目不等于机构自由度时的情况

综上所述可知,机构的自由度 F、原动件的数目与机构运动特性有着密切的关系:

(1) $F<0$ 时,机构蜕化成刚性桁架,构件间不可能产生相对运动。

(2) $F>0$ 时,原动件数目大于机构自由度时,机构遭到破坏;原动件数目小于机构自由度时,机构运动不确定;只有当原动件数目等于机构自由度时,机构才具有确定的运动。

三、几种特殊情况的处理

在用式(1-1)计算机构的自由度时,有时会出现按公式计算的结果与机构的实际自由度不相符合的情况。为使计算结果与实际情况一致,在使用公式(1-1)时,应注意以下问题。

1. 复合铰链

两个以上的构件同时在一处用转动副相连接就构成了复合铰链。图 1-9(a)表示构件 1 与构件 2、3 组成两个转动副。当两转动副轴线间的距离缩小到零时,两轴线重合为一,便得到图 1-9(b)所示的复合铰链,图 1-9(c)所示为该复合铰链的俯视图。这种由两个构件汇集而成的复合铰链实际含有两个转动副,但往往被错当作一个转动副来计算,因此必须加以注意。依此类推,由 m 个构件汇交而成的复合铰链应当包含 $m-1$ 个转动副。

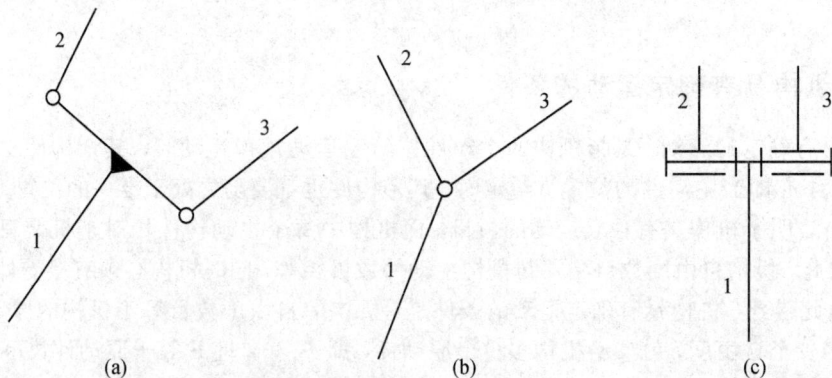

(a)　　　　　　　　　　(b)　　　　　　　　　　(c)

图 1-9　复合铰链

【例 1-4】　计算图 1-10 所示机构的自由度。

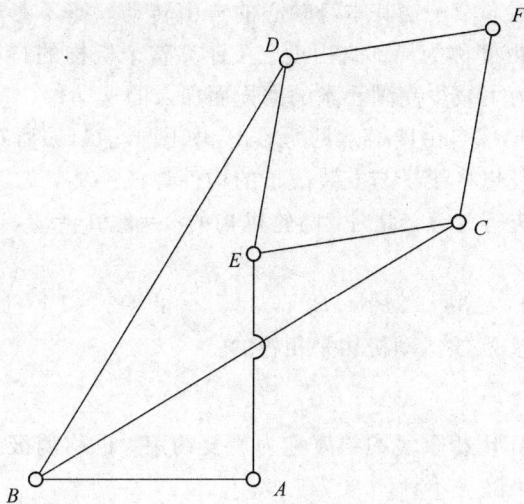

图 1-10　例 1-4 图

解　在该机构中，B、C、D、E 四处都是由三个构件组成的复合铰链，各具有两个转动副，所以这个机构 $n=7$，$P_1=10$，$P_h=0$，由式(1-1) 得

$$F = 3n - 2P_1 - P_h = 3 \times 7 - 2 \times 10 - 0 = 1$$

2. 局部自由度

机构中常出现一种与输出构件运动无关的自由度，称为局部自由度。在计算时该自由度应加以排除，才能使计算结果与实际情况相吻合。

如图 1-11 所示的凸轮机构，按式(1-1) 计算机构的自由度，得

$$F = 3n - 2P_1 - P_h = 3 \times 3 - 2 \times 3 - 1 = 2$$

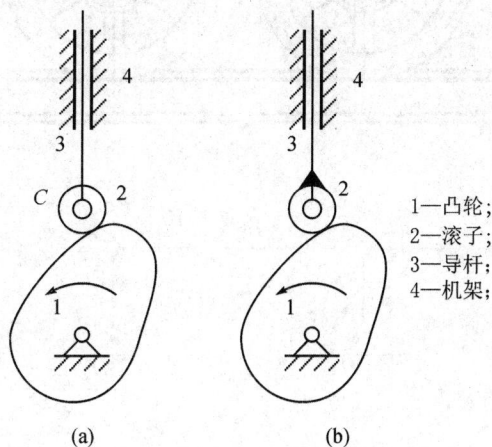

1—凸轮；
2—滚子；
3—导杆；
4—机架；

(a)　　　　　　(b)

图 1-11　凸轮机构

根据计算结果，该机构应有两个原动件，机构才具有确定的运动，但实际上只需要一个原动件。实际上图中圆形滚子绕其本身轴心的自由转动丝毫不影响输出件的运动。这种与输出件运动无关的自由度称为局部自由度。在计算整个机构的自由度时，局部自由度应当排除。此处滚子只是为了减少高副元素的磨损而加入的从动件。

滚子是平面机构中局部自由度最常见的形式，如图 1-11(a) 所示。为了防止计算差错，在计算自由度时，可以设想将滚子与安装滚子的构件焊成一体，如图 1-11(b) 所示。预先排除局部自由度，然后进行计算。此时，凸轮机构的 $n=2$，$P_l=2$，$P_h=1$，按式(1-1) 计算，得

$$F = 3n - 2P_l - P_h = 3 \times 2 - 2 \times 2 - 1 = 1$$

这样的计算结果与实际的运动机构是相符的。

3. 虚约束

机构中与其他约束作用相重复的约束称为重复约束，也称消极约束或虚约束。计算机构自由度时，应将虚约束除去不计。

机构中虚约束常在下列情况下发生：

(1) 轨迹重合的虚约束。如将机构的某个运动副拆开，机构被拆开的两部分在原连接点的运动轨迹仍互相重合，则此处约束为虚约束。

【例 1-5】 图 1-12(a)所示为机车车轮的联动机构，图 1-12(b)为其运动简图。图中构件长度为 $AB=CD=EF$，$AD=BC$，$AF=BE$，试计算该机构的自由度。

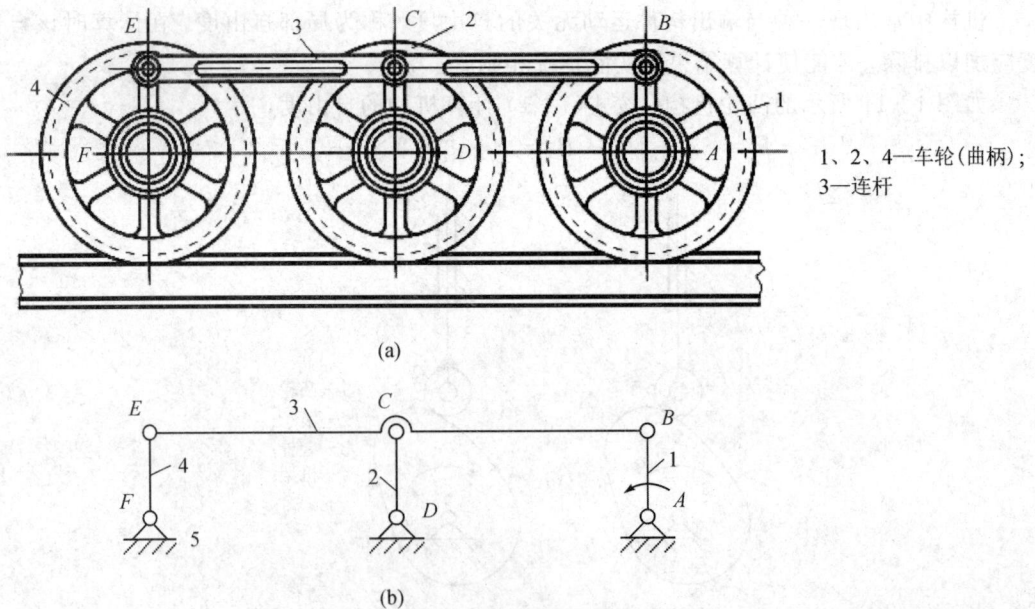

1、2、4—车轮(曲柄)；
3—连杆

(a)

(b)

图 1-12　机车车轮联动机构

解　在该机构中，活动构件数 $n=4$，转动副 $P_l=6$，$P_h=0$，故由机构自由度计算公式，有

$$F = 3n - 2P_l - P_h = 3 \times 4 - 2 \times 6 - 0 = 0$$

按此式计算，该机构将不能运动，但实际上该机构是可动的，显然与实际情况不符合。分析该机构的几何特点可知，由于 BE 作平动，因此 E 点的运动轨迹始终是以 F 点为圆心、EF 为半径的圆弧运动。这说明构件 EF 的存在并不影响该机构的正常运动。但由于加入了构件 EF，引入了三个自由度，同时构件 EF 与机架和连杆 BE 形成了两个转动副，引入了四个约束，因此相当于给原机构增添了一个虚约束。因此在实际计算时，应去掉该虚约束。具体在此机构中，$n=3$，$P_l=4$，$P_h=0$，由机构自由度计算公式，有

$$F = 3n - 2P_l - P_h = 3 \times 3 - 2 \times 4 - 0 = 1$$

这与实际情况是相符的。

(2) 转动副轴线重合的虚约束。当两构件之间在多处形成转动副，并且各转动副的轴线重合时，其中只有一个转动副起实际约束作用，而其余转动副均为虚约束。图 1-13 所示的齿轮机构中，转动副 A(或 B)、C(或 D)为虚约束。

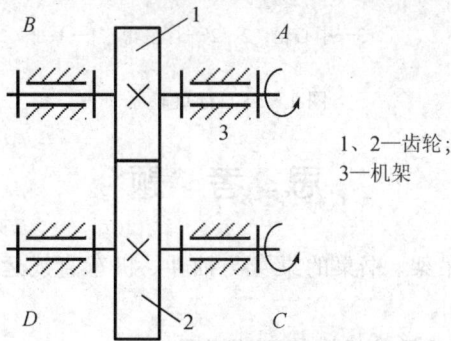

1、2—齿轮；
3—机架

图 1-13　齿轮机构

(3) 移动副导路平行的虚约束。当两构件之间在多处形成移动副，并且各移动副的导路互相平行时，其中只有一个移动副起实际约束作用，而其余移动副均为虚约束。图 1-14 所示的曲柄滑块机构中，移动副 D(或 E)为虚约束。

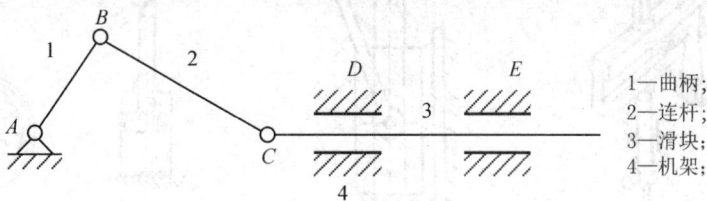

1—曲柄；
2—连杆；
3—滑块；
4—机架；

图 1-14　曲柄滑块机构

(4) 机构中对运动不起作用的对称部分。图 1-15 所示的行星轮系中，只要中心轮 1 和 3、行星轮 2 和系杆 4 存在，则当构件 1 为原动件时，机构各构件就有确定的相对运动。但为了受力均匀，常常如图 1-15 中虚线所示多装一个行星轮 2′(也可装两个或更多个行星轮)，这时增加了一个构件 2′，引入了三个自由度，同时也增加了一个转动副和两个高副，即给机构增加了一个约束，但实际上该约束对机构运动不发生作用，是重复约束，故计算时应除去。

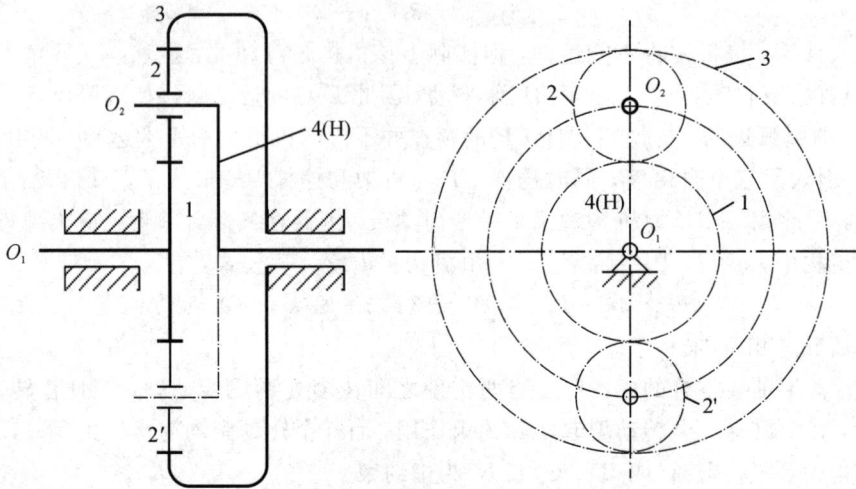

1、3—中心轮；2、2'—行星轮；4—系杆

图 1-15　行星轮系

思　考　题

1-1　吊扇的扇叶与吊架、书桌的桌身与抽斗、机车直线运动时的车轮与路轨各组成哪一类运动副？请分别画出。

1-2　绘制题1-2图所示各机构的运动简图。

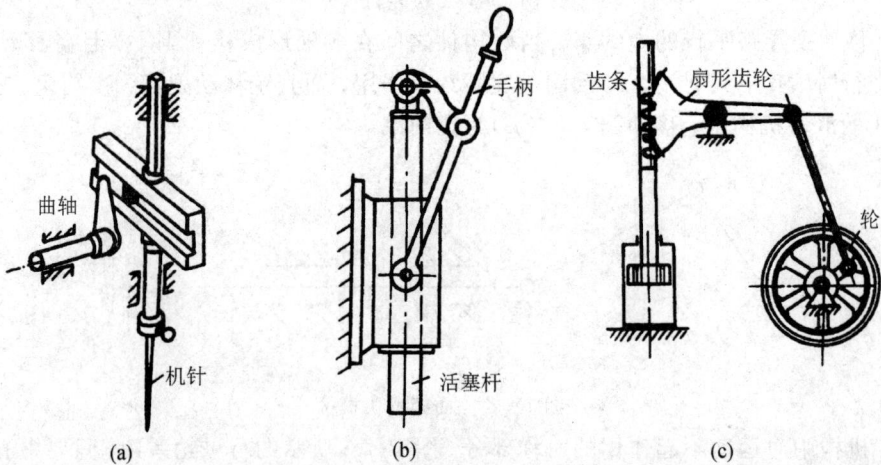

题 1-2 图

1-3　指出题1-3图所示各机构中的复合铰链、局部自由度和虚约束，计算机构的自由度，并判定它们是否有确定的运动(标有箭头的构件为原动件)。

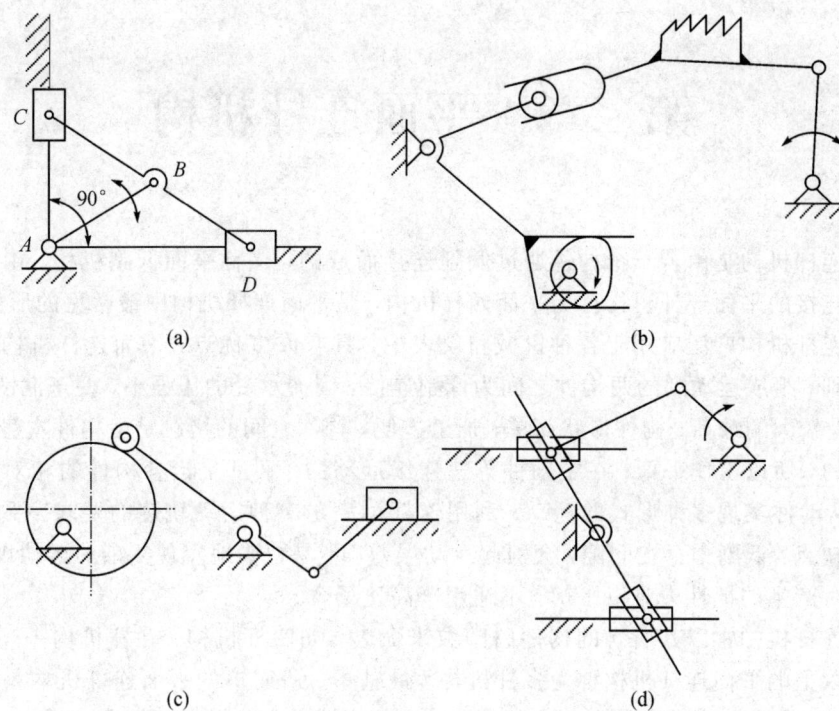

(a)

(b)

(c)

(d)

题 1-3 图

1-4 题 1-4 图所示各机构在组成上是否合理？如不合理，请针对错误提出修改方案。

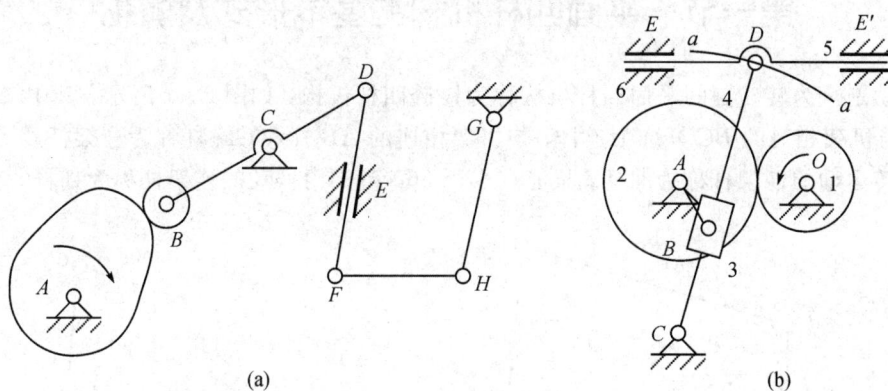

(a)

(b)

题 1-4 图

第二章　平面连杆机构

平面连杆机构是由若干个构件通过低副连接而成的,又称平面低副机构。由四个构件通过低副连接的平面连杆机构称为平面四杆机构,是平面连杆机构中最常见的形式。

平面连杆机构广泛应用于各种机械和仪表中,具有许多优点:平面连杆机构中的运动副均为低副,组成运动副的两构件之间为低副连接,因而承受的压强小,便于润滑,磨损较轻,能承受较大的载荷;构件形状简单,加工方便,构件之间的接触是由构件本身的几何约束来保持的,所以工作平稳;在主动件等速连续运动的条件下,当各构件的相对长度不同时,可使从动件实现多种形式的运动;利用连杆可满足多种运动轨迹的要求。平面连杆机构的主要缺点:低副中存在间隙,会引起运动误差,不易精确地实现复杂的运动规律;连杆机构运动时产生的惯性力难以平衡,不适用于高速场合。

平面连杆机构常以其所含的构件(杆)数来命名,如四杆机构、五杆机构……,常把五杆或五杆以上的平面连杆机构称为多杆机构。最基本、最简单的平面连杆机构是由四个构件组成的平面四杆机构。它不仅应用广泛,而且又是多杆机构的基础。

平面四杆机构可分为铰链四杆机构和衍生平面四杆机构两大类,前者是平面四杆机构的基本形式,后者由前者演化而来。

第一节　平面四杆机构的基本形式及演化

运动副全为转动副的平面四杆机构称为铰链四杆机构,如图 2-1 所示,其中 AD 杆是机架,与机架相对的 BC 杆称为连杆,与机架相连的 AB 杆和 CD 杆称为连架杆,其中能做整周回转运动的连架杆称为曲柄,只能在小于 360°范围内摆动的连架杆称为摇杆。

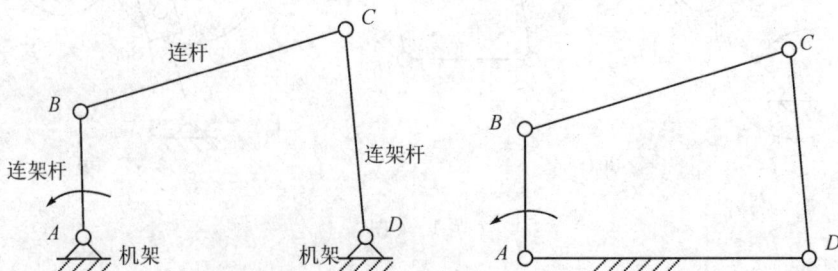

图 2-1　铰链四杆机构

运动副中既有转动副又有移动副的平面四杆机构称为衍生平面四杆机构,如曲柄滑块机构(如图 2-2 所示)。

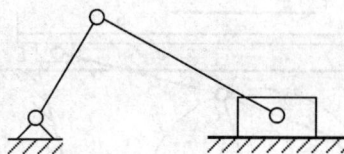

图 2-2　曲柄滑块机构

一、铰链四杆机构的基本类型

1. 曲柄摇杆机构

两连架杆中一个为曲柄另一个为摇杆的铰链四杆机构称为曲柄摇杆机构。曲柄摇杆机构中，当以曲柄为原动件时，可将曲柄的匀速转动变为从动件的摆动。如图 2-3 所示的雷达天线机构，当原动件曲柄 1 转动时，通过连杆 2 使与摇杆 3 固结的抛物面天线作一定角度的摆动，以调整天线的俯仰角度。

也有以摇杆为原动件、曲柄为从动件的情况。如图 2-4 所示缝纫机的脚踏机构，当脚踏板（原动件）上下摆动时，通过连杆使曲柄（从动件）连续转动，输出动力。

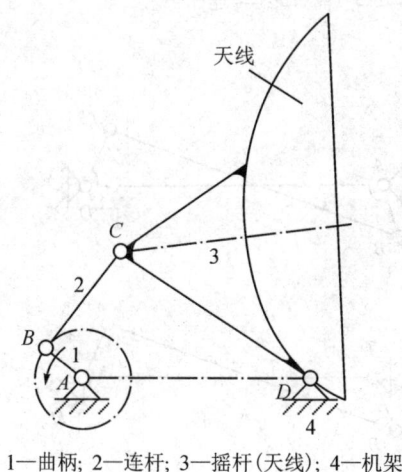

1—曲柄；2—连杆；3—摇杆（天线）；4—机架

图 2-3　雷达天线机构

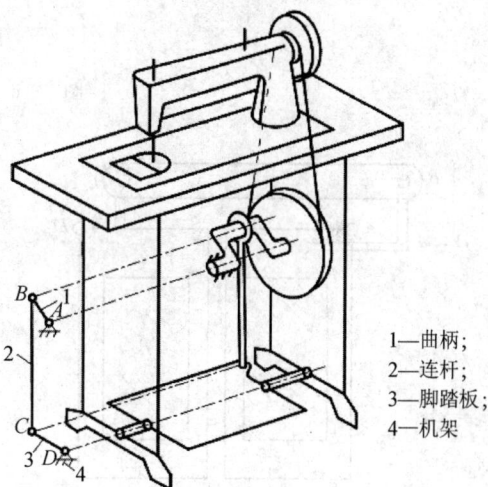

1—曲柄；
2—连杆；
3—脚踏板；
4—机架

图 2-4　缝纫机

2. 双曲柄机构

在铰链四杆机构中，若两个连架杆均为曲柄，则称为双曲柄机构。如图 2-5 所示的惯性筛机构，工作时以曲柄 1 为主动件，做等角速连续转动；通过连杆 2 带动曲柄 3，做周期性的变角速连续转动；再通过构件 5 使筛体做变速往复直线运动。

双曲柄机构中，应用很广的是两曲柄长度相等、连杆与机架的长度也相等且彼此平行的平行四边形机构，也称为平行双曲柄机构。其特点是两个曲柄的运动规律完全相同，连杆 3 始终做平动，如图 2-6 所示的机车车轮机构。

平行四边形机构中，若对边杆彼此不平行，则称为反向双曲柄机构。其特点是原动件与其对边从动件做相反方向的转动，如图 2-7 所示的窗门启闭机构。

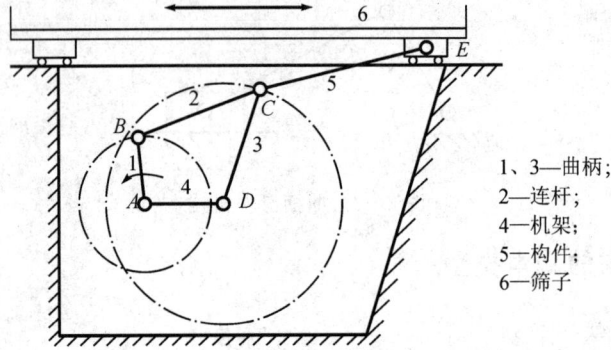

1、3—曲柄；
2—连杆；
4—机架；
5—构件；
6—筛子

图 2-5　惯性筛

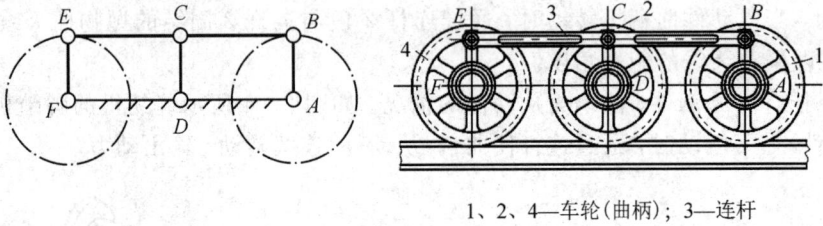

1、2、4—车轮(曲柄)；3—连杆

图 2-6　机车车轮机构

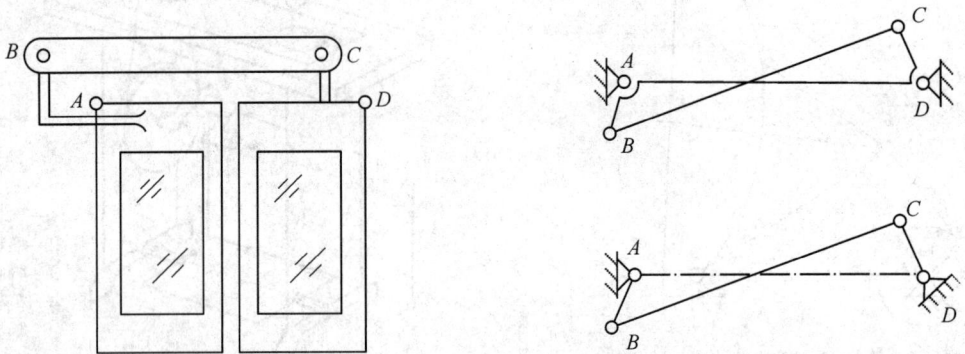

图 2-7　窗门启闭机构

3. 双摇杆机构

两连架杆均为摇杆的铰链四杆机构称为双摇杆机构。图 2-8 所示为港口起重机，当 CD 杆摆动时，连杆 CB 上悬挂重物的点 E 在近似水平直线上移动。

图 2-9(a)、(b)所示的飞机起落架及汽车前轮的转向机构等也均为双摇杆机构的实际应用。汽车前轮的转向机构中，两摇杆的长度相等，称为等腰梯形机构，它能使与摇杆固连的两前轮轴转过的角度不同，使车轮转弯时，两前轮轴线的交点 P 落在后轮轴线的延长线上，这样当汽车四轮同时以 P 点为瞬时转动中心转动时，各轮相对地面近似于纯滚动，保证了汽车转弯平稳并减少了轮胎磨损。

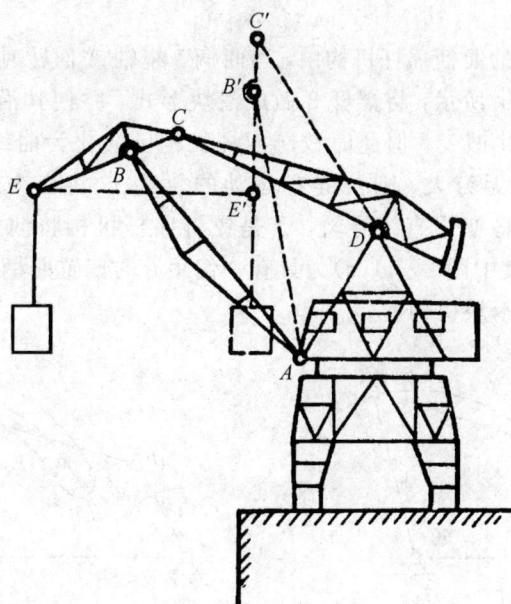

图 2-8　港口起重机

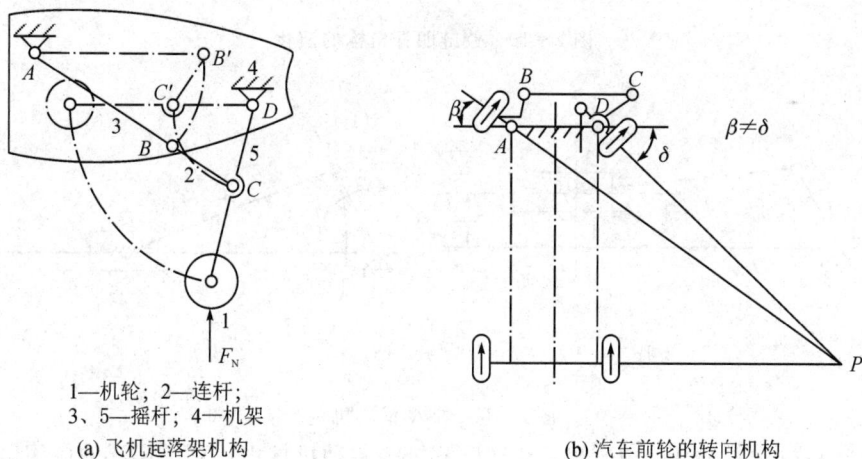

1—机轮；2—连杆；
3、5—摇杆；4—机架

(a) 飞机起落架机构

(b) 汽车前轮的转向机构

图 2-9　双摇杆机构的实际应用

二、平面四杆机构的演化

在实际机器中，还广泛地采用着其他多种形式的四杆机构。这些形式的四杆机构，可认为是通过改变某些构件的形状、改变构件的相对长度、改变某些运动副的尺寸或者选择不同的构件作为机架等方法，由四杆机构的基本形式演化而成的。

铰链四杆机构的演化，不仅是为了满足运动方面的要求，还往往是为了改善受力状况以及满足结构设计上的需要等。各种演化机构的外形虽然各不相同，但是它们的运动性质以及分析和设计方法却常常是相同或类似的，这就为连杆机构的研究提供了方便。

1. 曲柄滑块机构

在图 2-10(a)所示的曲柄摇杆机构中，当曲柄 1 绕轴 A 回转时，铰链 C 将沿圆弧 $\beta\beta$ 往复运动。现如图 2-10(b)所示，将摇杆 3 做成滑块形式，并使其沿圆弧导轨 $\beta\beta$ 往复运动，显然其运动性质并未发生改变，但此时铰链四杆机构已演化为曲线导轨的曲柄滑块机构。若将摇杆 3 的长度增至无穷大，则铰链 C 运动的轨迹 $\beta\beta$ 将变为直线，而与之相应的图 2-10(b)中的曲线导轨将变为直线导轨，于是铰链四杆机构将演化为常见的曲柄滑块机构，如图 2-11 所示。其中图 2-11(a)为具有一偏距 e 的偏置曲柄滑块机构；图 2-11(b)为没有偏距的对心曲柄滑块机构。

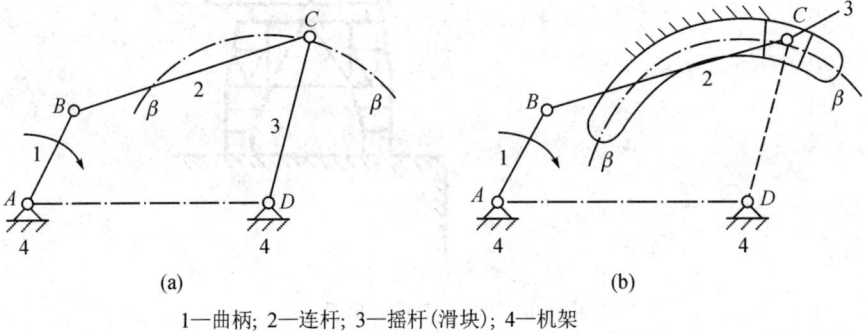

1—曲柄；2—连杆；3—摇杆(滑块)；4—机架

图 2-10　铰链四杆机构的演化

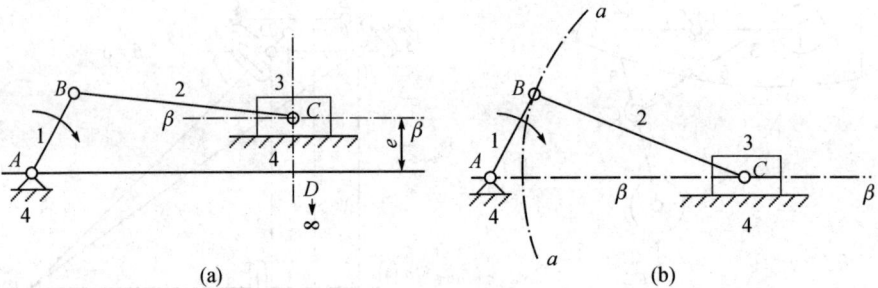

图 2-11　曲柄滑块机构

曲柄滑块机构在冲床、内燃机、空气压缩机等各种机械中得到了广泛的应用。

2. 导杆机构

图 2-12(a)所示的曲柄滑块机构中，若改选构件 AB 为机架，则构件 4 将绕轴 A 转动，而构件 3 则将以构件 4 为导轨沿该构件相对移动。将构件 4 称为导杆，而由此演化成的四杆机构称为导杆机构(如图 2-12(b)所示)。

在导杆机构中，如果其导杆能做整周转动，则称其为回转导杆机构。图 2-13 为回转导杆机构在一小型刨床中的应用实例。

在导杆机构中，如果导杆仅能在某一角度范围内往复摆动，则称为摆动导杆机构。图 2-14(a)为一种牛头刨床的导杆机构。图 2-14(b)为图 2-14(a)所示牛头刨床的主机运动简图。

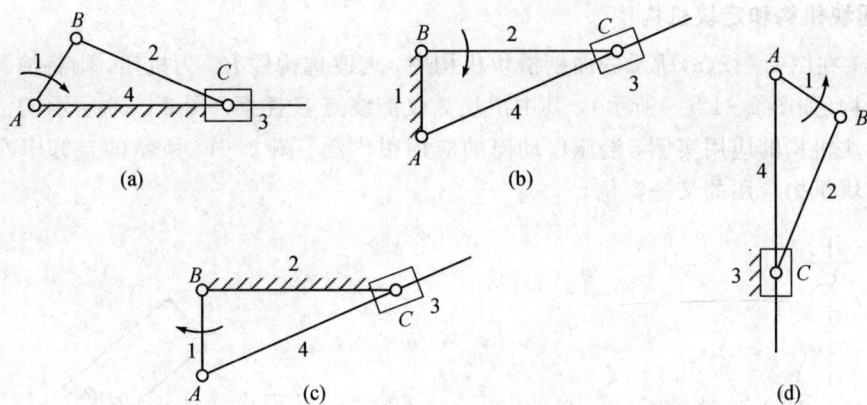

(a)　　　(b)　　　(c)　　　(d)

图 2-12　导杆机构

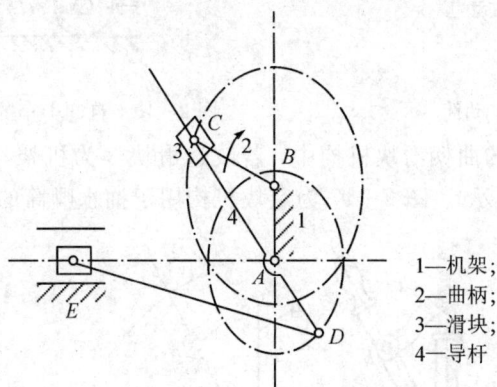

1—机架；
2—曲柄；
3—滑块；
4—导杆

图 2-13　回转导杆机构

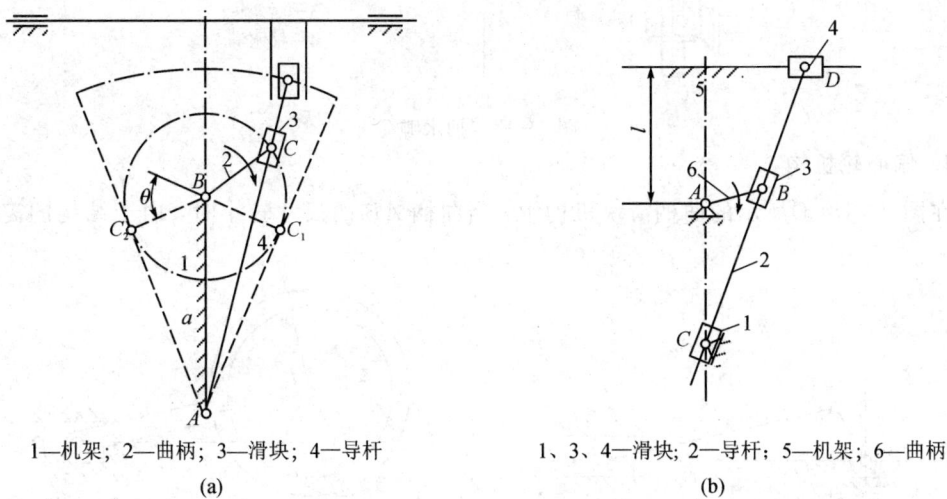

1—机架；2—曲柄；3—滑块；4—导杆　　　　　1、3、4—滑块；2—导杆；5—机架；6—曲柄
(a)　　　　　　　　　　　　　　　　　　　　(b)

图 2-14　牛头刨床的导杆机构

3. 摇块机构和定块机构

同样,在图 2-12(a)所示的曲柄滑块机构中,若改选构件 BC 为机架,则将演化成为曲柄摇块机构(如图 2-12(c)所示),其中滑块 3 仅能绕点 C 摇摆。图 2-15 所示的液压作动筒即为摇块机构的应用实例,液压作动筒的应用很广泛。图 2-16 所示的自卸卡车的举升机构为摇块机构应用的又一实例。

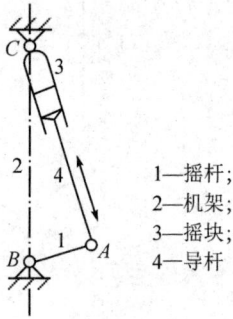

1—摇杆;
2—机架;
3—摇块;
4—导杆

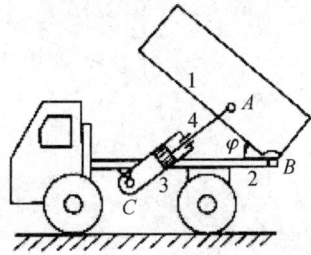

图 2-15　液压作动筒　　　　　图 2-16　自卸卡车的举升机构液压作动筒

在图 2-12(a)所示的曲柄滑块机构中,若改选滑块 3 为机架,称定块,则将演化为定块机构(如图 2-12(d)所示)。图 2-17 为定块机构用于抽水唧筒的实例。

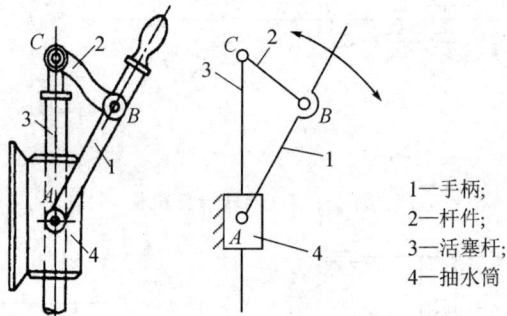

1—手柄;
2—杆件;
3—活塞杆;
4—抽水筒

图 2-17　抽水唧筒

4. 偏心轮机构

在图 2-18(a)所示的曲柄滑块机构中,当曲柄 AB 的尺寸较小时,由于结构的需要常

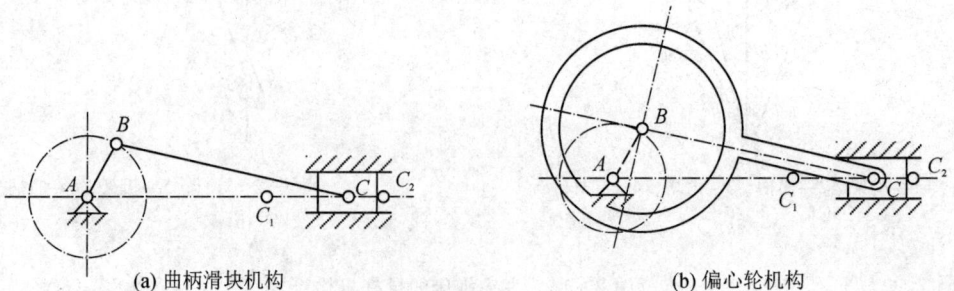

(a) 曲柄滑块机构　　　　　　　　　(b) 偏心轮机构

图 2-18　曲柄滑块机构演化为偏心轮机构

将曲柄改制成如图 2-18(b)所示的一个几何中心不与其回转中心相重合的圆盘,此圆盘称为偏心轮,其回转中心与几何中心间的距离称为偏心距(它等于曲柄长),这种机构则称为偏心轮机构。显然,此偏心轮机构与图 2-18(a)所示的曲柄滑块机构的运动特性完全相同。而此偏心轮机构,则可认为是将图 2-18(a)所示的曲柄滑块机构中的转动副 B 的半径扩大,使之超过曲柄的长度演化而成的。这种机构在各种机床和夹具中广为采用。

5. 双滑块机构

在图 2-19(a)所示的曲柄滑块机构中,将摇杆 BC 改为滑块时,则变为图 2-19(b)所示的双滑块机构。双滑块机构一般用于仪表和计算装置(如印刷机械、机床、纺织机械等)中,如缝纫机针杆机构(图 2-20)和椭圆规(图 2-21)。

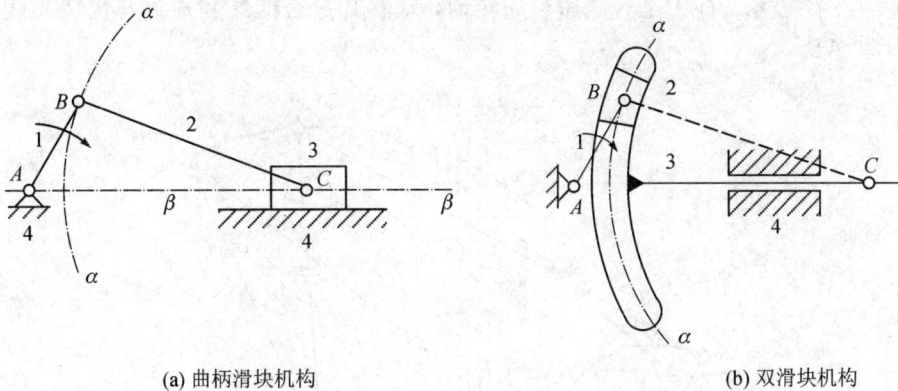

(a) 曲柄滑块机构   (b) 双滑块机构

图 2-19 曲柄滑块机构演化为双滑块机构

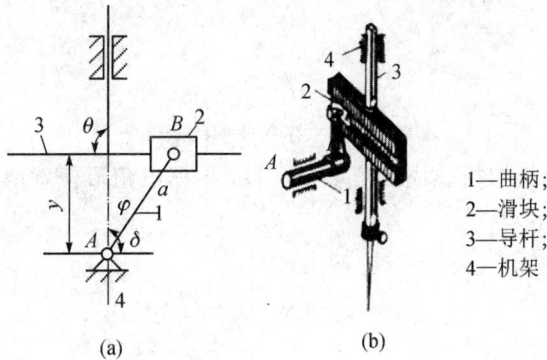

1—曲柄;
2—滑块;
3—导杆;
4—机架

(a)   (b)

图 2-20 缝纫机针杆机构

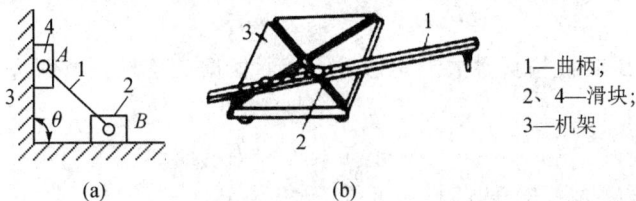

1—曲柄;
2、4—滑块;
3—机架

(a)   (b)

图 2-21 椭圆规

第二节　平面四杆机构的基本特性

一、铰链四杆机构类型的判别

1. 存在一个曲柄的条件

铰链四杆机构是否存在曲柄，取决于两个因素：各杆的相对长度以及选择哪一个构件作为机架。

设图 2-22 所示的机构为曲柄摇杆机构，其中杆 1 为曲柄，杆 3 为摇杆。各杆长度分别用 l_1、l_2、l_3、l_4 表示。杆 1 是否能做整周转动，就看其是否能顺利通过与机架共线的两个位置 AB' 和 AB''。

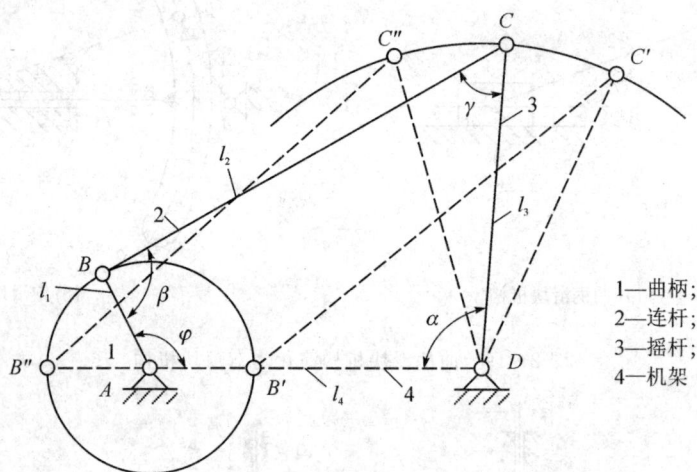

1—曲柄；
2—连杆；
3—摇杆；
4—机架

图 2-22　存在曲柄的条件

当曲柄位于 AB' 时机构折叠成三角形 $B'C'D$，根据三角形任意两边之差小于（极限状态等于）第三边的条件可得

$$l_2 - l_3 \leqslant l_4 - l_1$$
$$l_1 + l_2 \leqslant l_3 + l_4 \tag{2-1}$$

或

$$l_3 - l_2 \leqslant l_4 - l_1$$

即

$$l_1 + l_3 \leqslant l_2 + l_4 \tag{2-2}$$

当曲柄位于 AB'' 时机构折叠成三角形 $B''C''D$，根据三角形任意两边之和大于等于第三边的条件可得

$$l_1 + l_4 \leqslant l_2 + l_3 \tag{2-3}$$

将式(2-1)、(2-2)、(2-3) 两两相加可得

$$l_1 \leqslant l_2, \ l_1 \leqslant l_3, \ l_1 \leqslant l_4 \tag{2-4}$$

由式(2-1)～(2-4)可得构成曲柄摇杆机构的必要条件为：

(1) 曲柄为最短杆；

(2) 最短杆与最长杆长度之和小于等于另外两杆长度之和。

2. 铰链四杆机构类型的判别通则

上述分析得出了铰链四杆机构存在一个曲柄的条件，但铰链四杆机构三个基本类型的演化取决于"取不同的构件作为机架"。图2-23(a)所示曲柄摇杆机构中，杆 AD 为机架，杆 AB 为曲柄，杆 AB 与杆 AD 可做相对整周转动，以大于半圆的单箭头弧线表示。CD 为摇杆，与杆 AD 只能做相对摆动，以小于半圆的双箭头弧线表示。

若以杆 BC 为机架，仍然满足构成曲柄摇杆机构的两个条件，因此，杆 AB 为曲柄，杆 AB 与杆 BC 可做相对整周转动，以大于半圆的单箭头弧线表示。CD 为摇杆，与杆 BC 只能做相对摆动，以小于半圆的双箭头弧线表示，如图2-23(b)所示。

当四杆机构中各杆的长度确定之后，构件与构件之间相对运动的范围即已确定，与选择哪一构件作为机架无关。若以杆 AB 为机架，根据图2-23(a)所示的关系，杆 AD、BC 相对于杆 AB 之间均可做整周转动，成为双曲柄机构，如图2-23(c)所示；若以杆 CD 为机架，杆 AD、BC 相对于杆 CD 之间都只能做摆动，成为双摇杆机构，如图2-23(d)所示。

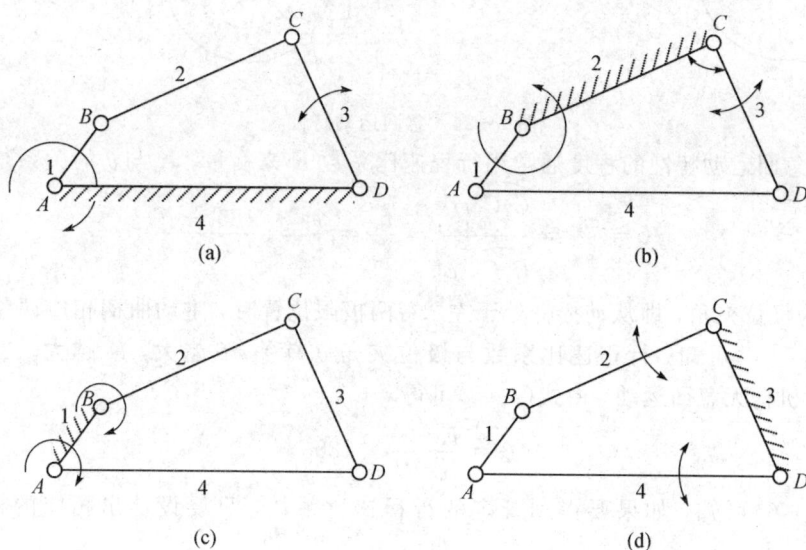

图2-23　机架变更对机构类型的影响

根据以上分析可得铰链四杆机构类型的判别通则：

(1) 若最短杆与最长杆长度之和大于另外两杆长度之和，无论以哪一个构件作为机架，均不存在曲柄，都只能是双摇杆机构。

(2) 若最短杆与最长杆长度之和小于另外两杆长度之和，是否存在曲柄取决于哪一个构件作为机架：

① 以最短杆邻边作为机架，构成曲柄摇杆机构，如图2-23(a)、2-23(b)所示；

② 以最短杆作为机架，构成双曲柄机构，如图2-23(c)所示；

③ 以最短杆对边作为机架，构成双摇杆机构，如图2-23(d)所示。

作为特例,平行四边形机构以任何一边作为机架,均构成双曲柄机构。

二、机构的急回特性

图 2-24 所示为曲柄摇杆机构,当曲柄 AB 沿顺时针方向以等角速度 ω 从与 BC 共线位置 AB_1 转到共线位置 AB_2 时,转过的角度为 $\varphi_1 (180° + \theta)$;摇杆 CD 从左极限位置 C_1D 摆到右极限位置 C_2D,设所需时间为 t_1,C 点平均速度为 v_1;当曲柄 AB 再继续转过角度 $\varphi_2 (180° - \theta)$,即从 AB_2 到 AB_1,摇杆 CD 自 C_2D 摆回到 C_1D,设所需时间为 t_2,C 点的平均速度为 v_2。由于 $\varphi_1 > \varphi_2$,则 $t_1 > t_2$。摇杆 CD 往返的摆角都是 ψ,而所用的时间却不同,则往返的平均速度也不相同,即 $v_1 < v_2$。由此可见,当曲柄等速转动时,摇杆来回摆动的平均速度是不同的,摇杆的这种运动特性称为急回运动特性。

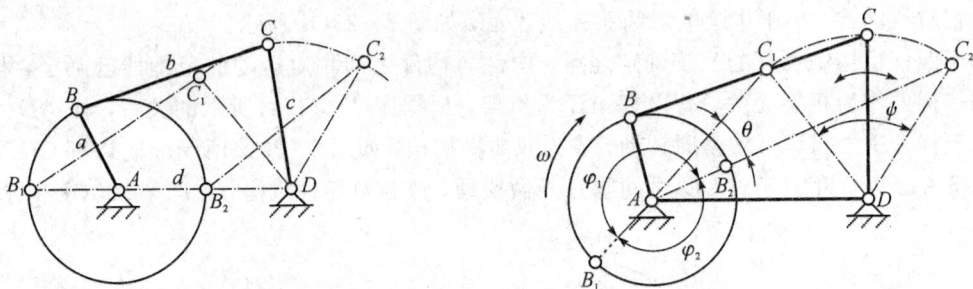

图 2-24　急回运动特性

摇杆的急回运动特性的程度通常用行程速比系数 K 来衡量,K 与 θ 的关系是

$$K = \frac{v_2}{v_1} = \frac{\widehat{C_2 C_1}/t_2}{\widehat{C_1 C_2}/t_1} = \frac{t_1}{t_2} = \frac{\varphi_1}{\varphi_2} = \frac{180° + \theta}{180° - \theta} \qquad (2-5)$$

式中,θ 称为极位夹角,即从动摇杆处于左、右两极限位置时,主动曲柄相应两位置所夹的锐角。由式(2-5)可知,行程速比系数与极位夹角 θ 有关,θ 越大,K 越大。当 $\theta = 0$ 时,$K = 1$,说明机构无急回运动。由式(2-5)可得

$$\theta = \frac{K-1}{K+1} \times 180° \qquad (2-6)$$

由式(2-6)可知,如果要得到既定的行程速比系数,只要设计出相应的极位夹角 θ 即可。

除曲柄摇杆机构外,具有急回运动特性的四连杆机构还有偏置曲柄滑块机构和曲柄摆动导杆机构。在各种机器中,应用四连杆机构的急回运动特性,可以节省空回行程的时间,以提高生产效率。

三、压力角和传动角

图 2-25 所示为曲柄摇杆机构,主动曲柄通过连杆 BC 传递到 C 点上的力 F 的方向与从动摇杆受力点 C 的绝对速度 v_C 的方向之间所夹的锐角 α 称为压力角。压力角 α 的余角 γ 称为传动角。力 F 可分解为沿 C 点绝对速度 v_C 方向的分力 F_t,以及沿摇杆 CD 方向的分力 F_n,F_n 只能对摇杆 CD 产生径向压力,而 F_t 则是推动摇杆运动的有效分力。α 越小,γ

越大，有效分力 F_t 越大，而 F_n 越小，对机构传动越有利。在机构运动过程中，其传动角 γ 的大小是变化的，为保证机构传动良好，设计时通常要使 $\gamma_{min} \geqslant 40°$，传动力矩较大时，则要使 $\gamma_{min} \geqslant 50°$。

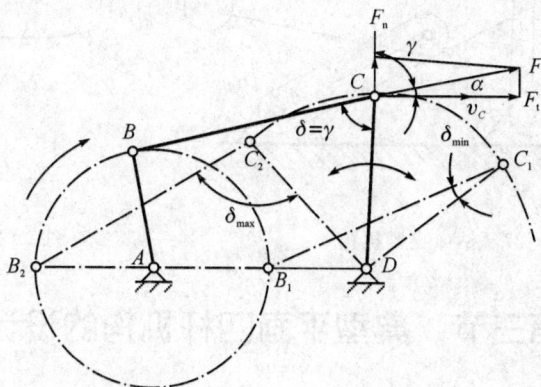

图 2-25　压力角和传动角

四、死点位置

在图 2-26(a) 所示的曲柄摇杆机构中，若摇杆主动，则当摇杆处于两个极限位置(即机构处于两个虚线位置)时，连杆与曲柄共线，此时传动角 $\gamma = 0°$。这时，主动件摇杆 CD 通过连杆作用于从动曲柄 AB 上的力，恰好通过曲柄的回转中心 A，所以理论上不论用多大的力，都不能使曲柄转动，因而产生了"顶死"现象，机构的这种状态位置称为死点位置。例如，图 2-26(b) 所示的偏置曲柄滑块机构，当滑块主动并处于极限位置时会出现"顶死"现象；图 2-26(c) 所示曲柄摆动导杆机构，当导杆主动并处于极限位置时会出现"顶死"现象。

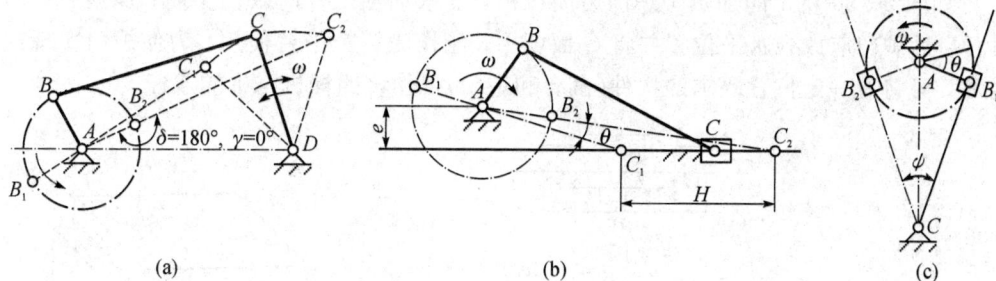

图 2-26　四连杆机构的死点位置

为了使机构能顺利通过死点而连续正常运转，曲柄摇杆机构和曲柄滑块机构可以安装飞轮，增大转动惯量(如缝纫机、汽车发动机等)；对曲柄摆动导杆机构和双摇杆机构，则通常是限制其主动构件的摆动角度。

工程上，也常利用机构的死点位置来实现一定的工作要求。图 2-27 所示为钻床夹紧机构，使机构处于死点位置来夹紧工件。图 2-28 所示的飞机起落架也是利用双摇杆机构处于死点状态，来保证飞机安全起降的。

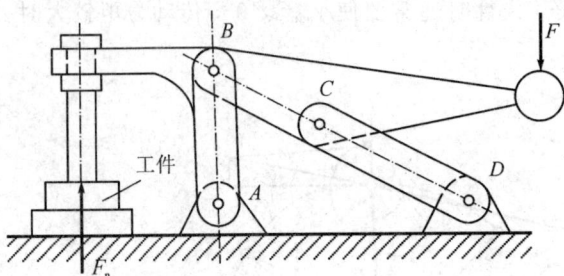

图 2-27　钻床夹紧机构

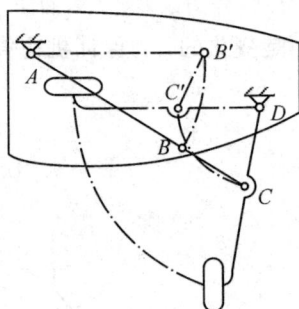

图 2-28　飞机起落架

第三节　典型平面四杆机构的设计

平面四杆机构的设计主要是根据给定的运动要求，确定各构件的几何参数。在设计中还应考虑结构条件（如合适的杆长比和运动副结构与尺寸）、动力条件（如最大压力角限制）、运动条件等。常用的设计方法有图解法、解析法和实验法。这里主要对图解法进行介绍。

一、已知连杆的位置设计四杆机构

生产实践中，经常要求一个构件在运动过程中能达到某些特定的位置，如图 2-29 所示的造型机翻台机构，当翻台处于位置 I 时，在砂箱内填砂造型；造型结束时，液压缸活塞杆驱动四杆机构 AB_1C_1D，使翻台转至位置 II，这时托台上升，接下砂箱并起模。要求翻台能实现 B_1C_1、B_2C_2 两个位置。

再如图 2-30 所示的加热炉炉门启闭机构，要求加热工件时炉门关闭；加热后炉门开启，开启后炉门应放到水平位置并将 G 面朝上，能作为一个平台使用。为使炉门实现这两个位置，可将有一定位置要求的构件（翻台和炉门）视作该四杆机构中的连杆。

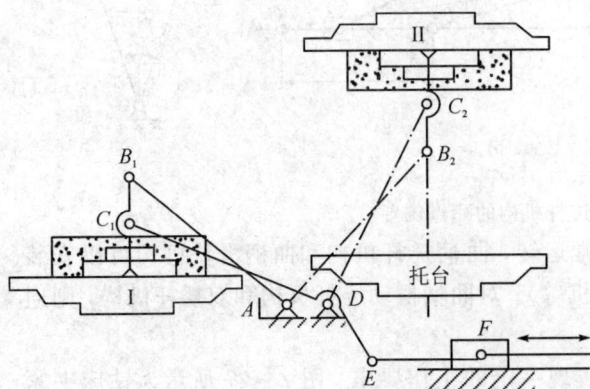

图 2-29　震实造型机翻台机构

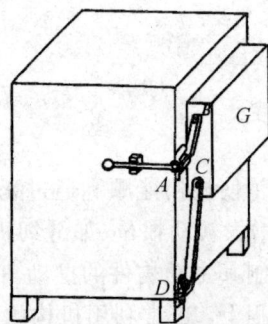

图 2-30　加热炉炉门启闭机构

此类问题可用作图法解决，举例说明如下。

已知：连杆 BC 的长度 l_{BC} 及其两个位置 B_1C_1、B_2C_2。

分析：由图 2-31 可知，如能确定固定铰链 A 和 D 的中心位置，便可确定各构件的长度。由于连杆上 B、C 两点的轨迹分别在以 A 和 D 为圆心的圆周上，所以 A、D 两点必然分别位于 B_1B_2、C_1C_2 的中垂线 b_{12} 和 c_{12} 上。据此，可得设计方法和步骤如下：

(1) 选用比例尺 μ_1，按已知条件画出连杆的两个位置 B_1C_1 和 B_2C_2。

(2) 分别连接 B_1、B_2 和 C_1、C_2 点，并作它们的中垂线 b_{12} 和 c_{12}。

(3) 在 b_{12} 上任取一点 A，在 c_{12} 任取一点 D，连接 $ABCD$，则 $ABCD$ 即为所求的四杆机构。各杆长度分别为：$l_{AB}=\mu_1 AB_1$，$l_{CD}=\mu_1 C_1D$，$l_{AD}=\mu_1 AD$。

在已知构件两个位置的情况下，由于 A、D 两点在 b_{12} 和 c_{12} 上是任取的，所以有无数解。若给出其他辅助条件，如机架长度 l_{AD} 及其位置等，就可得出唯一解。另外，如果给定连杆长度及其三个位置，则答案也是唯一的。

如图 2-32 所示，给定连杆三个位置设计四杆机构的步骤如下：连接 B_1B_2 并作其垂直平分线，B 铰链中心运动轨迹的圆心 A 必须在该垂直平分线上；连接 B_2B_3 并作其垂直平分线，A 点也必定在该垂直平分线上，因而 A 点必在这两条垂直平分线的交点上，由此可得铰链 A 的位置。同理可得铰链 D 的位置，从而作出四杆机构 AB_1C_1D。

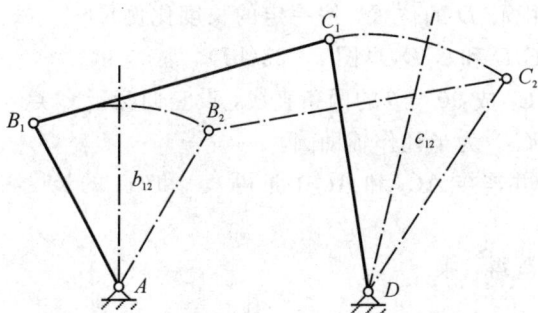

图 2-31　按连杆位置来设计四杆机构　　　图 2-32　按给定连杆位置设计四杆机构

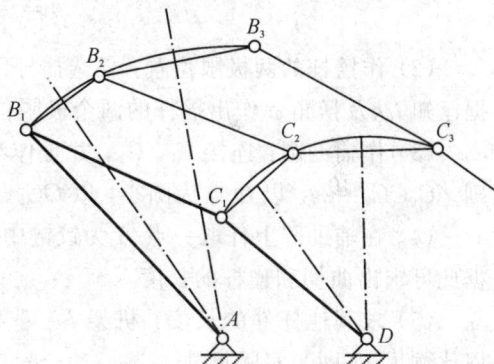

二、已知行程速比系数设计四杆机构

知道了行程速比系数 K，就知道了四杆机构急回运动的条件，从而可以计算出极位夹角 θ；再根据其他一些限制条件及极位夹角 θ，可用作图法方便地设计该四杆机构。

1. 曲柄摇杆机构

已知摇杆长度 l_{CD}、摆角 ψ 和程速比系数 K，请设计曲柄摇杆机构。

分析　如图 2-33 所示，显然在已知 l_{CD}、摆角 ψ 的情况下，只要能确定 A 铰链的位置，则在量得 l_{AC_1} 和 l_{AC_2} 后，就可求得曲柄长度 l_{AB} 和连杆长度 l_{BC}，即有

$$l_{AB}=\frac{l_{AC_2}-l_{AC_1}}{2},\quad l_{BC}=\frac{l_{AC_1}+l_{AC_2}}{2}$$

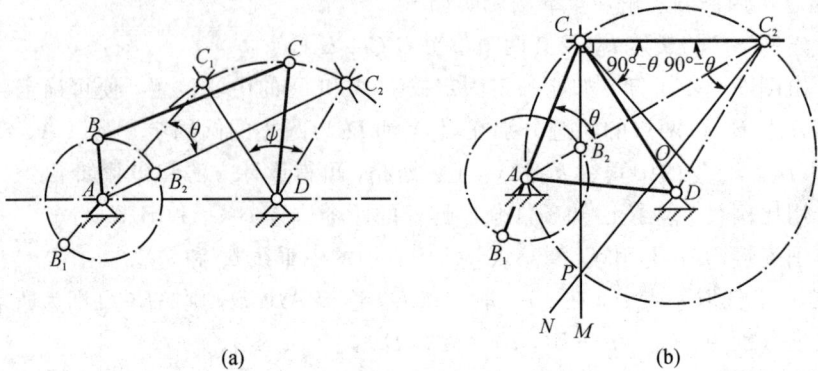

图 2-33　按行程速比系数设计四杆机构

l_{CD} 可直接量得。由于 A 点是极位夹角的顶点，即 $\angle C_1AC_2=\theta$，如过 AC_1C_2 三点作辅助圆，由几何知识可知，在该圆上任取一点 A 为顶点，其圆周角也是 θ，且过辅助圆心 O 的圆心角 $\angle C_1OC_2=2\theta$。显然，当求得极位夹角 θ 后，用作图法容易作出辅助圆并得到圆心 O，则问题迎刃而解。作图步骤归纳如下：

（1）按式(2-6)计算 θ：

$$\theta=\frac{K-1}{K+1}\times 180°$$

（2）作摇杆的两极限位置：任选摇杆回转中心 D 的位置，按一定的长度比例尺 μ_1，根据已知 l_{CD} 及摆角 ψ 作出摇杆的两个极限位置 C_1D 和 C_2D（见图 2-33(b)）。

（3）作辅助圆：连接 C_1、C_2，并且作与 C_1C_2 成 $90°-\theta$ 的两条直线，设它们交于 O 点，则 $\angle C_1OC_2=2\theta$。以 O 点为圆心，以 OC_1（或 OC_2）为半径作辅助圆。

（4）在辅助圆上任取一点 A 为铰链中心，并连接 AC_1 和 AC_2，量得 l_{AC_1} 和 l_{AC_2} 的长度，据此可求出曲柄和连杆的长度

（5）求其他杆件的长度：机架 l_{CD} 可直接量得，乘以比例尺 μ_1 即为实际尺寸。

$$l_{AB}=\mu_1\frac{l_{AC_2}-l_{AC_1}}{2}, \quad l_{BC}=\mu_1\frac{l_{AC_1}+l_{AC_2}}{2}$$

由于 A 点是在辅助圆上任选的一点，所以实际可有无穷多解。若能给定其他辅助条件，如曲柄长度 l_{AB}、机架长 l_{AD} 或最小传动角 $\gamma_{\min}$ 等，则可有唯一的解。实际设计时，多数都有相应的辅助条件，如果没有辅助条件，可以根据实际情况自行确定。

2. 摆动导杆机构

如果已知机架长度 l_{AC} 和行程速比系数 K，由图 2-34可以看出，摆动导杆机构的极位夹角 θ 与导杆的摆角 ψ 相等，则设计摆动导杆机构的实质，就是确定曲柄长度 l_{AB}。

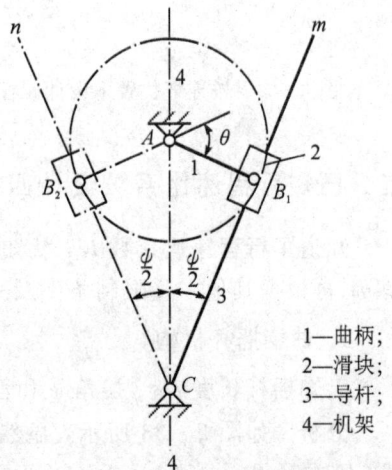

1—曲柄；
2—滑块；
3—导杆；
4—机架

图 2-34　摆动导杆机构

设计方法和步骤：

（1）计算 θ：

$$\theta = \frac{K-1}{K+1} \times 180°$$

（2）作导杆的两极限位置：任选 C 点为固定铰链的中心，按 $\psi=\theta$ 作导杆的两极限位置 Cm 和 Cn，使 $\angle mCn=\psi$。

（3）确定 A 点及曲柄长度：作摆角 ψ 的平分线，并在其上取 $CA=l_{AC}$，得曲柄回转中心 A 点的位置；过 A 作 Cm 线（Cn 线）的垂线 AB_1（AB_2），垂足为 B_1（B_2），即得曲柄长度 $l_{AB}=\mu_l AB_1$。画出滑块，则设计完成。

3. 曲柄滑块机构

若已知滑块行程 s、偏距 e 和行程速比系数 K，则可设计偏置曲柄滑块机构。

如图 2-35 所示，已知滑块行程 $H=50$ mm，偏心距 $e=10$ mm，行程速比系数 $K=1.2$，试设计一偏置曲柄滑块机构。

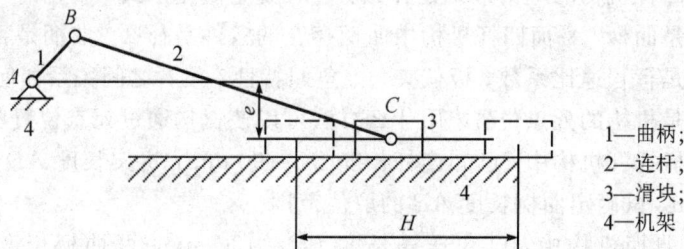

1—曲柄；
2—连杆；
3—滑块；
4—机架

图 2-35　曲柄滑块机构

解　计算机构的极位夹角 θ：

$$\theta = \frac{K-1}{K+1} \times 180° = 16.4°$$

（1）选择作图比例 $\mu_l=2$ mm/mm，作滑块的极限位置 C_1、C_2，使 $C_1C_2=H/\mu_l=25$ mm，如图 2-36 所示。

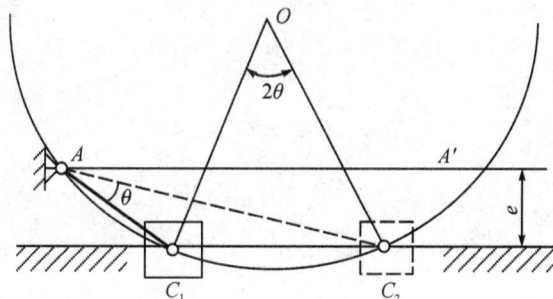

图 2-36　曲柄滑块机构设计图

（2）作 $\angle C_1C_2O=\angle C_2C_1O=90°-\theta=73.6°$，直线 C_1O 与 C_2O 交于点 O。以 O 为圆心、C_1O 为半径画圆，则弦 C_1C_2 对应的圆心角为 $2\theta=32.8°$。

　　(3) 作直线 $AA' /\!/ C_1C_2$ 并相距 $e/\mu_1 = 5$ mm，与圆 O 交于 A、A'，连接 C_1A 与 C_2A，圆周角 $\angle C_2AC_1 = \theta$；则 C_1A 与 C_2A 即为滑块处于极限位置时曲柄与连杆对应的位置，A 点即为铰链 A 的中心位置。

　　(4) 由 $C_1A = BC - AB$，$C_2A = BC + AB$，从图 2 - 36 中量出线段 C_1A 与 C_2A 的长度，可得

$$AB = \frac{C_2A - C_1A}{2}, \quad BC = \frac{C_2A + C_1A}{2}$$

杆的实际长度为：曲柄长度 $l_1 = \mu_1 \times AB = 24$ mm，连杆长度 $l_2 = \mu_1 \times BC = 48$ mm。

　　由于点 A 是圆 O 与直线 AA' 的交点，因而答案是唯一的（取 A' 为曲柄转动中心，所得杆长与取 A 点时相同）。

思 考 题

　　2 - 1　平面四杆机构的基本形式是什么？它有哪些演化形式？演化的方式有哪些？

　　2 - 2　什么是曲柄？平面四杆机构中曲柄存在的条件是什么？曲柄是否就是最短杆？

　　2 - 3　什么是行程速比系数、极位夹角、急回特性？三者之间关系如何？

　　2 - 4　什么是机构的死点位置？用什么方法可以使机构通过死点位置？

　　2 - 5　在曲柄摇杆机构中，已知连杆长度 $BC = 90$ mm，机架长度 $AD = 100$ mm，摇杆长度 $CD = 70$ mm，试确定曲柄长度 AB 的取值范围。

　　2 - 6　在双曲柄机构中，已知连杆长度 $BC = 130$ mm，两曲柄长度 $AB = 100$ mm，$CD = 110$ mm，试确定机架长度 AD 的取值范围。

　　2 - 7　在双摇杆机构中，已知连杆长度 $BC = 200$ mm，摇杆长度 $AB = 70$ mm，摇杆长度 $CD = 120$ mm，试确定机架长度 AD 的取值范围。

　　2 - 8　在曲柄摇杆机构中，已知曲柄长度 $AB = 50$ mm，机架长度 $AD = 120$ mm，摇杆长度 $CD = 100$ mm，试确定连杆长度 BC 的取值范围。

　　2 - 9　一曲柄滑块机构，已知行程 $s = 100$ mm，$K = 1.4$，偏距 $e = 50$ mm。试设计该机构。

第三章　凸 轮 机 构

凸轮机构是一种常见的运动机构，它是由凸轮、从动件和机架组成的高副机构。当从动件的位移、速度和加速度必须严格地按照预定规律变化，尤其当原动件作连续运动而从动件必须作间歇运动时，以采用凸轮机构最为简便。凸轮从动件的运动规律取决于凸轮的轮廓线或凹槽的形状，凸轮可将连续的旋转运动转化为往复的直线运动，可以实现复杂的运动规律。

第一节　凸轮机构的应用

凸轮机构结构简单，传动构件少，能够准确地实现从动件所要求的各种运动规律，且设计过程简单，因此广泛应用于各种机器的控制机构中。

一、凸轮机构的功用和特点

凸轮机构是由凸轮、从动件及机架组成的高副机构。一般情况下，凸轮是具有曲线轮廓或凹槽的构件。通常凸轮作为主动件，并且作等速运动；而从动件则在凸轮轮廓曲线的控制下按预定的运动规律作往复直线运动或往复摆动。图3-1所示为内燃机的配气机构。

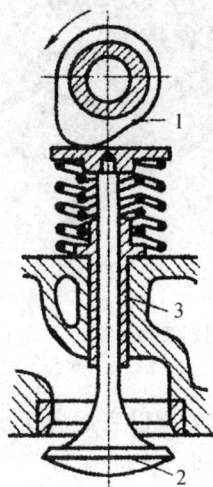

1—凸轮；2—从动件；3—机架

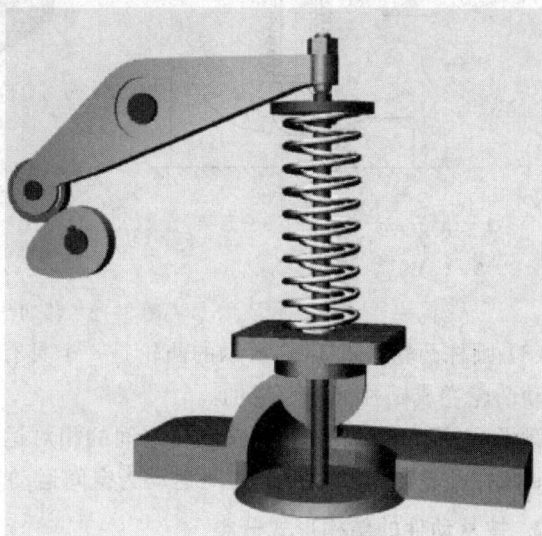

图3-1　内燃机的配气机构

凸轮机构的功用是将主动凸轮的连续转动或往复运动转化为从动件的往复移动或摆动，而从动件的运动规律按工作要求拟定。

与连杆机构相比，凸轮机构有以下特点：

（1）不论从动件要求的运动规律多么复杂，都可以通过适当地设计凸轮轮廓来实现，而且设计比较简单。

（2）结构简单紧凑，构件少，传动累积误差很小，能够准确地实现从动件要求的运动规律。

（3）由于是高副机构，易磨损，因此只能用于传力不大的场合。

（4）与圆柱面和平面相比，凸轮轮廓的加工要复杂得多。

二、凸轮的分类

1. 按凸轮的形状分类

（1）盘形凸轮：图3-1所示的凸轮是绕固定轴转动并且具有变化向径的盘形构件，它是凸轮的基本形式。

（2）移动凸轮：这种凸轮外形通常呈平板状，如图3-2所示，可视作回转中心位于无穷远时的盘形凸轮。它相对于机架作直线移动。

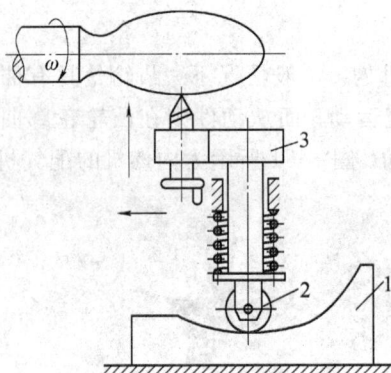

1—凸轮；2—从动件；3—刀架

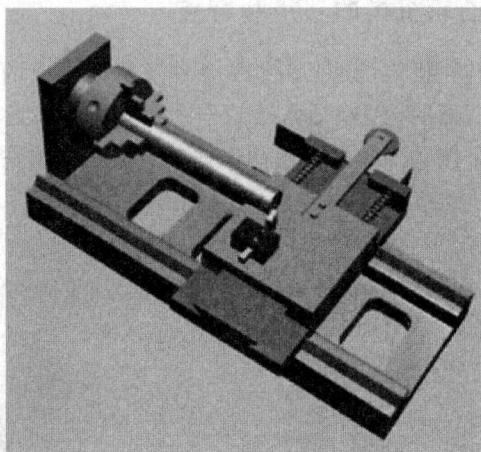

图3-2　移动凸轮

（3）圆柱凸轮：图3-3所示的凸轮是一个具有曲线凹槽的圆柱形构件，它可以看成是将移动凸轮卷成圆柱演化而成的。

盘形凸轮和移动凸轮与其从动件之间的相对运动是平面运动，所以它们属于平面凸轮机构；圆柱凸轮与其从动件的相对运动为空间运动，故它属于空间凸轮机构。

2. 按从动件的结构形式分类

从动件仅指与凸轮相接触的从动的构件。图3-4所示为常用的几种形式，图(a)为尖顶移动从动件、图(b)为滚子从动件、图(c)为平底从动件、图(d)为球面底从动件。滚子从动件要比滑动接触的从动件摩擦系数小，但造价要高一些。对同样的凸轮设计，采用平底

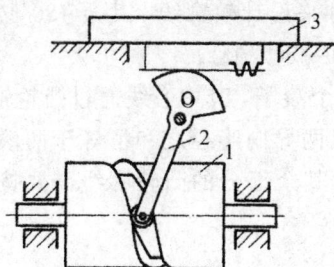

1—凸轮; 2—从动件; 3—齿条

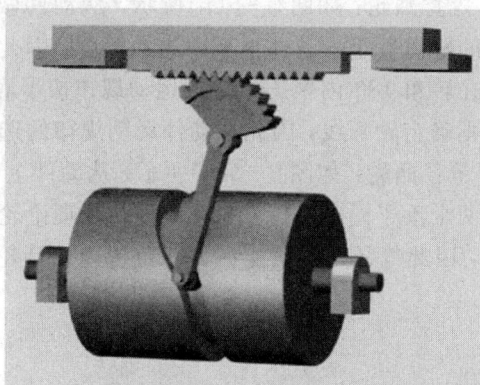

图 3-3 自动车床的自动进刀机构

从动件其凸轮的外廓尺寸要比采用滚子从动件小,故在汽车发动机的凸轮轴上通常都采用这种形式。在生产机械上更多的是采用滚子从动件,因为它既易于更换,又具有可从轴承制造商中购买大量备件的优点。沟槽凸轮要求用滚子从动件。滚子从动件基本上都采用特制结构的球轴承或滚子轴承。球面底从动件的端部具有凸出的球形表面,可避免因安装位置偏斜或不对中而造成的表面应力和磨损都增大的缺点,并具有尖顶与平底从动件的优点,因此这种结构形式的从动件在生产中应用也较多。

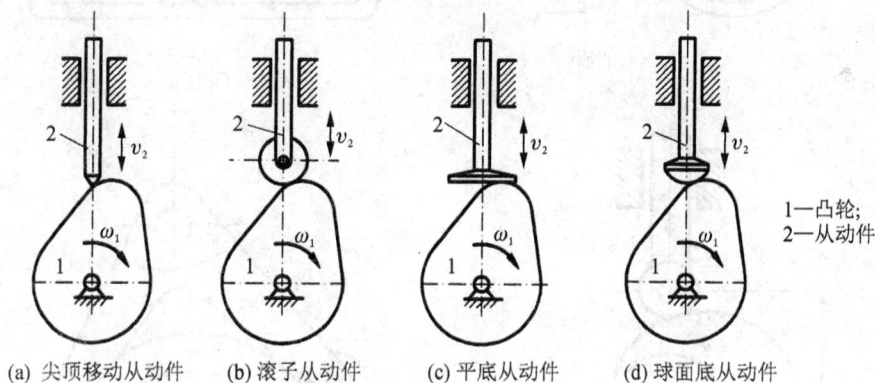

1—凸轮;
2—从动件

(a) 尖顶移动从动件　(b) 滚子从动件　(c) 平底从动件　(d) 球面底从动件

图 3-4 凸轮从动件常用形式

3. 按凸轮与从动件保持接触的方式分类

凸轮机构是一种高副机构,它与低副机构不同,需要采取一定的措施来保持凸轮与从动件的接触,这种保持接触的方式称为封闭(锁合)。常见的封闭方式有:

(1) 力封闭:利用从动件的重量、弹簧力(见图 3-1)或其他外力使从动件与凸轮保持接触。

(2) 形封闭:依靠凸轮和从动件所构成高副的特殊几何形状,使其彼此始终保持接触。常用的形封闭凸轮机构有以下几种:

① 凹槽凸轮:依靠凸轮凹槽使从动件与凸轮保持接触,如图 3-5(a)所示。这种封闭方式简单,但增大了凸轮的尺寸和重量。

　　② 等宽凸轮：如图 3 - 5(b)所示，从动件做成框架形状，凸轮轮廓线上任意两条平行切线间的距离等于从动件框架内边的宽度，因此使凸轮轮廓与平底始终保持接触。这种凸轮只能在转角 180°内根据给定的运动规律按平底从动件来设计轮廓线，其余 180°必须按照等宽原则确定轮廓线，因此从动件运动规律的选择受到一定限制。

　　③ 等径凸轮：如图 3 - 5(c)所示，从动件上装有两个滚子，其中心线通过凸轮轴心，凸轮与这两个滚子同时保持接触。这种凸轮理论轮廓线上两异向半径之和恒等于两滚子的中心距离，因此等径凸轮只能在 180°范围内设计轮廓线，其余部分的凸轮廓线需要按等径原则确定。

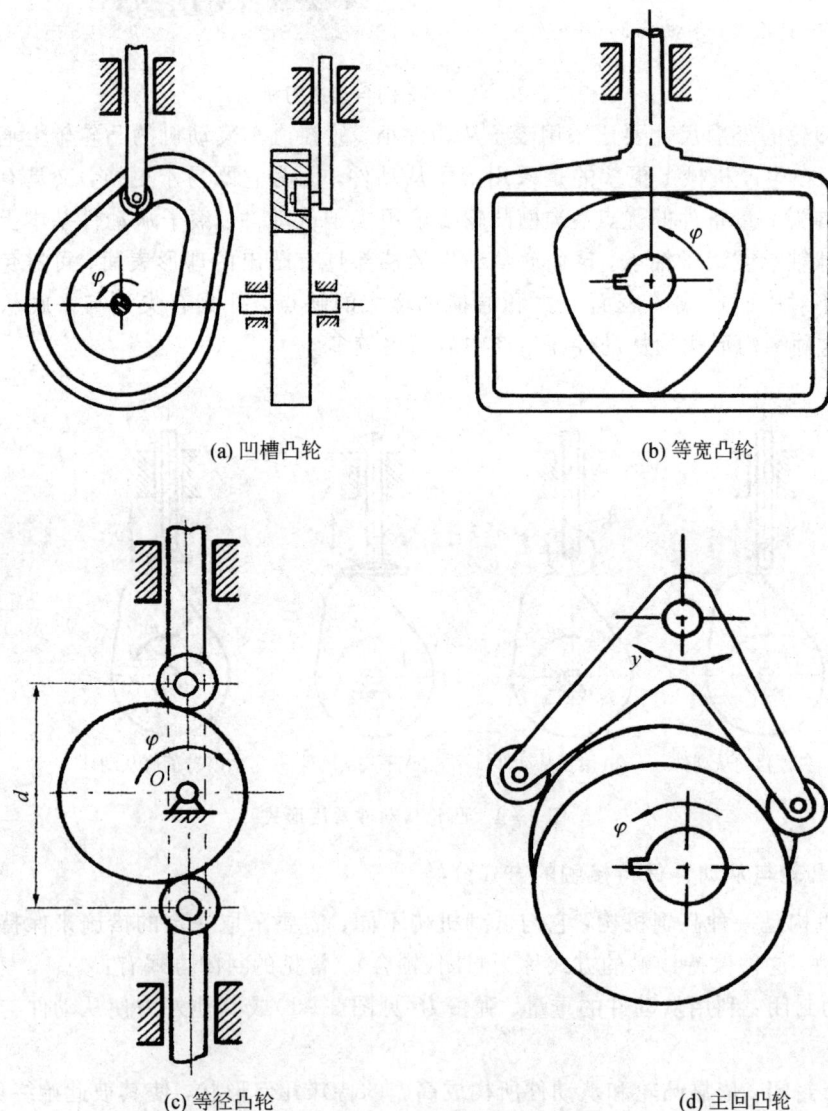

(a) 凹槽凸轮　　　　　　　　　　　　　　(b) 等宽凸轮

(c) 等径凸轮　　　　　　　　　　　　　　(d) 主回凸轮

图 3 - 5　凸轮机构的封闭方式

　　④ 主回凸轮：如图 3 - 5(d)所示，用两个固结在一起的盘形凸轮分别与同一个从动件

上的两个滚子接触，形成结构封闭。其中一个凸轮(主凸轮)驱使从动件向某一方向运动，而另一个凸轮(回凸轮)驱使从动件反向运动。主凸轮廓线可在 360°范围内按给定运动规律设计，而回凸轮廓线必须根据主凸轮廓线和从动件的位置确定。主回凸轮可用于高精度传动。

第二节　凸轮从动件常用运动规律

一、凸轮机构设计的基本内容与步骤

所谓凸轮机构设计，就是确定机构的类型和设计凸轮轮廓。凸轮机构设计的步骤如下：

(1) 根据工作要求，合理地选择凸轮机构的形式；

(2) 根据机构工作要求、载荷情况及凸轮转速等，确定从动件的运动规律；

(3) 根据凸轮在机器中安装位置的限制、从动件行程、许用压力角及凸轮种类等，初步确定凸轮基圆半径；

(4) 根据从动件的运动规律，用图解法或解析法设计凸轮轮廓线；

(5) 校核压力角及轮廓的最小曲率半径；

(6) 进行结构设计。

二、凸轮机构的运动特性

1. 凸轮机构的运动过程分析

图 3-6(a)所示为对心直动尖顶从动件盘形凸轮机构。其中凸轮为主动件，作连续转动；从动件作上下移动。以凸轮轴心 O 为圆心，凸轮轮廓最小向径 r_b 为半径所作的圆称为基圆。点 A 为凸轮轮廓曲线的起始点。当凸轮与从动件在 A 点接触时，从动件处于最低位

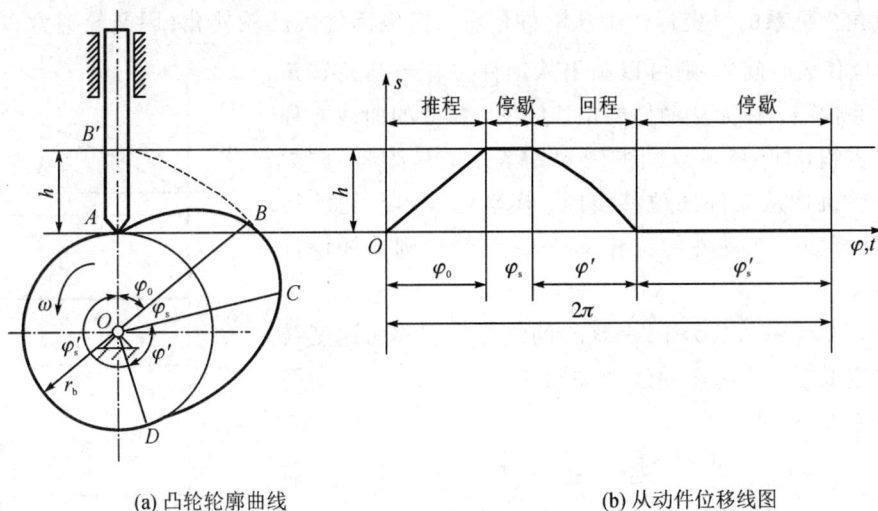

(a) 凸轮轮廓曲线　　　　　　　　　　　　(b) 从动件位移线图

图 3-6　凸轮机构的运动过程

置(即从动件距凸轮轴心 O 最近)。当凸轮以等角速度 ω 逆时针转动时,AB 段的向径逐渐增加,推动从动件由 A 到达距 O 点最远的位置 B'。从动件位移由 O 到 $s_{max}=h$ 的过程称为推程,这时从动件移动的距离 h 称为从动件行程,相应的凸轮转角 φ_0 称为推程运动角。当凸轮继续以 O 点为中心转过圆弧 BC 时,从动件因与 O 点的距离保持不变而在最远位置停留不动,相应的凸轮转角 φ_s 称为远休止角。凸轮继续回转,从动件在弹簧力或重力作用下回到距 O 点最近的位置 D,从动件位移由 s_{max} 到 0,此过程称为回程,相应的凸轮转角 φ' 称为回程运动角。当凸轮继续转过圆弧 DA 时,在凸轮基圆段从动件保持最近位置不动,对应的转角 φ'_s 称为近休止角。当凸轮连续回转时,从动件将重复进行升—停—降—停的运动循环。

由上述分析可知,在凸轮机构的一个运动循环中,凸轮以等角速度 ω 转动一周,而且凸轮的转角存在着下面的关系:

$$\varphi_0 + \varphi_s + \varphi' + \varphi'_s = 360° \tag{3-1}$$

2. 从动件的运动规律

1)等速运动规律

由于凸轮以等角速度 ω 作等速转动,因此在凸轮运动的任意瞬时,凸轮的转角与转动时间 t 呈线性关系,即 $\varphi=\omega t$。

从动件的运动规律是指在推程和回程中,从动件的位移、速度、加速度随凸轮转角或时间变化的规律。对于直动从动件来说,存在着如下的函数关系:

$$\left.\begin{array}{l} s = s(\varphi) \\ v = v(\varphi) \\ a = a(\varphi) \end{array}\right\} \tag{3-2}$$

通常将从动件在一个运动循环中的运动规律表示成凸轮转角 φ 的函数,与之对应的图形称为从动件的运动线图。

以直角坐标系的纵坐标代表从动件位移,横坐标代表凸轮转角(因凸轮通常以等角速转动,故也代表时间),则可以画出从动件位移与凸轮转角之间的关系曲线,称为从动件的位移线图,相应的曲线方程称为位移方程,即 $s=s(\varphi)$。图 3-6(b)表示的是图 3-6(a) 所示的凸轮机构从动件的位移线图,横坐标表示凸轮的转角 φ,纵坐标表示从动件的位移 s,它是凸轮轮廓曲线设计的依据。

同样,表示 $v=v(\varphi)$ 和 $a=a(\varphi)$ 的线图分别称为速度线图和加速度线图。等速运动线图如图 3-7 所示。三个线图之间的关系如下:

$$v = \frac{ds}{dt} = \frac{ds}{d\varphi} \cdot \frac{d\varphi}{dt} = \frac{ds}{d\varphi}\omega \tag{3-3}$$

$$a = \frac{dv}{dt} = \frac{dv}{dt} \cdot \frac{d\varphi}{dt} = \left(\frac{ds}{d\varphi}\right)^2 \omega^2 \tag{3-4}$$

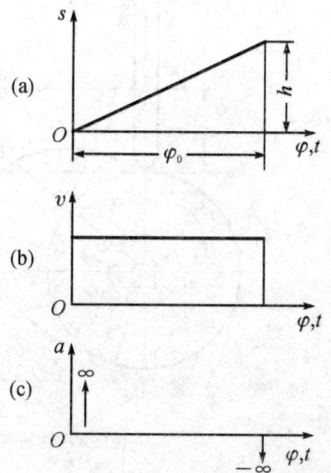

图 3-7　等速运动线图

根据数学知识可知,由于速度 v 为常数,因此从动件的位移 s 与凸轮的转角 φ 之间的函数关系是一次函数,其位移曲线是一条斜直线。从动件推程时的位移方程可表达为

$$s = \frac{h}{\varphi_0}\varphi \qquad (3-5)$$

2) 等加速、等减速运动规律

这种运动规律是指从动件在一个行程中,前半行程作等加速运动,后半行程作等减速运动,且通常两部分加速度的绝对值相等,其运动线图如图 3-8 所示。

同理可知,从动件的位移 s 与凸轮的转角 φ 之间的函数是二次函数,是一条抛物线。从动件推程时的位移方程可表达如下:

前半行程

$$s = \frac{2h}{\varphi_0^2}\varphi^2 \qquad (3-6)$$

后半行程

$$s = h - \frac{2h}{\varphi_0^2}(\varphi_0 - \varphi)^2 \qquad (3-7)$$

等加速、等减速位移线图的作图步骤如下:

(1) 取长度比例尺 μ_l,在纵坐标轴上做出从动件的行程 h,并将其分成相等的两部分。

(2) 取角度比例尺 μ_φ,在横坐标轴上做出凸轮与行程 h 对应的推程角 φ_0,将其也分成相等的两部分。

(3) 过各分点分别作坐标轴的垂直线得到四个矩形。

(4) 在左下方的矩形中,将 $\varphi_0/2$ 分为若干等份(图 3-8(a)中分为四等份),得到 1、2、3、4 各点,过这些分点分别作横坐标轴的垂直线,同时将纵坐标轴上各部分也分为与横坐标轴相同的四等份,得到 $1'$、$2'$、$3'$、$4'$ 各点。

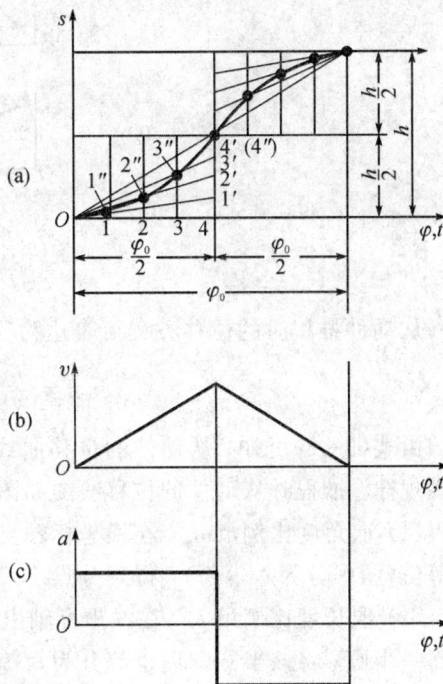

图 3-8 等加速、等减速运动线图

(5) 将坐标原点 O 分别与点 $1'$、$2'$、$3'$、$4'$ 相连,得到连线 $O1'$、$O2'$、$O3'$ 和 $O4'$。各连线与相应的垂线分别交于点 $1''$、$2''$、$3''$ 和 $4''$,将点 O、$1''$、$2''$、$3''$ 和 $4''$ 连成光滑的曲线,即为前半行程的等加速运动的位移线图。

(6) 在右上方的矩形中,可画出后半行程等减速运动规律的位移线图,画法与上述类似,只是抛物线的开口方向向下。

3) 余弦加速度运动规律

余弦加速度运动规律是指从动件的加速度运动曲线为 1/2 个周期的余弦曲线,如图 3-9 所示。

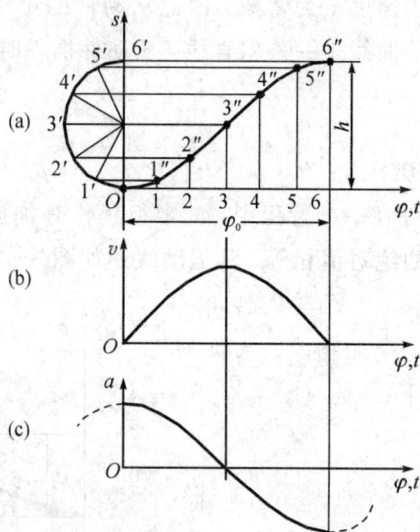

图 3-9　余弦加速度运动线图

从动件推程时的位移方程可表达为

$$s = \frac{h}{2}\Big[1 - \cos\Big(\frac{\pi}{\varphi_0}\varphi\Big)\Big] \tag{3-8}$$

由式(3-8)可知,从动件的位移曲线为简谐运动曲线,因此,这种运动规律也称简谐运动规律。推程时从动件的位移线图如图 3-9(a)所示,作图步骤如下:

(1) 取角度比例尺 μ_φ,在横坐标轴上作出凸轮与行程 h 对应的推程角 φ_0,将其分成若干等份(图中分为六等份),得到分点 $1,2,\cdots,6$,过这些分点作横坐标轴的垂直线。

(2) 取长度比例尺 μ_l,在纵坐标轴上作出从动件的行程 h。以行程 h 为直径在纵坐标轴上作一半圆,将该半圆圆周也等分为六等份,得到分点 $1',2',3',\cdots,6'$,过这些分点作平行于横坐标轴的直线。

(3) 这些平行线与上述各对应的垂直线分别交于点 $1'',2'',\cdots,6''$,将这些交点连成光滑的曲线,即为余弦加速度运动的位移线图。

4) 从动件运动规律的选择

(1) 在选择从动件运动规律时,首先要满足机构的工作要求,同时要考虑使凸轮机构具有良好的工作性能。在满足工作要求的前提下,还应考虑凸轮轮廓曲线的加工制造。

(2) 在选择从动件运动规律时,一般应从机构的冲击情况、从动件的最大速度 v_{max} 和最大加速度 a_{max} 三个方面对各种运动规律的特性进行比较。

从动件的最大速度 v_{max} 反映出从动件最大冲量的大小,v_{max} 大,在启动、停车或突然制动时会产生很大的冲击。因此从动件的最大速度 v_{max} 要尽量小。通常,对于质量较大的从动件,应选择 v_{max} 较小的运动规律。最大加速度 a_{max} 反映出从动件惯性力的大小,a_{max} 越大,惯性力就越大。因此从动件的最大加速度 a_{max} 要尽量小。显然,对于高速凸轮机构,应考虑使 a_{max} 不宜太大。

常用从动件运动规律的特性比较见表 3-1,供选择时参考。

表 3-1　常用从动件运动规律的特性

运动规律	v_{max}	a_{max}	冲击特性	适用场合
等速	$1.00 \times \left(\dfrac{h}{\varphi}\omega\right)$	∞	刚性冲击	低速、轻载
等加速、等减速	$2.00 \times \left(\dfrac{h}{\varphi}\omega\right)$	$4.00 \times \left(\dfrac{h}{\varphi^2}\omega^2\right)$	柔性冲击	中速、轻载
余弦加速度	$1.57 \times \left(\dfrac{h}{\varphi}\omega\right)$	$4.93 \times \left(\dfrac{h}{\varphi^2}\omega^2\right)$	柔性冲击	中速、中载

三、凸轮机构的传力特性

1. 压力角

图 3-10 所示为对心直动尖顶从动件盘形凸轮机构。在推程的任一位置，从动件上的外载荷为 F_Q。

将从动件所受的法向力 F_n 分解成两个互相垂直的分力，即水平分力 F_x 和垂直分力 F_y，其计算公式如下：

$$\left.\begin{array}{c} F_x = F_n \sin\alpha \\ F_y = F_n \cos\alpha \end{array}\right\} \tag{3-9}$$

式中，α 是凸轮对从动件的法向力与该力作用点速度方向之间所夹的锐角，称为凸轮机构在该位置的压力角。

2. 自锁现象

由图 3-11 可知，当凸轮机构处于不同的位置时，即凸轮轮廓曲线与从动件在不同点接触时，各个接触点的法线 n-n 方向不同，从而导致凸轮给从动件的作用力 F_n 的方向不断地改变，而从动件的速度 v 的方向是不变的，所以各接触点的压力角也是各不相同的。

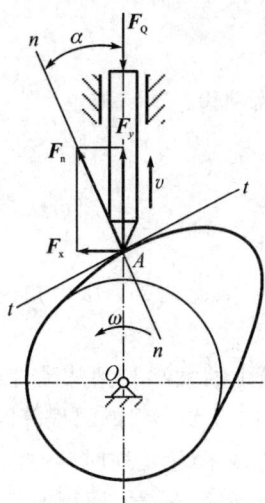

图 3-10　凸轮机构的压力角示意图　　　　图 3-11　压力角的测量

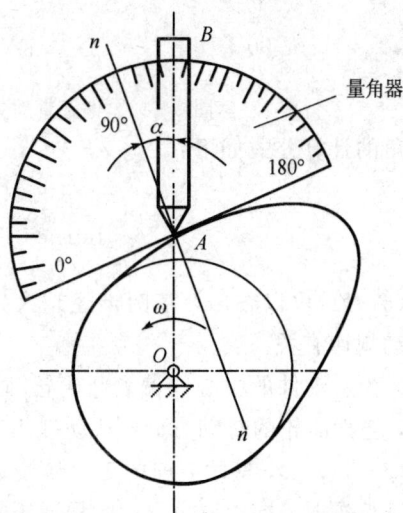

很明显，压力角 α 越大，水平方向阻止从动件上移的分力 F_x 越大，由此引起的摩擦阻力也越大。当压力角 α 增大到一定程度时，由 F_x 产生的摩擦力将大于推动从动件上移的有用分力 F_y，则无论凸轮对从动件施加多大的力，从动件都不能运动，即机构将发生自锁。因此，压力角的大小反映出机构传力性能的好坏，是机构设计的一个重要参数。在设计凸轮机构时，应限制工作过程中的最大压力角 $\alpha_{\max}$ 不得超过其许用压力角 $[\alpha]$，即

$$\alpha_{\max} \leqslant [\alpha] \tag{3-10}$$

3. 影响压力角的因素

图 3-12 为偏置直动尖顶从动件盘形凸轮机构。根据从动件的中心线偏离凸轮转动中心的位置，分为正偏置和负偏置两种偏置方式。当凸轮逆时针转时，从动件偏于凸轮轴心右侧为正偏置，从动件偏于凸轮轴心左侧为负偏置。当凸轮顺时针转时，从动件偏于凸轮轴心左侧为正偏置，从动件偏于凸轮轴心右侧为负偏置。

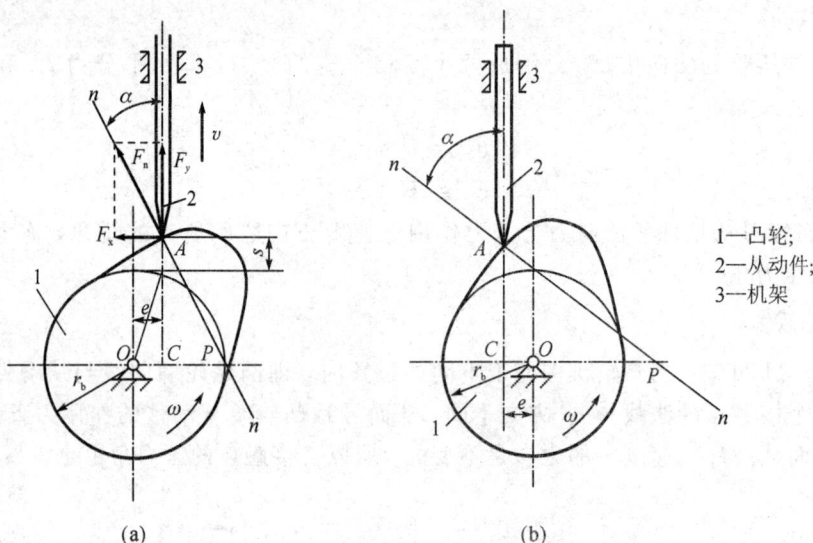

图 3-12　偏置直动尖顶从动件盘形凸轮机构

压力角的计算公式如下：

$$\tan\alpha = \dfrac{\left| \dfrac{\mathrm{d}s}{\mathrm{d}t} \pm e \right|}{s + \sqrt{r_{\mathrm{b}}^2 - e^2}} \tag{3-11}$$

由式（3-11）可以看出，基圆半径越大，压力角就越小。除此之外，压力角还与偏距、从动件运动规律有关。

偏距 e 为从动件的中心线偏离凸轮转动中心的距离，偏距的大小受到从动件的偏置方式的影响，包括凸轮的转动方向、从动件相对凸轮的偏置方向以及推程或回程等因素。

在式（3-11）中，偏距 e 前的正负号按下述原则确定：如果凸轮按逆时针方向转动，则当从动件正偏置时，推程取负号，回程取正号，负偏置时，推程取正号，回程取负号；如果凸轮按顺时针方向转动，则正负号的确定与上述相反。

第三节　凸轮轮廓曲线的设计

在确定了凸轮机构的运动规律和凸轮机构的基本尺寸后，就可以绘制凸轮的轮廓曲线了。凸轮轮廓曲线的设计方法有图解法和解析法。

一、用图解法设计凸轮轮廓

1. 对心尖顶直动从动件盘形凸轮轮廓

图 3-13 为一对心尖顶直动从动件盘形凸轮机构。设凸轮的基圆半径为 r_b，凸轮以等角速度 ω 逆时针方向回转，从动件的运动规律已知。根据反转法原理设计凸轮轮廓曲线的步骤如下：

（1）选取位移比例尺 μ_s 和凸轮转角比例尺 μ_φ，按图 3-6(b) 所示的方法作出从动件的位移线图，如图 3-13(a) 所示，然后将 φ_0 及 φ' 分成若干等份（图中为四等份），并自各点作垂线与位移曲线交于 $1'$，$2'$，…，$8'$。

（2）选取长度比例尺 μ_l（为作图方便，最好取 $\mu_l = \mu_s$），以任意点 O 为圆心、r_b 为半径作基圆（如图 3-13(b) 中虚线所示）。再以从动件最低（起始）位置 B_0 起沿 $-\omega$ 方向量取角度 φ_0、φ_s、φ' 及 φ'_s，并将 φ_0 和 φ' 按位移线图中的等份数分成相应的等份。再自 O 点引一系列径向线 $O1$，$O2$，$O3$，…，各径向线即代表凸轮在各转角时从动件导路所依次占有的位置。

（3）自各径向线与基圆的交点 B'_1，B'_2，B'_3，…向外量取各个位移量 $B'_1B_1 = 11'$，$B'_2B_2 = 22'$，$B'_3B_3 = 33'$，…，得 B_1，B_2，B_3，…点。这些点就是反转后从动件尖顶的一系列位置。

（4）将 B_0，B_1，B_2，B_3，B_4，…，B_9 各点连成光滑曲线（B_4、B_5 间和 B_9、B_0 间均为以 O 为圆心的圆弧），即得所求的凸轮轮廓曲线，如图 3-13(b) 所示。

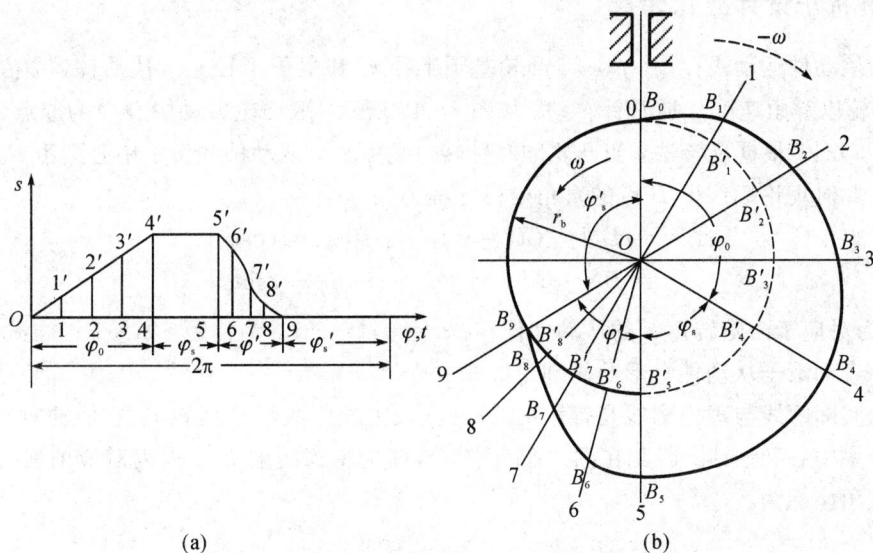

(a)　　　　　　　(b)

图 3-13　凸轮轮廓曲线的绘制

2. 对心直动滚子从动件盘形凸轮轮廓

由于滚子中心是从动件上的一个固定点，该点的运动就是从动件的运动，因此可取滚子中心作为参考点（相当于尖顶从动件的尖顶），按上述方法先作出尖顶从动件的凸轮轮廓曲线（也是滚子中心轨迹），如图 3-14 中的点画线，该曲线称为凸轮的理论廓线。再以理论廓线上各点为圆心，以滚子半径 r_T 为半径作一系列圆。然后，作这些圆的包络线 β，如图中实线，它便是使用滚子从动件时凸轮的实际廓线。由作图过程可知，滚子从动件凸轮的基圆半径 r_b 应在理论廓线上度量。

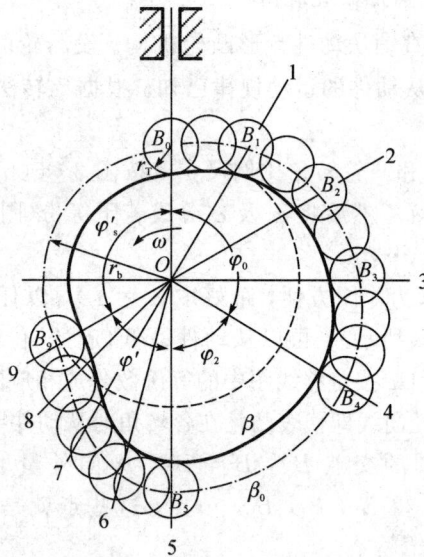

图 3-14　对心直动滚子从动件盘形凸轮机构

二、用解析法设计凸轮轮廓

已知从动件运动规律 $s=f(\varphi)$、凸轮基圆半径 r_b 和滚子半径 r_T，从动件偏置在凸轮的右侧，凸轮以等角速度 ω 逆时针转动。如图 3-15 所示，取凸轮转动中心 O 为原点，建立直角坐标系 Oxy。根据反转法，当凸轮顺时针转过角 φ 时，从动件的滚子中心则由 B_0 点反转到 B 点，此时理论廓线上 B 点的直角坐标方程为

$$\left.\begin{array}{l} x = DN + CD = (s_0 + s)\sin\varphi + e\cos\varphi \\ y = BN - MN = (s_0 + s)\cos\varphi - e\sin\varphi \end{array}\right\} \qquad (3-12)$$

式中：s 为对应于凸轮转角 φ 的从动件位移；$s_0 = \sqrt{r_b^2 - e^2}$；e 为偏距，如果 $e=0$，式（3-12）即是对心直动滚子从动件盘形凸轮理论廓线方程。

凸轮实际廓线与理论廓线是等距曲线（在法线上相距滚子半径 r_T），它们的对应点具有公共的曲率中心和法线。因此在图 3-15 中，与理论轮廓线上 B 点向内对应的实际廓线上 B' 点的直角坐标为

$$\left.\begin{array}{l} x' = x - r_T\cos\beta \\ y' = y - r_T\sin\beta \end{array}\right\} \qquad (3-13)$$

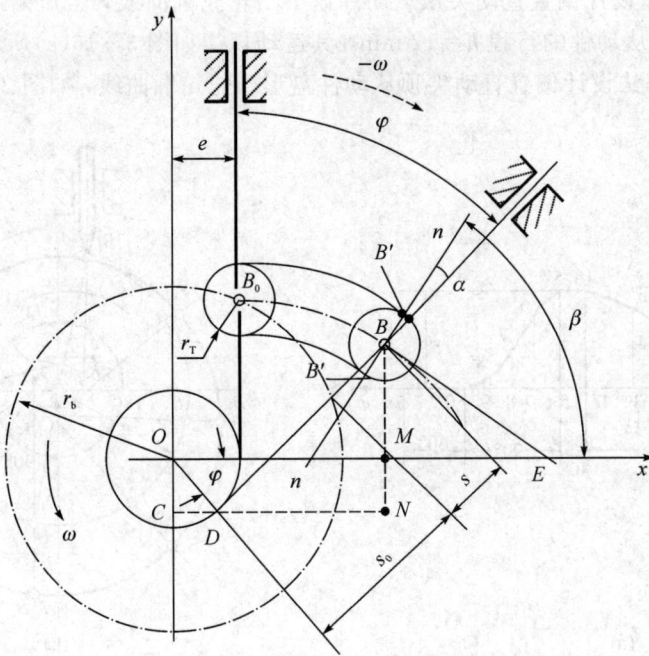

图 3-15　用解析法设计偏置直动滚子从动件盘形凸轮轮廓

式中，$\tan\beta = \dfrac{\sin\beta}{\cos\beta}$ 是理论廓线上 B 点法线 nn 的斜率，它与 B 点切线 BE 的斜率互为负倒数，所以

$$\tan\beta = \frac{ME}{BM} = -\frac{\mathrm{d}x}{\mathrm{d}y} = -\frac{\mathrm{d}x/\mathrm{d}\varphi}{\mathrm{d}y/\mathrm{d}\varphi} \tag{3-14}$$

根据式(3-12)有

$$\left. \begin{aligned} \frac{\mathrm{d}x}{\mathrm{d}\varphi} &= \left(\frac{\mathrm{d}s}{\mathrm{d}\varphi} - e\right)\sin\varphi + (s_0 + s)\cos\varphi \\ \frac{\mathrm{d}y}{\mathrm{d}\varphi} &= \left(\frac{\mathrm{d}s}{\mathrm{d}\varphi} - e\right)\cos\varphi - (s_0 + s)\sin\varphi \end{aligned} \right\} \tag{3-15}$$

$\cos\beta$ 和 $\sin\beta$ 可由式(3-14)求出：

$$\left. \begin{aligned} \cos\beta &= -\frac{\mathrm{d}y/\mathrm{d}\varphi}{\sqrt{(\mathrm{d}x/\mathrm{d}\varphi)^2 + (\mathrm{d}y/\mathrm{d}\varphi)^2}} \\ \sin\beta &= -\frac{\mathrm{d}x/\mathrm{d}\varphi}{\sqrt{(\mathrm{d}x/\mathrm{d}\varphi)^2 + (\mathrm{d}y/\mathrm{d}\varphi)^2}} \end{aligned} \right\} \tag{3-16}$$

将式(3-15)代入式(3-16)，得到凸轮实际廓线的直角坐标方程为

$$\left. \begin{aligned} x' &= x + r_{\mathrm{T}}\frac{\mathrm{d}y/\mathrm{d}\varphi}{\sqrt{(\mathrm{d}x/\mathrm{d}\varphi)^2 + (\mathrm{d}y/\mathrm{d}\varphi)^2}} \\ y' &= y - r_{\mathrm{T}}\frac{\mathrm{d}y/\mathrm{d}\varphi}{\sqrt{(\mathrm{d}x/\mathrm{d}\varphi)^2 + (\mathrm{d}y/\mathrm{d}\varphi)^2}} \end{aligned} \right\} \tag{3-17}$$

【例 3 - 1】　试设计偏置直动尖顶从动件盘形凸轮轮廓曲线，已知偏距 $e=4$ mm，基圆半径 $r_b=20$ mm，从动件的行程 $h=12$ mm，其运动规律如图 3 - 16(a)所示。

解　利用图解法设计偏置直动尖顶从动件盘形凸轮轮廓曲线，如图 3 - 16(b)所示。

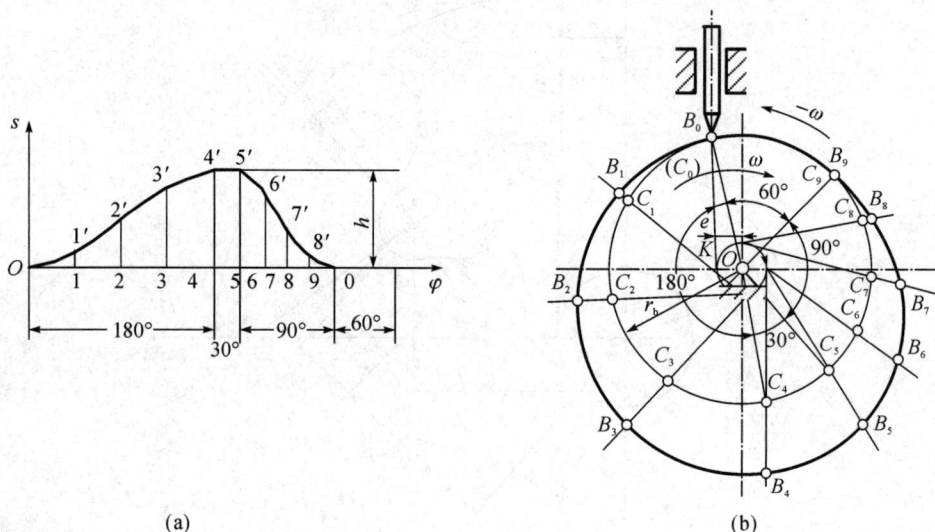

图 3 - 16　偏置直动尖顶从动件盘形凸轮轮廓曲线设计

第四节　半自动机床中的凸轮机构

设计图 3 - 17 所示半自动钻床中逆时针转动的凸轮 4。已知装凸轮轴处的直径 $d=25$ mm，从动件升程 $h=25$ mm，工作循环如表 3 - 2 所示。

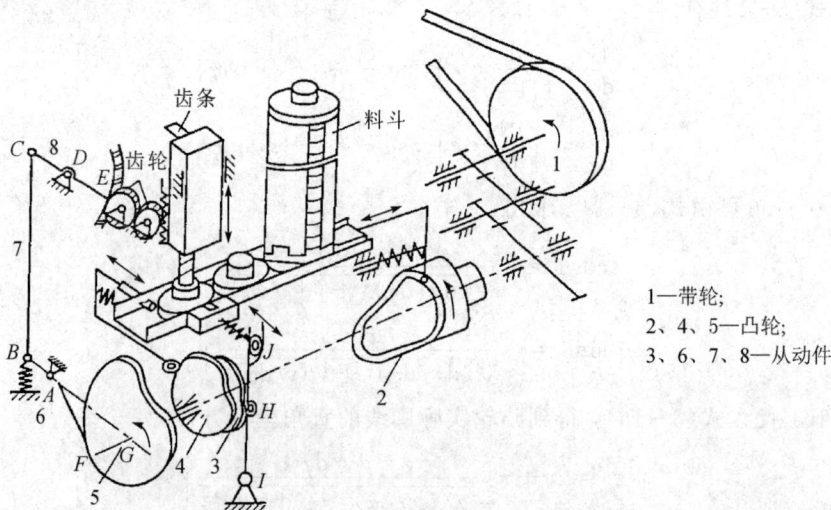

1—带轮；
2、4、5—凸轮；
3、6、7、8—从动件

图 3 - 17　半自动机床中的凸轮机构

表 3 - 2 凸轮 4 工作循环

凸轮轴转角	0～60°	60°～210°	210°～270°	270°～360°
定位	快进	停止	快退	停止

1. 运动过程设计

本设计采用滚子移动从动件盘形凸轮机构。为了使从动件快进时平稳，快退时迅速退出，快进时采用等速运动规律，快退时采用等加速等减速运动规律，如表 3 - 3 所示。

表 3 - 3 从动件运动规律

凸轮轴转角	0～60°	60°～210°	210°～270°	270°～360°
从动件的运动规律	等速上升 25 mm	停止不动	等加速等减速下降至原位	停止不动

2. 滚子半径、基圆半径、凸轮厚度与滚子宽度的确定

已知滚子半径 $r_T = 10$ mm，滚子宽度 $B = 15$ mm，则基圆半径为

$$r_b \geqslant 1.8r + r_T + (6～10)\ \text{mm} = 1.8 \times \frac{25}{2} + 10 + (6～10)\ \text{mm} = 38.5～42.5\ \text{mm}$$

取基圆半径 $r_b = 40$ mm，凸轮厚度 $b = 12$ mm。

3. 凸轮轮廓曲线的绘制

绘制从动件位移线图，如图 3 - 18 所示。

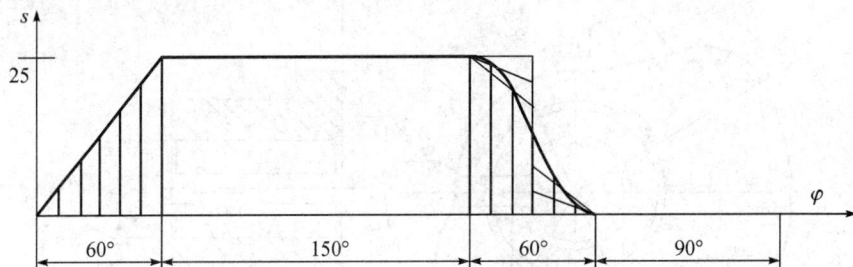

图 3 - 18 从动件位移线图

绘制凸轮轮廓曲线，如图 3 - 19 所示。

理论轮廓曲线上，推程部分：

$$\alpha_{\max} = 19.76° < [\alpha] = 30°$$

最小曲率半径：

$$\rho_{\min} = 27.96\ \text{mm} > r_T = 10 + (3～5)\ \text{mm} = 13～15\ \text{mm}$$

凸轮零件图如图 3 - 20 所示。

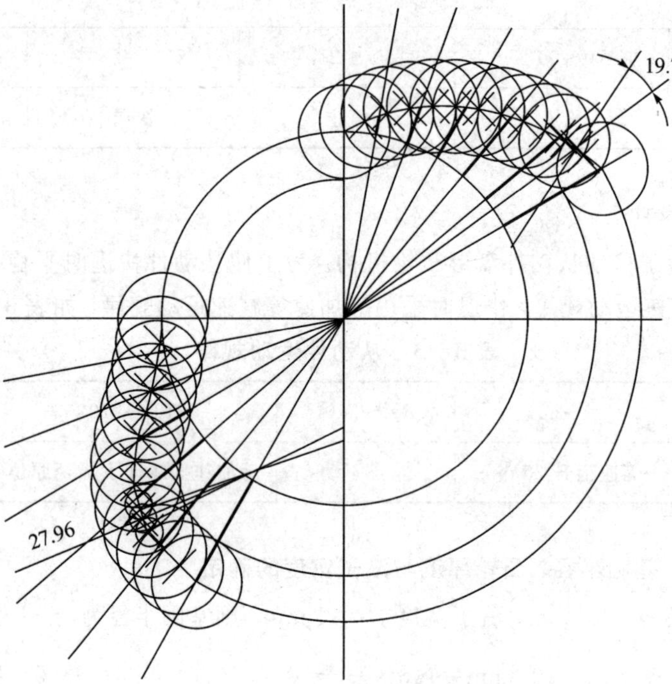

图 3 - 19　凸轮轮廓曲线

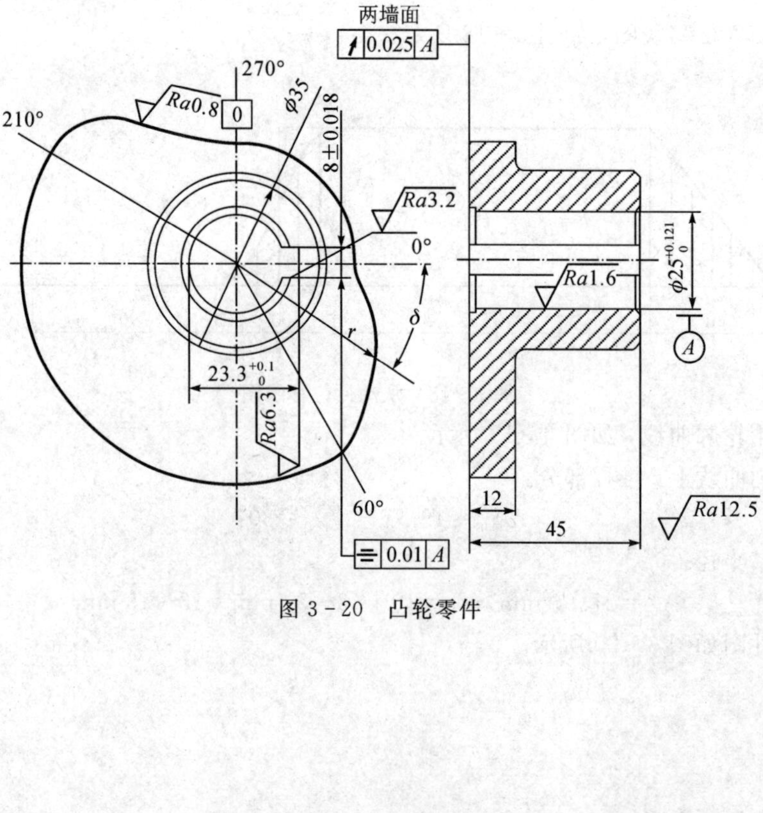

图 3 - 20　凸轮零件

思 考 题

3-1 凸轮机构的组成是什么？有什么特点？应用场合是什么？

3-2 凸轮机构从动件的常用运动规律有哪些？各有什么特点？

3-3 图解法绘制凸轮轮廓的原理是什么？

3-4 什么是凸轮的理论轮廓线和实际轮廓线？

3-5 有一对心直动尖顶从动件盘形凸轮机构，已知凸轮的基圆半径 $r_b=30$ mm，凸轮逆时针等速回转。在推程中，凸轮转过 150°时，从动件等速上升 50 mm；凸轮继续转过 30°时，从动件保持不动。在回程中，凸轮转过 120°时，从动件以简谐运动规律回到原处；凸轮转过其余 60°时，从动件又保持不动。

(1)画出从动件的位移线图；

(2)画出从动件的加速度线图；

(3)用作图法绘制凸轮的轮廓曲线。

3-6 题 3-6 图所示为一对心直动尖顶从动件盘形凸轮机构及其速度线图。已知凸轮的角速度 $\omega=2$ rad/s，基圆半径 $r_b=40$ mm，从动件的行程 $h=20$ mm。

(1)当凸轮的转角 φ 在 0°~180°时，从动件的运动规律是什么？

(2)画出从动件的加速度线图，指出各位置上出现何种性质的冲击。

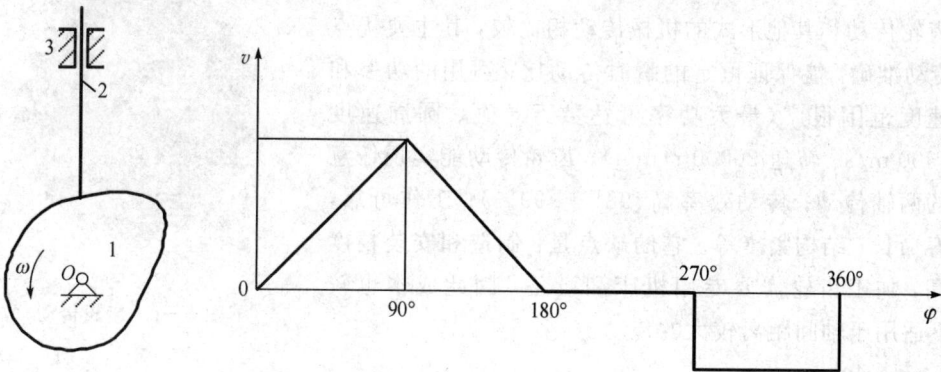

题 3-6 图

3-7 设计一偏心直动滚子从动件盘形凸轮机构。已知凸轮的基圆半径 $r_b=40$ mm，滚子半径 $r_T=10$ mm。凸轮逆时针等速回转。在推程中，凸轮转过 140°时，从动件按等速运动规律上升 30 mm；凸轮继续转过 40°时，从动件保持不动。在回程中，凸轮转过 120°时，从动件以等加速、等减速运动规律回到原处；凸轮转过其余 60°时，从动件又保持不动。试用作图法绘制从动件的位移线图及凸轮的轮廓曲线。

第四章　齿　轮　传　动

齿轮机构是现代机械中应用最广泛的传动机构之一,它可以用来传递空间任意两轴之间的运动和动力,具有传动功率范围大、效率高、传动比准确、使用寿命长、工作安全可靠等特点。

第一节　齿轮啮合基本定律

一、齿轮传动的特点和类型

齿轮传动如图 4-1 所示,它主要用来传递任意两根轴之间的运动和动力。一般利用一对齿轮将一根轴的转动传递给另一根轴,并可改变转动速度和转动方向。

1. 齿轮传动的特点及应用

齿轮传动和其他形式的机械传动相比较,其主要优点是:传动准确,能保证恒定的瞬时传动比;适用的功率和圆周速度范围很广(最大功率可达数万千瓦、圆周速度 200~300 m/s、转速 20000 r/min);齿轮传动能实现任意位置的两轴传动;传动效率高(98%~99%);工作可靠,使用寿命长;结构紧凑等。它的缺点是:制造和安装精度要求高,加工齿轮需要专用机床和设备,因此成本也较高;不适用于轴间距离较大的传动。

图 4-1　齿轮传动

2. 齿轮传动的类型

1) 平面齿轮传动

平面齿轮传动是指啮合的一对齿轮的轴线互相平行。常见的平面齿轮传动类型有直齿圆柱齿轮传动、斜齿圆柱齿轮传动和人字齿轮传动。

(1) 直齿圆柱齿轮传动。

齿廓曲面母线与齿轮轴线相平行的齿轮称为直齿圆柱齿轮,又称正齿轮或简称直齿轮。其中,轮齿排列在圆柱体外表面的称为外齿轮,轮齿排列在圆柱体内表面的称为内齿轮,轮齿排列在直线平板(相当于半径无穷大的圆柱体)上的则称为齿条。

直齿圆柱齿轮传动又分为外啮合齿轮传动、内啮合齿轮传动和齿轮齿条传动。外啮合齿轮传动为两个外齿轮互相啮合,两齿轮的转动方向相反,如图 4-2(a)所示;内啮合齿轮传动一个外齿轮与一个内齿轮互相啮合,两齿轮的转动方向相同,如图 4-2(b)所示;齿轮齿条传动为一个外齿轮与齿条互相啮合，可将齿轮的圆周运动变为齿条的直线移动，或将直线运动变为圆周运动，如图 4-2(c)所示。

(a) 直齿圆柱外啮合齿轮传动　　(b) 直齿圆柱内啮合齿轮传动　　(c) 直齿轮与齿条传动

图 4-2　直齿圆柱齿轮传动的主要类型

（2）斜齿圆柱齿轮传动和人字齿轮传动。

齿廓曲面母线相对于齿轮轴线偏斜一定角度的齿轮称为斜齿圆柱齿轮，简称斜齿轮。斜齿轮传动也有外啮合传动、内啮合传动和齿轮齿条传动三种。一对轴线相平行的斜齿轮相啮合，构成平行轴斜齿轮传动，如图 4-3(a)所示。人字齿轮传动如图 4-3(b)所示。

(a) 平行轴斜齿轮传动　　　　　(b) 人字齿轮传动

图 4-3　平行轴斜齿轮传动和人字齿轮传动

2）空间齿轮传动

空间齿轮传动是指两齿轮的轴线互不平行（相交或交错），主要类型包括相交轴齿轮传动和交错轴齿轮传动。

（1）传递两相交轴转动的齿轮传动。

这种齿轮的轮齿排列在轴线相交的两个圆锥体的表面上，故称为锥齿轮或伞齿轮。锥齿轮按其轮齿的形状可分为三种，分别是直齿锥齿轮、斜齿锥齿轮和曲线齿锥齿轮，如图 4-4所示。

直齿锥齿轮应用最为广泛。斜齿锥齿轮因不易制造，故很少应用。曲线齿锥齿轮可用在高速、重载的场合，但需用专门的加工机床。

(a) 直齿锥齿轮传动　　　　　　(b) 斜齿锥齿轮传动　　　　　　(c) 曲线齿锥齿轮传动

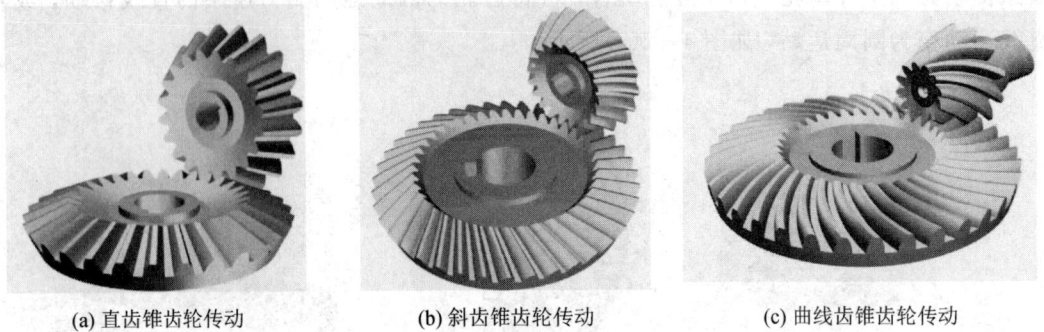

图 4-4　锥齿轮传动

（2）传递两交错轴转动的齿轮传动。

这类齿轮传动常见的有两种：交错轴斜齿轮传动和蜗轮蜗杆传动。

交错轴斜齿轮传动如图 4-5(a)所示，其单个齿轮为斜齿圆柱齿轮，但两齿轮的轴线既不相交也不平行，而是相互交错的。蜗轮蜗杆传动如图 4-5(b)所示，其两轴交错成 90°，兼有齿轮传动和螺旋传动的特点。

(a) 交错轴斜齿轮传动　　　　　　　　　(b) 蜗轮蜗杆传动

图 4-5　交错轴齿轮传动

二、齿廓啮合基本定律

1. 传动比

一对齿轮相互啮合传动时，两个齿轮的瞬时角速度之比称为瞬时传动比，用 i 表示。设主动轮 1 的角速度用 ω_1 表示，从动轮 2 的角速度用 ω_2 表示。当不考虑两个齿轮的转动方向时，其传动比的大小为

$$i = \frac{\omega_1}{\omega_2} \tag{4-1}$$

当 $i=1$ 时，两个齿轮角速度的大小相等。

当 $i \neq 1$ 时，两个齿轮角速度的大小不相等。$i > 1$ 时，其啮合传动为减速传动且以小齿

轮为主动轮；$i < 1$ 时，其啮合传动为增速传动且以大齿轮为主动轮。

2. 齿廓啮合基本定律

齿轮传动依靠两个齿轮的轮齿相互啮合来实现运动或动力的传递。轮齿齿廓曲线的形状将直接影响齿轮传动的瞬时传动比，如何选择齿轮的齿廓曲线使其瞬时传动比为常数是一个值得研究的问题。齿廓曲线与瞬时传动比之间的关系可由齿廓啮合基本定律来确定。图 4-6 所示为一对直齿圆柱齿轮传动。

过啮合点 K 点作两轮齿廓的公法线 nn，它与两个齿轮的连心线 O_1O_2 交于 P 点，P 点即为两个齿轮的相对速度瞬心，所以，瞬时传动比为

$$i = \frac{\omega_1}{\omega_2} = \frac{O_2P}{O_1P} \qquad (4-2)$$

式(4-2)表明：相互啮合的一对齿轮，在任一位置的传动比，与其连心线 O_1O_2 被啮合点处的公法线所分割的两线段长度成反比。这一规律称为齿廓啮合基本定律。

在节点 P 处，两个齿轮的圆周速度相等，所以一对齿轮的传动相当于一对节圆相切作纯滚动。因此，这对齿轮的瞬时传动比为

$$i = \frac{\omega_1}{\omega_2} = \frac{O_2P}{O_1P} = \frac{r'_2}{r'_1} \qquad (4-3)$$

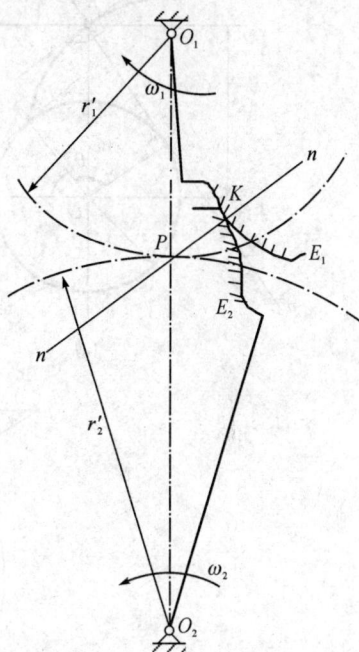

图 4-6 直齿圆柱齿轮传动

3. 共轭齿廓

凡满足齿廓啮合基本定律的一对齿轮的齿廓称为共轭齿廓。从理论上讲，可用作共轭齿廓的曲线有无穷多，但选择时还应考虑制造、安装和强度等要求。对于定传动比的齿轮机构，常用的齿廓曲线有渐开线、摆线、圆弧曲线等。

三、渐开线及渐开线齿廓

1. 渐开线的形成及其性质

如图 4-7(a)所示，当一条直线 nn 沿着一个固定的圆作纯滚动时，该直线上任意一点 K 在平面上的轨迹 AK 曲线称为这个圆的渐开线。这个固定的圆称为渐开线的基圆，其半径用 r_b 表示。直线 nn 称为发生线。图 4-7(b)为两个半径不等的基圆形成的渐开线。图 4-7(c)为一平面沿圆柱滚动形成的渐开面。

根据渐开线形成的过程，可知渐开线具有以下性质：

(1) 发生线沿基圆滚过的线段长度等于基圆上被滚过的弧长，即 $l_{NK} = l_{AN}$。

(2) 渐开线上任一点的法线必与基圆相切。切点 N 是渐开线上 K 点的曲率中心，线段 NK 是渐开线上 K 点的曲率半径。

(3) 渐开线上各点的曲率半径不相等。

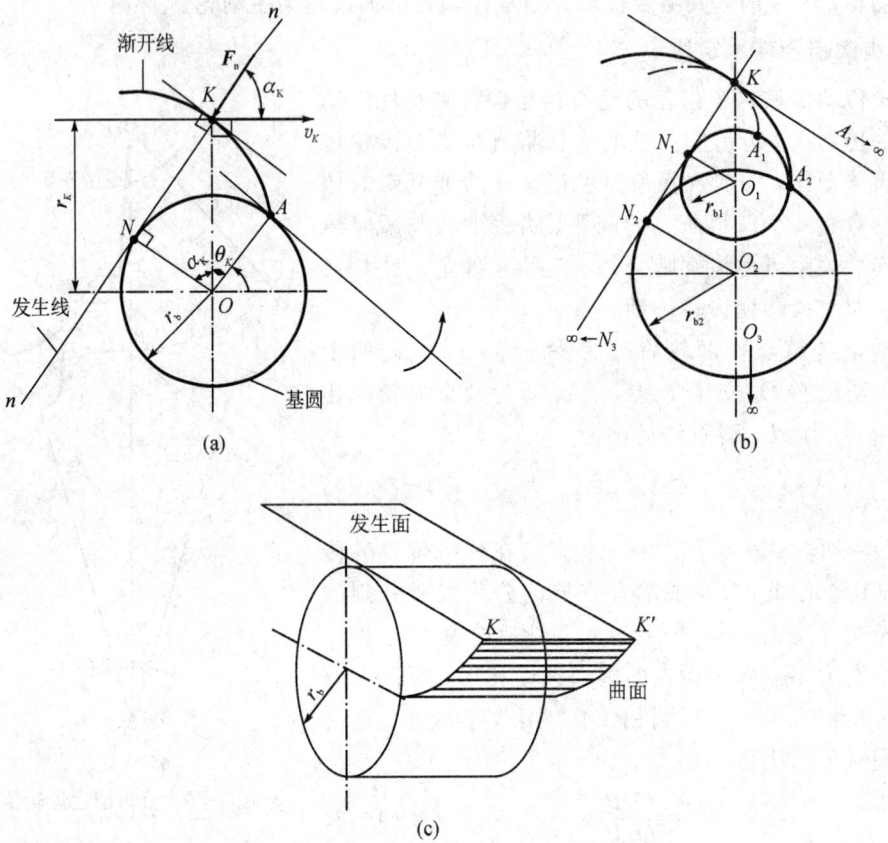

图 4-7 渐开线的形成

（4）渐开线的形状取决于基圆的大小。基圆越大，渐开线越平直，当基圆半径趋于无穷大时，渐开线变成直线。齿条的齿廓就是这种直线齿廓。

（5）基圆内无渐开线。

2. 渐开线方程

1）展角

渐开线上任意点 K 的向径与起始点 A 的向径之间的夹角称为渐开线 AK 段的展角，用 θ_K 表示，单位为弧度（rad）。如图 4-7(a) 所示，$\theta_K = \angle AOK$。

2）渐开线齿廓的压力角

若以渐开线作为齿轮的齿廓，当两个齿轮的轮齿在任一点 K 点啮合时，其法向力 F_n 的方向沿着 K 点的法线方向，而齿廓上 K 点的速度 v_K 垂直于 OK 线。K 点的受力方向与运动速度方向之间所夹的锐角称为渐开线上 K 点处的压力角，用 α_K 表示，单位为度（°）。

以 r_b 表示基圆半径，r_K 表示渐开线上 K 点的向径，由图 4-7(a) 可知，在 $\triangle NOK$ 中，$\angle NOK$ 的两条边与 K 点压力角 α_K 的两条边对应垂直，即 $\angle NOK = \alpha_K$，故有

$$\cos\alpha_K = \frac{ON}{OK} = \frac{r_b}{r_K} \tag{4-4}$$

由式（4-4）可知，因基圆半径 r_b 为定值，所以渐开线齿廓上各点的压力角不相等，离

中心愈远（即 r_K 愈大），压力角愈大，基圆上的压力角 $\alpha_b = 0$。

3）渐开线方程

根据渐开线形成的过程，可以推导出其极坐标方程。

在图 4-7(a) 中，A 为渐开线在基圆上的起点，K 为渐开线上任意一点。若以基圆的圆心 O 为极点，OA 为极轴，K 点的向径 r_K 与极轴的夹角 θ_K 为极角建立极坐标系，则渐开线上任意一点 K 的位置可用向径 r_K 和展角 θ_K 来表示，K 点的极坐标为 (r_K, θ_K)。

在 $\triangle NOK$ 中：

$$\tan\alpha_K = \frac{NK}{ON} = \frac{NA}{ON} = \frac{r_b(\alpha_K + \theta_K)}{r_b} = \alpha_K + \theta_K$$

即

$$\theta_K = \tan\alpha_K - \alpha_K$$

可得渐开线的极坐标方程为

$$\left. \begin{array}{l} r_K = \dfrac{r_b}{\cos\alpha_K} \\[3mm] \theta_K = \tan\alpha_K - \alpha_K \end{array} \right\} \tag{4-5}$$

式 (4-5) 表明，θ_K 随压力角 α_K 而改变，称 θ_K 为压力角 α_K 的渐开线函数，记作 $\mathrm{inv}\alpha_K$，即

$$\theta_K = \mathrm{inv}\alpha_K = \tan\alpha_K - \alpha_K$$

为了计算方便，工程上已将不同压力角的渐开线函数的值列成表格以供查找，如表 4-1 所示。

表 4-1　渐开线函数表

$\alpha_K(°)$	次	0′	5′	10′	15′	20′	25′	30′	35′	40′	45′	50′	55′
11	0.00	23941	24495	25057	25628	26208	26797	27394	28001	28616	29241	29875	30518
12	0.00	31171	31832	32504	33185	33875	34575	35285	36005	36735	37474	38224	38984
13	0.00	39754	40534	41325	42126	42938	43760	44593	45437	46291	47157	48033	48921
14	0.00	49819	50729	51650	52582	53526	54482	55448	56427	57417	58420	59434	60460
15	0.00	61498	62548	63611	64686	65773	66873	67985	69110	70248	71398	72561	73738
16	0.0	07493	07613	07735	07857	07982	08107	08234	08362	08492	08623	08756	08889
17	0.0	09025	09161	09299	09439	09580	09722	09866	10012	10158	10307	10456	10608
18	0.0	10760	10915	11071	11228	11387	11547	11709	11873	12038	12205	12373	12543
19	0.0	12715	12888	13063	13240	13418	13598	13779	13963	14148	14334	14523	14713
20	0.0	14904	15098	15293	15490	15689	15890	16092	16296	16502	16710	16920	17132
21	0.0	17345	17560	17777	17996	18217	18440	18665	18891	19120	19350	19583	19817
22	0.0	20054	20292	20533	20775	21019	21266	21514	21765	22018	22272	22529	22788
23	0.0	23049	23312	23577	23845	24114	24386	24660	24936	25214	25495	25777	26062
24	0.0	26350	26639	26931	27225	27521	27820	28121	28424	28729	29037	29348	29660
25	0.0	29975	30293	30613	30935	31260	31587	31917	32249	32583	32920	33260	33602

$\alpha_K(°)$	次	0′	5′	10′	15′	20′	25′	30′	35′	40′	45′	50′	55′
26	0.0	33947	34294	34644	34997	35352	35709	36069	36432	36798	37166	37537	37910
27	0.0	38287	38666	39047	39432	39819	40209	42602	40997	41395	41797	42201	42607
28	0.0	43017	43430	43845	44264	44685	45110	45537	45967	46400	46837	47276	47718
29	0.0	48164	48612	49064	49518	49976	50437	50901	51368	51838	52312	52788	53268
30	0.0	53751	54238	54728	55221	55717	56217	56720	57226	57736	58249	58765	59285

3. 渐开线齿廓的啮合特点

由图 4-8 可知，渐开线齿轮齿廓的两侧是由形状相同、方向相反的两个渐开线曲面组成的。

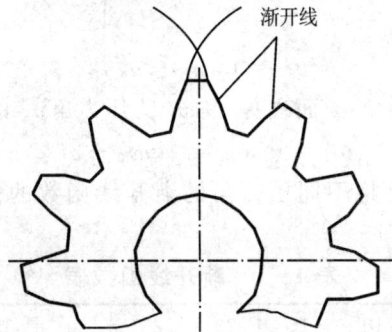

渐开线

图 4-8　渐开线齿廓

（1）满足齿廓啮合基本定律。图 4-9 为渐开线齿轮 1 和 2 的一对齿廓 E_1、E_2 在任意点 K 点相啮合的情况。根据渐开线的性质，过 K 点作两个齿廓的公法线 N_1N_2 必同时与两基圆相切，即 N_1N_2 是两基圆的内公切线。

又由图 4-9 可知，由于 $\triangle O_1PN_1 \backsim \triangle O_2PN_2$，因此传动比也可以写为

$$i = \frac{\omega_1}{\omega_2} = \frac{O_2P}{O_1P} = \frac{r'_2}{r'_1} = \frac{r_{b2}}{r_{b1}} = 常数 \tag{4-6}$$

（2）啮合线为一直线，啮合角为一常数。一对齿轮传动时，其齿廓啮合点的轨迹 $K-P-K'$ 称为啮合线。容易证明：一对渐开齿轮在啮合传动过程中，其啮合点始终落在直线 N_1N_2 上，即啮合线是一条直线。啮合线与两节圆的夹角 α' 称为啮合角，为一常数。

（3）中心距可分性。齿轮在制造、安装时不可避免地会产生制造误差或安装误差，或者是在运转过程中产生轴承磨损，使得两个齿轮的实际中心距与设计的中心距不再吻合，从而会造成中心距的微小变化。因两轮基圆半径不变，由式（4-6）可知渐开线齿轮的传动比是常数。这种中心距稍有变化并不改变传动比的性质，称为中心距可分性。中心距可分性是渐开线齿轮传动的一个重要优点，为齿轮的制造和安装等带来很大的方便。

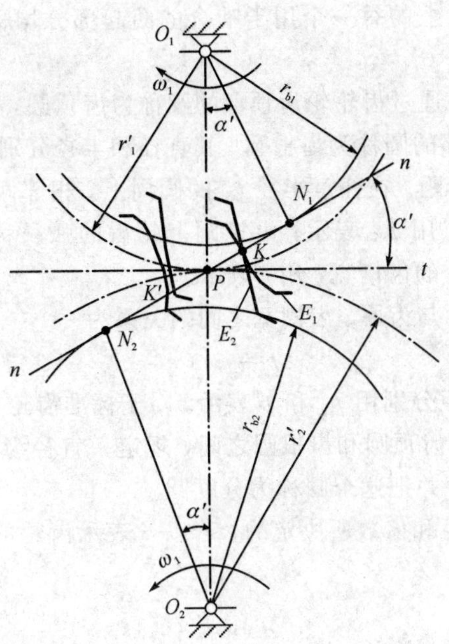

图 4 - 9　渐开线齿廓的啮合传动

第二节　渐开线标准直齿圆柱齿轮

一、标准直齿圆柱齿轮的基本参数和几何尺寸

1. 渐开线齿轮各部分的名称

图 4 - 10 所示为标准直齿圆柱齿轮的一部分，齿轮各部分的名称及符号如下。

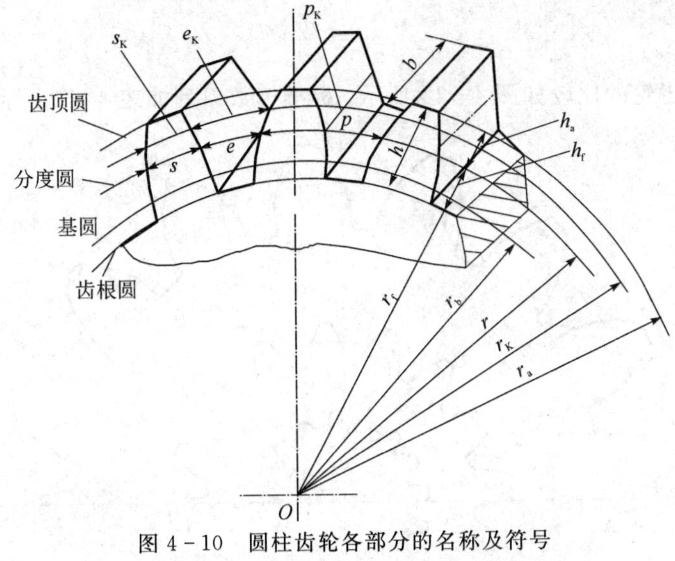

图 4 - 10　圆柱齿轮各部分的名称及符号

（1）轮齿和齿槽。齿轮上的每一个用于啮合的凸起部分均称为轮齿。齿轮上相邻两个轮齿之间的空间称为齿槽。

（2）齿顶圆和齿根圆。通过齿轮轮齿顶部的圆称为齿顶圆，其直径和半径分别用 d_a 和 r_a 表示。通过齿轮齿槽底部的圆称为齿根圆，其直径和半径分别用 d_f 和 r_f 表示。

（3）齿厚、齿槽宽和齿距。在任意半径 r_K 的圆周上，相邻两个齿同侧齿廓对应点之间的弧长称为该圆上的齿距，用 p_K 表示；沿该圆上轮齿的弧长称为该圆上的齿厚，用 s 表示；齿槽的弧长称为该圆上的齿槽宽，用 e 表示。

由图 4-10 可知，齿距与齿厚、齿槽宽之间的关系为

$$p = s + e$$

基圆和分度圆上的齿距分别用 p_b 和 p 表示。对于标准齿轮有 $s=e$。

（4）分度圆和模数。在齿顶圆和齿根圆之间，规定一直径为 d（半径为 r）的圆，作为计算齿轮各部分尺寸的基准，并把这个圆称为分度圆。

分度圆的大小是由齿距和齿数所决定的，若以 z 表示齿轮的齿数，则分度圆的周长＝$\pi d = zp$，于是得

$$d = \frac{p}{\pi} z \qquad\qquad (4-7)$$

式中的 π 是无理数，给齿轮的计量和制造带来麻烦，为了便于确定齿轮的几何尺寸，人们有意识地把 p 与 π 的比值制定为一个简单的有理数列，并把这个比值称为模数，以 m 表示，即

$$m = \frac{p}{\pi} \qquad\qquad (4-8)$$

于是得

$$d = \frac{\pi}{mz} \qquad\qquad (4-9)$$

即

$$m = \frac{d}{z} \qquad\qquad (4-10)$$

模数不同的齿轮的比较如图 4-11 所示。标准模数系列如表 4-2 所示。

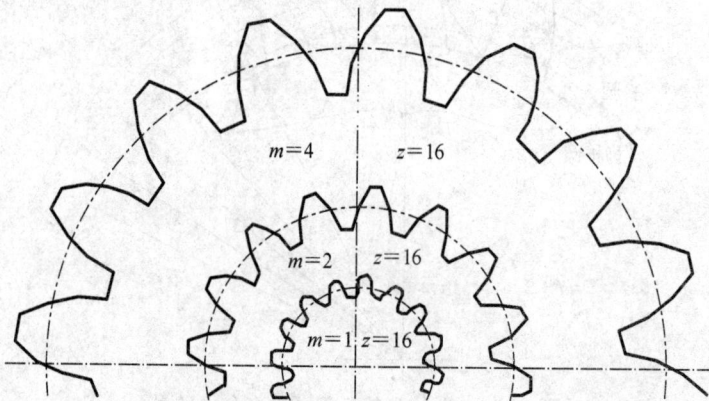

图 4-11　模数不同的齿轮的比较

表 4-2 标准模数系列

第一系列 （mm）	1	1.25	1.5	2	2.5	3	4	5	6
	8	10	12	16	20	25	32	40	50
第二系列 （mm）	1.125	1.375	1.75	2.25	2.75	3.5	4.5	5.5	7(6.5)
	9	11	14	18	22	28	36	45	

（5）齿顶和齿根。齿轮上位于分度圆和齿顶圆之间的部分称为齿顶，位于分度圆和齿根圆之间的部分称为齿根。

（6）齿宽。齿轮上的轮齿沿着齿轮轴线方向度量的宽度称为齿宽，用 b 表示。

（7）中心距。两个圆柱齿轮轴线之间的距离称为中心距，用 a 表示。

（8）压力角。渐开线齿廓上各点的压力角是不同的。为了便于设计和制造，将分度圆上的压力角规定为标准值，这个标准值称为标准压力角。我国国家标准规定的标准压力角为 20°（此外，在某些场合也采用 14.5°、15°、22.5°及 25°）。

至此，可以给分度圆一个完整的定义：分度圆是设计齿轮时给定的一个圆，该圆上的模数 m 和压力角 α 均为标准值。

（9）齿顶高系数和顶隙系数。当齿轮的模数确定之后，针对齿顶高系数 h_a^* 和顶隙系数 c^* 我国已规定了标准值，见表 4-3。

表 4-3 圆柱齿轮标准齿顶高系数及顶隙系数

系数	正常齿	短齿
h_a^*	1	0.8
c^*	0.25	0.3

（10）齿顶高、齿根高和全齿高。齿顶的径向高度称为齿顶高，用 h_a 表示。齿根的径向高度称为齿根高，用 h_f 表示。齿顶圆与齿根圆之间的径向距离称为全齿高，用 h 表示。分度圆将齿高分为两个不等的部分。全齿高等于齿顶高与齿根高之和，即 $h = h_a + h_f$。

齿顶高 $h_a = h_a^* m$。

齿根高 $h_f = (h_a^* + c^*)m$。

全齿高 $h = (2h_a^* + c^*)m$。

外啮合标准直齿圆柱齿轮几何尺寸的计算公式如表 4-4 所示。

表 4-4　外啮合标准直齿圆柱齿轮的几何尺寸计算

名　称	符　号	计算公式
分度圆直径	d	$d=mz$
基圆直径	d_b	$d_b=d\cos\alpha$
齿顶高	h_a	$h_a=h_a^* m$
齿根高	h_f	$h_f=(h_a^* +c^*)m$
全齿高	h	$h=h_a+h_f$
顶隙	c	$c=c^* m$
齿顶圆直径	d_a	$d_a=d+2h_a$
齿根圆直径	d_f	$d_f=d-2h_f$
齿距	p	$p=m\pi$
齿厚	s	$s=\dfrac{p}{2}=\dfrac{m\pi}{2}$
齿槽宽	e	$e=\dfrac{p}{2}=\dfrac{m\pi}{2}$
标准中心距	a	$a=\dfrac{m(z_1+z_2)}{2}$

2. 齿条

齿条是圆柱齿轮的一种特殊形式。当齿轮的基圆半径趋向无穷大时，渐开线齿廓变成直线齿廓，齿轮则变为作直线运动的齿条，如图 4-12 所示。

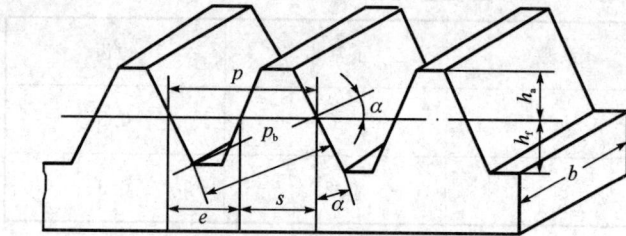

图 4-12　标准齿条

齿条各部分的名称与齿轮相应部分的名称类似。只是在齿条中，分度圆变成了分度线。分度线也称为中线。

齿条的齿形具有如下特点：

（1）齿条两侧齿廓是由对称的斜直线组成的，齿廓两侧的倾斜角称为齿形角，用 α 表示。齿条齿廓上各点的压力角相等，均为标准值，且等于齿条齿廓的齿形角，其值为 $\alpha=20°$。

（2）在齿条的齿廓上，由于相邻两个齿的同侧齿廓互相平行，因此，在平行于分度线上的所有直线上的齿距都相等，即齿距 $p=\pi m$。对于标准齿条来说，只有在分度线上齿厚与齿槽宽才相等，即

$$s = e = \frac{p}{2} = \frac{m\pi}{2}$$

（3）标准齿条的齿顶高和齿根高与标准齿轮相同。

二、标准直齿圆柱齿轮的啮合传动

1. 正确啮合条件

设 m_1、m_2 和 α_1、α_2 分别为两齿轮的模数和压力角，则一对渐开线直齿圆柱齿轮的正确啮合条件是两个齿轮的模数和压力角必须分别相等，并等于标准值，即

$$\left.\begin{array}{l} m_1 = m_2 = m \\ \alpha_1 = \alpha_2 = \alpha \end{array}\right\} \tag{4-11}$$

根据齿轮传动的正确啮合条件，一对渐开线直齿圆柱齿轮的传动比又可表达为

$$i = \frac{\omega_1}{\omega_2} = \frac{r'_2}{r'_1} = \frac{r_{b2}}{r_{b1}} = \frac{r_2 \cos\alpha}{r_1 \cos\alpha} = \frac{r_2}{r_1} = \frac{mz_2/2}{mz_1/2} = \frac{z_2}{z_1} \tag{4-12}$$

2. 连续传动条件

一对齿轮的啮合是主动轮的轮齿推动从动轮的轮齿的过程，如图 4-13 所示，齿轮 1 是主动轮，齿轮 2 是从动轮。要使齿轮连续传动，必须保证在前一对轮齿啮合点尚未移到 B_1 点脱离啮合前，第二对轮齿能及时到达 B_2 点进入啮合。显然两轮连续传动的条件为

$$B_1 B_2 > p_b \quad （p_b \text{ 为齿轮的法向齿距}）$$

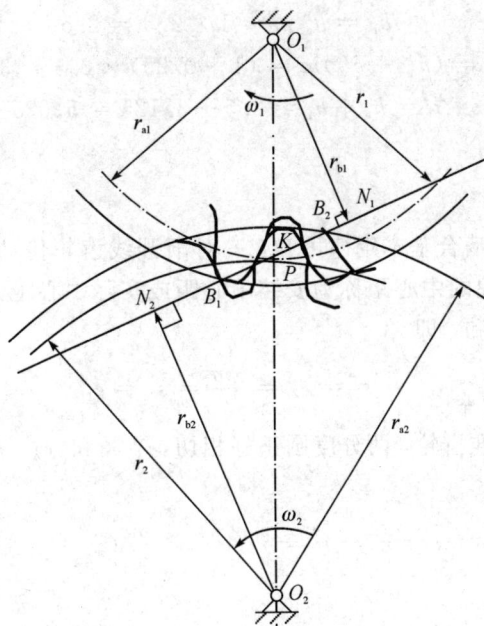

图 4-13　齿轮的啮合传动

通常把实际啮合线长度与基圆齿距的比称为重合度，以 ε 表示，即

$$\varepsilon = \frac{B_1 B_2}{p_b} \tag{4-13}$$

采用作图法，可以很方便地由两轮齿顶圆从啮合线上截取实际啮合线 $B_2 B_1$ 的长度，然后再根据式(4-13)确定齿轮传动的重合度。

理论上，$\varepsilon = 1$ 就能保证连续传动，但由于齿轮的制造和安装误差以及传动中轮齿的变形等因素，必须使 $\varepsilon > 1$。重合度的大小，表明同时参与啮合的齿对数的多少，其值大则传动平稳，每对轮齿承受的载荷也小，相对地提高了齿轮的承载能力。

【例 4-1】　有一对外啮合标准直齿圆柱齿轮传动，已知模数 $m = 2.5$，中心距 $a = 90$ mm，传动比 $i = 2.6$，正常齿。试计算这对齿轮的 d_1、d_2、d_{a1}、d_{a2}、h_a、h_f、h(单位：mm)。

解　根据

$$a = \frac{m}{2}(z_1 + z_2) = \frac{m z_1 (1+i)}{2}$$

得

$$z_1 = \frac{2a}{m(1+i)} = \frac{2 \times 90}{2.5 \times (1+2.6)} = 20$$

$$z_2 = i z_1 = 2.6 \times 20 = 52$$

$$d_1 = m z_1 = 2.5 \times 20 = 50$$

$$d_2 = m z_2 = 2.5 \times 52 = 130$$

$$d_{a1} = (z_1 + 2h_a^*)m = (20 + 2 \times 1) \times 2.5 = 55$$

$$d_{a2} = (z_2 + 2h_a^*)m = (52 + 2 \times 1) \times 2.5 = 135$$

$$h_a = h_a^* m = 1 \times 2.5 = 2.5$$

$$h_f = (h_a^* + c^*)m = (1 + 0.25) \times 2.5 = 3.125$$

$$h = h_a + h_f = 2.5 + 3.125 = 5.625$$

3. 正确安装条件

1）安装中心距

由前面讨论的齿廓啮合基本定律可知，一对渐开线齿轮传动时，两个齿轮的节圆作纯滚动。此时，这两个齿轮的中心距称为安装中心距或实际中心距，用 a' 表示。安装中心距等于两个齿轮节圆半径之和，即

$$s_1 = e_2 = \frac{\pi m}{2} = s_2 = e_1$$

所以，正确安装的两标准齿轮，两分度圆正好相切，节圆和分度圆重合，这时的中心距称为标准中心距，即

$$a = r'_1 = r'_2 = r_1 + r_2 = \frac{m}{z}(z_1 + z_2)$$

2）啮合角 α'

啮合角是两轮传动时其节点处的速度矢量与啮合线所夹的锐角用 α' 表示。标准安装时 α' 相当于节圆压力角，即

$$\alpha' = a = 20°$$

第三节　齿轮传动的失效形式和设计准则

一、齿轮传动的主要失效形式

齿轮由于某种原因不能正常工作的现象称为失效。在不发生失效的条件下，齿轮所能安全工作的限度称为工作能力。失效和破坏是两个完全不同的概念，失效并不意味着破坏。

1. 轮齿的折断

齿轮在工作时，轮齿像悬臂梁一样承受弯曲，在其齿根部分的弯曲应力最大，而且在齿根的过渡圆角处有应力集中，当交变的齿根弯曲应力超过材料的弯曲疲劳极限应力时，在齿根处受拉一侧就会产生疲劳裂纹，随着裂纹的逐渐扩展，致使轮齿发生疲劳折断。

用脆性材料（如铸铁、整体淬火钢等）制成的齿轮，当严重过载或受到很大冲击时，轮齿容易发生突然折断。

直齿轮轮齿的折断一般是全齿折断，如图 4-14 所示，斜齿轮和人字齿齿轮由于接触线倾斜，一般是局部齿折断。

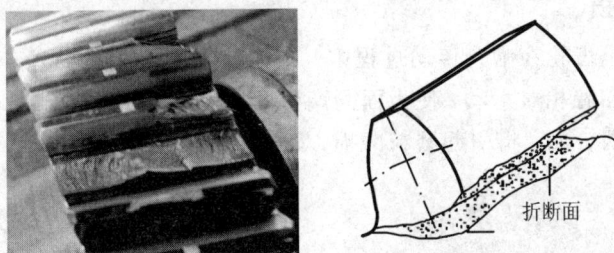

图 4-14　轮齿折断

2. 齿面点蚀

轮齿进入啮合时，轮齿齿面上会产生很大的接触应力。对于轮齿表面上的某一局部来说，它受到的是交变的接触应力。如果接触应力超过了轮齿材料的许用接触应力，在载荷的多次反复作用下，齿面表层就会出现不规则的、细微的疲劳裂纹，如图 4-15 所示。

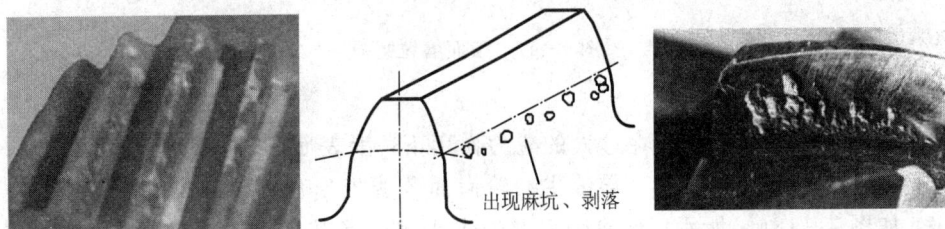

图 4-15　齿面点蚀

实践表明，齿面的疲劳点蚀一般首先出现在靠近节线处的齿根表面上，然后再向其他部位蔓延和扩展，点蚀是闭式软齿面传动齿轮的主要失效形式，在开式传动中一般不发生点蚀。

3. 齿面胶合

在高速、重载的齿轮传动中,由于齿面间啮合区的温度升高引起油膜破裂而导致润滑失效,致使相啮合的两齿面的局部金属直接接触并在瞬间熔焊而互相粘连。当两齿面继续相对转动时,较软齿面上的金属从表面被撕落下来,从而在齿面上沿滑动方向出现条状伤痕(如图 4 - 16 所示),造成齿轮的失效,这种现象称为齿面胶合。

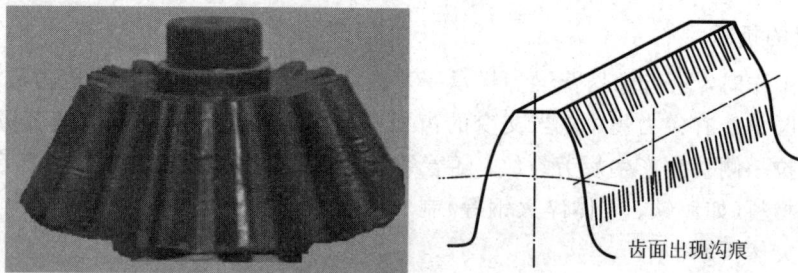

图 4 - 16　齿面胶合

4. 齿面磨粒磨损

齿面磨粒磨损是齿轮在啮合传动过程中,轮齿接触表面上的材料摩擦损耗的现象。轮齿在啮合过程中存在着相对滑动,使齿面间产生摩擦磨损。如果有金属屑、砂粒、灰尘等硬质颗粒进入轮齿的啮合面,将引起磨粒磨损,如图 4 - 17 所示。

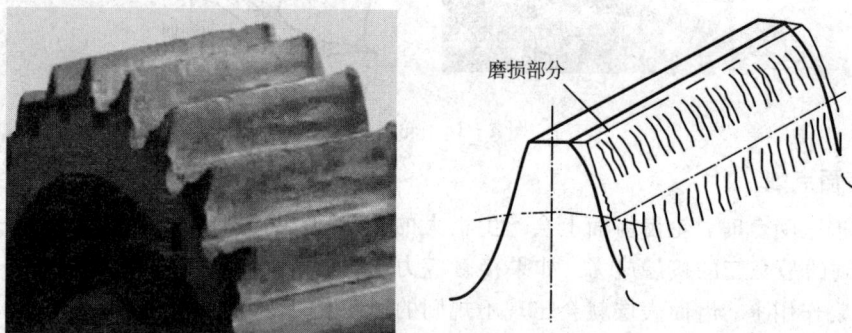

图 4 - 17　齿面磨粒磨损

5. 齿面塑性变形

如果轮齿的材料比较软,在过大的应力作用下,齿表面的材料将沿着图 4 - 18(a)所示的摩擦力方向发生塑性变形,导致主动轮齿面节线处出现凹沟,从动轮齿面节线处出现凸棱,如图 4 - 18(b)所示。这使得齿廓失去正确的形状,影响齿轮的正常啮合,从而导致失效。这种现象称为齿面塑性变形,主要出现在低速、过载严重和启动频繁的齿轮传动中。

(a)

(b)

(c)

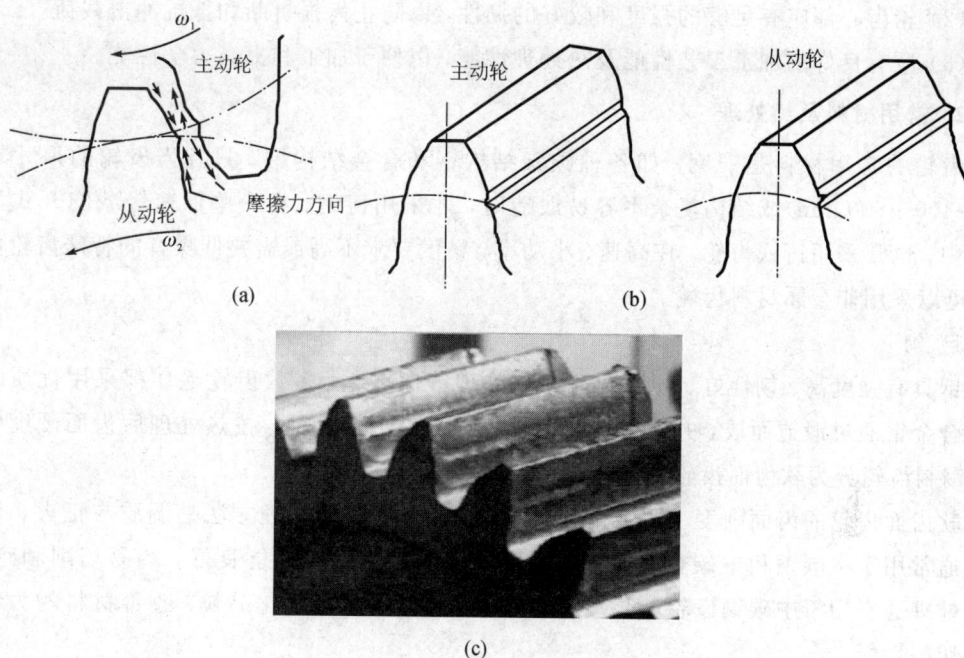

图 4 - 18 齿面塑性变形

二、齿轮传动的设计计算准则

针对上述各种不同的失效形式，各有相应的工作能力判定条件。这种为了防止失效以满足齿轮的工作要求而制定相应的判定条件，通常称为齿轮工作能力的设计计算准则，简称设计计算准则。主要有强度、刚度、耐磨性和稳定性准则等。

对于闭式软齿面齿轮传动，齿面点蚀是主要的失效形式。应先按齿面接触疲劳强度进行设计计算，确定齿轮的分度圆直径和其他尺寸，然后再按弯曲疲劳强度校核齿根的弯曲疲劳强度。

对于开式齿轮传动中的齿轮，磨粒磨损为其主要失效形式。但由于目前磨损尚无可靠的计算方法，所以一般按照闭式齿轮传动的齿根弯曲疲劳强度进行设计计算，确定出齿轮的模数。考虑到磨损等因素，再将其模数值增大 $10\%\sim20\%$，而无需校核接触疲劳强度。

第四节 齿轮的常用材料、热处理和力学性能

1. 齿轮材料的基本要求

从对齿轮的失效分析可知，为了使齿轮能够正常工作，应对齿轮的材料提出如下基本要求：

（1）齿面应有足够的硬度和耐磨性，以防止齿面磨损、点蚀、胶合以及塑性变形等失效。

（2）轮齿心部应有足够的强度和较好的韧性，以防止齿根折断和抵抗冲击载荷。

（3）应有良好的加工工艺性能及热处理性能，以便于加工和提高力学性能。

2. 常用材料及热处理

齿轮的常用材料是锻钢，如各种碳素结构钢和合金结构钢。只有当齿轮的尺寸较大（$d_a > 400 \sim 600$ mm）或结构复杂不容易锻造时，才采用铸钢。在一些低速轻载的开式齿轮传动中，也常采用铸铁齿轮。在高速、小功率、精度要求不高或需要低噪音的特殊齿轮传动中，可以采用非金属材料齿轮。

1）钢

钢具有强度高、韧性好、便于制造和热处理等优点。大多数齿轮毛坯都采用优质碳素钢和合金钢通过锻造而成，并通过热处理改善和提高力学性能。按热处理后齿面硬度的不同，钢制齿轮分为软齿面齿轮和硬齿面齿轮两种。

软齿面齿轮的齿面硬度小于或等于 350HBS，采用的热处理方法是调质与正火。调质处理通常用于中碳钢和中碳合金钢齿轮。调质后材料的综合性能良好，容易切削和跑合。正火处理通常用于中碳钢齿轮。正火处理可以消除内应力，细化晶粒，改善材料的力学性能和切削性能。

软齿面齿轮容易加工制造，成本较低，常用于一般用途的中、小功率的齿轮传动。

硬齿面齿轮的齿面硬度大于 350HBS，采用的热处理方法是表面淬火、表面渗碳淬火与渗氮等。表面淬火处理通常用于中碳钢和中碳合金钢齿轮。经过表面淬火后齿面硬度一般为 40～55HRC，增强了轮齿齿面抗点蚀和抗磨损的能力。由于齿芯仍然保持良好的韧性，故可以承受一定的冲击载荷。

与大齿轮相比，小齿轮的承载次数较多，而且齿根较薄。因此，一般使小齿轮的齿面硬度比大齿轮高出 25～50HBS，以使一对软齿面传动的大小齿轮的寿命接近相等，而且有利于通过跑合来改善轮齿的接触状况，有利于提高轮齿的抗胶合能力。采用何种材料及热处理方法应视具体需要及可能性而定。

2）铸钢

对于直径尺寸较大（大于 400～600 mm），或结构复杂不易锻造的齿轮毛坯，可用铸钢来制造，例如低速、重载的矿山机械中的大齿轮。

3）铸铁

灰铸铁具有较好的减磨性和加工性能，而且价格低廉，但它的强度较低，抗冲击性能差，因此，常用于开式、低速轻载、功率不大及无冲击振动的齿轮传动中。

4）非金属材料

非金属材料的弹性好，耐磨性好，可注塑成型，成本低，但承载能力小，适用于高速、轻载以及精度要求不高的场合，例如食品机械、家电产品以及办公设备等。

常用齿轮的材料及其力学性能见表 4-5。

表 4-5 常用齿轮的材料及其力学性能

材 料	牌 号	热处理方法	齿面硬度	强度极限 σ_B/MPa	屈服极限 σ_s/MPa	主要应用
优质碳素结构钢	45	正火 调质 表面淬火	169~217HBS 217~255HBS 48~55HRC	580 650 750	290 360 450	低速轻载 低速中载 高速中载或低速重载，冲击很小
	50	正火	180~220HBS	620	320	低速轻载
合金钢	40Cr	调质 表面淬火	240~260HBS 48~55HRC	700 900	550 650	中速中载 高速中载，无剧烈冲击
	42SiMn	调质 表面淬火	217~269HBS 48~55HRC	750	470	高速中载，无剧烈冲击
	20Cr	渗碳淬火	56~62HRC	650	400	高速中载，承受冲击
	20CrMnTi	渗碳淬火	56~62HRC	1100	850	
铸铁	ZG310~570	正火 表面淬火	160~210HBS 40~50HRC	570	320	中速中载，大直径
	ZG340~640	正火 表面淬火	170~230HBS 240~270HBS	650 700	350 380	
球墨铸铁	QT600-2 QT500-3	正火	220~280HBS 147~217HBS	600 500		低、中速轻载，有小的冲击
灰铸铁	HT250 HT300	人工时效 (低温退火)	170~240HBS 187~235HBS	200 300		低速轻载，冲击小

3. 齿轮的许用应力

齿轮的许用应力是由齿轮的材料及热处理后的硬度等因素来决定的，通常采用计算法来确定许用应力。

1) 许用接触应力

齿轮的齿面接触疲劳许用应力的计算公式为

$$[\sigma_H] = \frac{Z_N \sigma_{Hlim}}{S} \tag{4-14}$$

式中：S 为疲劳强度安全系数，对于接触疲劳强度计算，由于点蚀破坏发生后引起噪声、振动增大，并不立即导致不能继续工作的后果，故可取 $S = S_H = 1$。但对于弯曲疲劳强度来说，一旦发生断齿就会引起严重的事故，因此在进行齿根弯曲疲劳强度计算时取 $S = S_F = 1.25 \sim 1.5$。σ_{Hlim} 为齿轮的疲劳极限，其值按图 4-19 查取。Z_N 为考虑应力循环次数影响的系数，称为寿命系数。接触疲劳寿命系数 Z_{HN} 的取值见图 4-20。

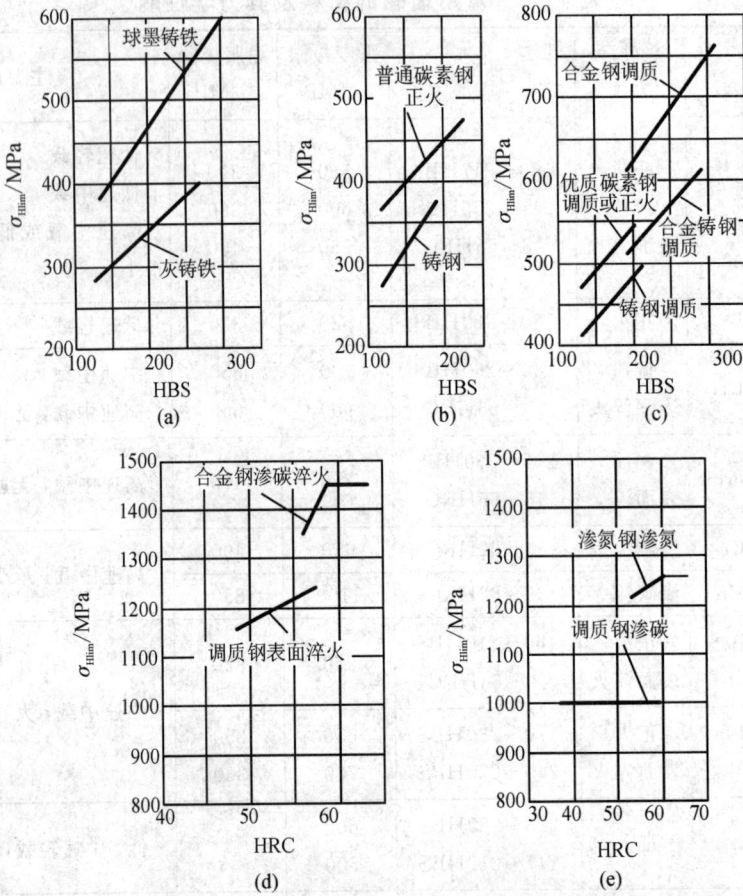

图 4 - 19　试验齿轮的齿面接触疲劳极限 σ_{Hlim}

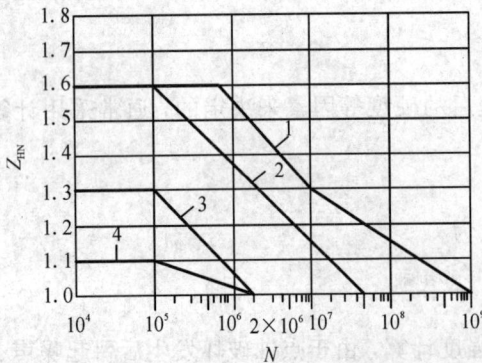

1——碳钢经正火、调质、表面淬火及渗碳淬火，
　球墨铸铁（允许一定的点蚀）；
2——同1，不允许出现点蚀；
3——碳钢调质后气体氮化，氮化钢气体氮化，灰铸铁；
4——碳钢调质后液体氮化

图 4 - 20　接触疲劳寿命系数 Z_{HN}

2）许用弯曲应力

齿轮的齿根弯曲疲劳许用应力的计算公式为

$$[\sigma_{\text{F}}] = \frac{\sigma_{\text{Flim}} Y_{\text{S}} Y_{\text{N}}}{S_{\text{F}}} \tag{4-15}$$

式中：σ_{Flim} 为试验齿轮的齿根弯曲疲劳极限，单位为 MPa，其值由各种材料的齿轮在单向工作时经试验测得，按图 4-21 查取；S_F 为齿根弯曲疲劳强度的安全系数，其值可查表 4-6；Y_S 为试验齿轮的弯曲应力修正系数；Y_N 为弯曲疲劳寿命系数，其值按图 4-22 查取。

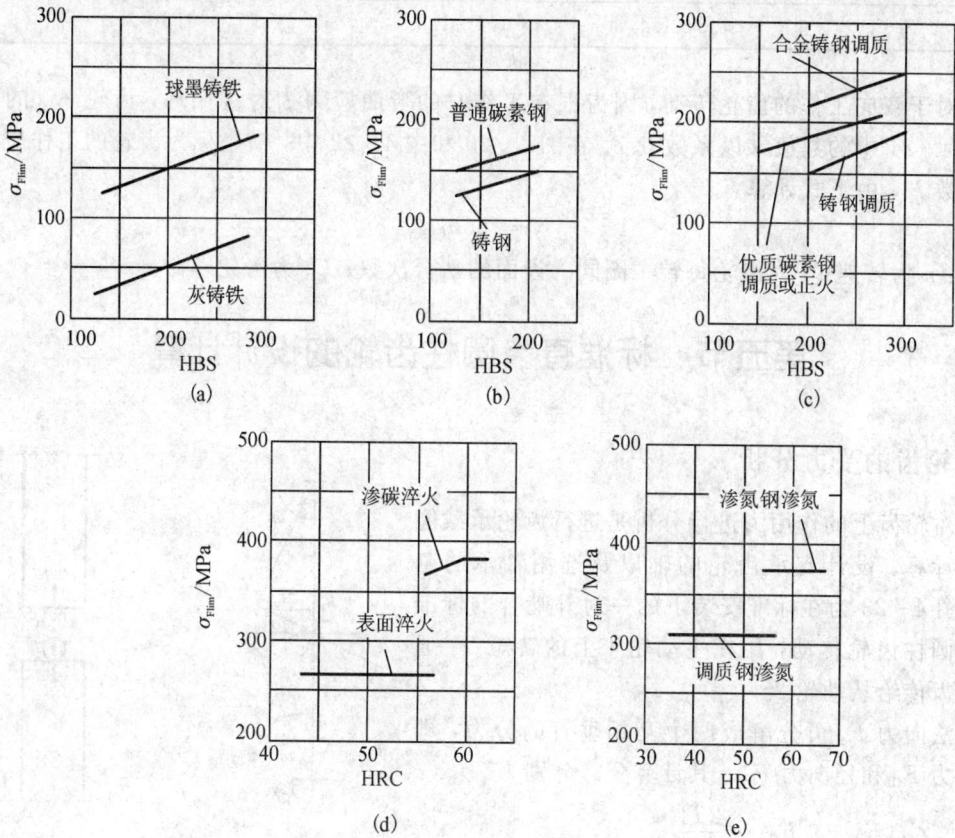

图 4-21　试验齿轮的齿根弯曲疲劳极限 σ_{Flim}

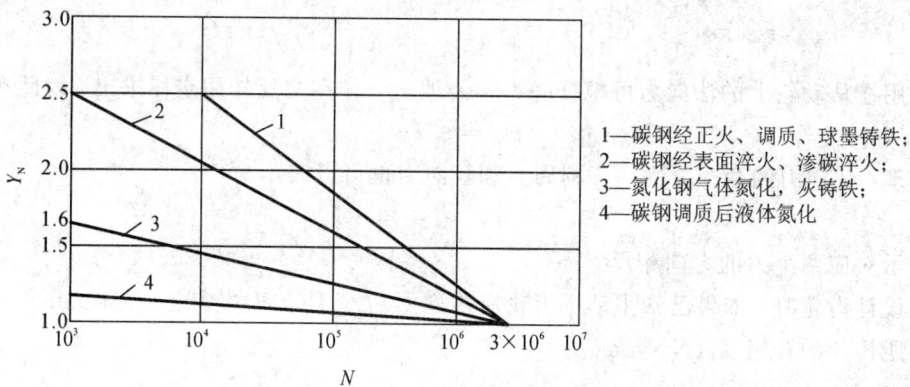

1—碳钢经正火、调质、球墨铸铁；
2—碳钢经表面淬火、渗碳淬火；
3—氮化钢气体氮化、灰铸铁；
4—碳钢调质后液体氮化

图 4-22　弯曲疲劳寿命系数 Y_N

表 4 - 6　安全系数 S_H 和 S_F

安全系数	软齿面(≤350HBS)	硬齿面(>350HBS)	重要的传动、渗碳淬火或铸造齿轮
S_H	1.0~1.1	1.1~1.2	1.3
S_F	1.3~1.4	1.4~1.6	1.6~2.2

对于双向工作的齿轮传动，因齿根在工作时的弯曲应力为对称循环，齿轮 σ_{Flim} 的值应将图 4 - 21 中的数值乘以系数 0.7。在图 4 - 20 和图 4 - 22 中，横坐标为齿轮的工作应力循环次数 N，由下式计算：

$$N = 60njL_h \tag{4 - 16}$$

式中：n 为转速；j 为齿轮每转一圈同一齿面的啮合次数；L_h 为齿轮寿命。

第五节　标准直齿圆柱齿轮的设计计算

一、轮齿的受力分析

对轮齿上的作用力进行分析是进行齿轮承载能力的计算、设计支承齿轮的轴以及选用轴承的基础。图 4 - 23 为在标准安装下的一对外啮合的标准直齿圆柱齿轮传动，用在主动轮 1 上的转矩 T_1 通过轮齿传给从动轮 2。

法向力 F_{n1} 可分解成两个互相垂直的分力，即圆周力 F_{t1} 和径向力 F_{r1}。其计算公式分别为

$$\left.\begin{aligned} F_{t1} &= \frac{2T_1}{d_1} \\ F_{r1} &= F_{t1}\tan\alpha \\ F_{n1} &= \frac{F_{t1}}{\cos\alpha} \end{aligned}\right\} \tag{4 - 17}$$

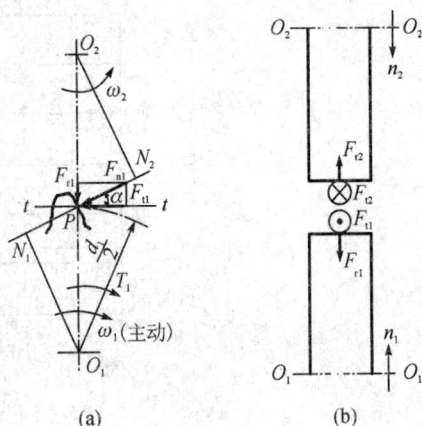

图 4 - 23　直齿圆柱齿轮的受力分析

作用在从动轮上的法向力可根据静力学公理——作用与反作用定律求出，因此有

$$F_{n1} = -F_{n2}$$

同理，法向力的两个分力——圆周力和径向力也可以表示为

$$F_{t1} = -F_{t2} \qquad F_{r1} = -F_{r2}$$

负号表示对应两个力的方向相反。

在设计齿轮时，如果已知主动小齿轮所传递的功率 $P(kW)$ 及转速 $n_1(r/min)$，则主动小齿轮所传递的转矩 $T_1(N \cdot mm)$ 为

$$T_1 = 9.55 \times 10^6 \frac{P}{n_1} \tag{4 - 18}$$

1. 轮齿的计算载荷

实际上，在齿轮传动的过程中，由于制造、安装误差，齿轮、轴和轴承的弹性变形，原

动机和工作机的工作特性不同以及轮齿在啮合过程中产生附加的动载荷等因素的影响，使得实际载荷有所增加。考虑到各种实际情况，通常引用一个系数来加以修正。因此，齿轮所受的法向力可表达为

$$F_C = KF_n$$

式中：F_C 为计算载荷；K 为载荷系数，由表 4-7 查取。载荷系数 K 包括使用系数 K_A、动载系数 K_v、齿间载荷分配系数 K_α 及齿向载荷分布系数 K_β，即 $K = K_A K_v K_\alpha K_\beta$。

表 4-7 载 荷 系 数

原动机工作情况	工作机械的载荷特性			
	均匀平稳	轻微振动	中等振动	强烈振动
均匀平稳（如电动机）	1	1.25	1.5	1.75
轻微振动（如汽轮机）	1.1	1.35	1.6	1.85
中等振动（如多缸内燃机）	1.25	1.5	1.75	2.0
强烈振动（如单缸内燃机）	1.5	1.75	2.0	2.25

（1）使用系数 K_A：考虑齿轮啮合时外部因素引起的附加动载荷影响的系数，取值见表 4-8。

表 4-8 使用系数 K_A

载荷状态	工 作 机 械	原 动 机		
		电动机、汽轮机、燃气轮机	多缸内燃机	单缸内燃机
均匀、轻微冲击	均匀加料的运输机和喂料机，轻、重型工作制的卷扬机及起重机，发电机，离心式鼓风机，机床进给机构，压缩机，离心泵，搅拌液体的机器	1	1.25	1.5
中等冲击	重型工作或不均匀加料的运输机和喂料机，重型工作制的卷扬机及起重机，重载升降机，球磨机，冷轧机，热轧机，混凝土搅拌机，大型鼓风机，机床的主传动机构，多缸往复式压缩机，双作用及单作用的往复式泵	1.25	1.5	1.75
较大冲击	往复式或振动式运输和喂料机，特、重型工作制的卷扬机及起重机，碎矿机，混合碾磨机，单缸往复式压缩机	1.75	≥2	≥2.25

注：表中所列 K_A 值仅适用于减速传动；若为增速传动，K_A 值约为表值的 1.1 倍。

（2）动载系数 K_v：考虑齿轮制造及装配误差、弹性变形等因素引起的内部附加动载荷及冲击影响的系数。

引起动载荷的因素如下：

① 齿轮加工中不可避免的基圆齿距误差、齿形误差以及安装、受载后的弹性变形，工作中非均匀的热变形等因素，都将使一对啮合轮齿法向齿距不等，即 $p_{n1} \neq p_{n2}$，从而使其瞬时传动比发生变化，从动轮产生角加速度和冲击载荷。

② 啮合系统内部刚度的变化也会引起动载荷。

要精确确定 K_v 值，需考虑齿轮的制造精度、圆周速度、惯性矩、啮合频率、支承刚度等因素。动载系数 K_v 的值可根据图 4-24 确定。

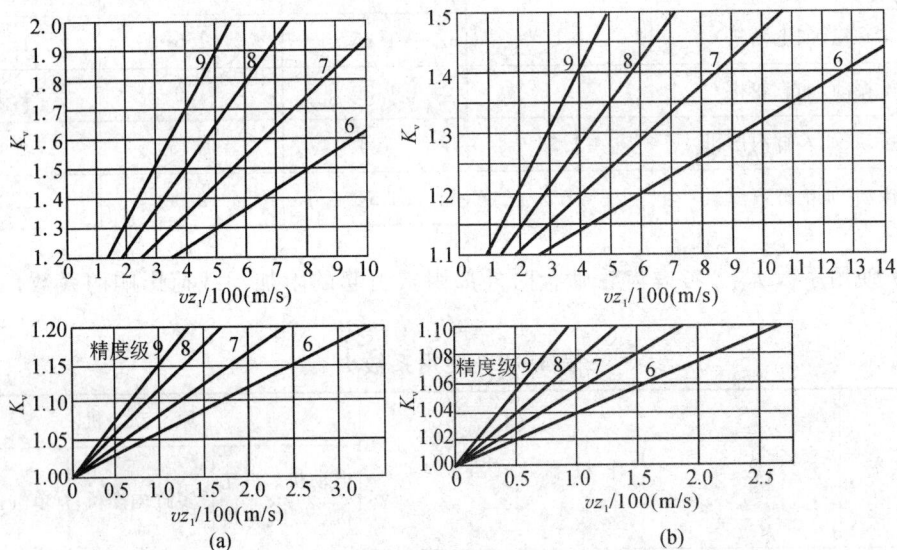

图 4-24　动载系数 K_v

（3）齿间载荷分配系数 K_α：考虑齿轮传动多对齿同时工作时载荷在各对齿上分布不均影响的系数。考虑到安全，对直齿轮传动均假定只有一对齿承载，故 $K_\alpha = 1$；对斜齿轮传动，K_α 的值可根据总重合度 ε_γ 查取，如图 4-25 所示。

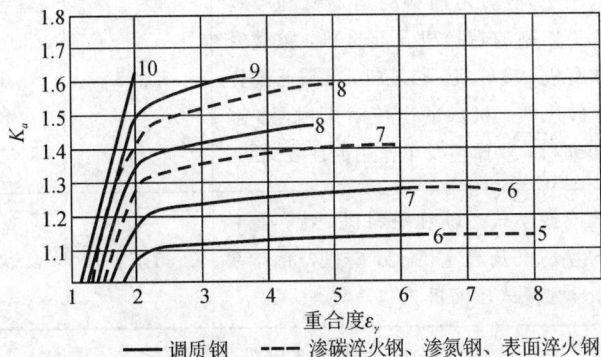

图 4-25　齿间载荷分配系数 K_α

（4）齿向载荷分布系数 K_β：考虑安装齿轮的轴、轴承、支座的变形及齿轮布置方式等因素引起的载荷沿接触线分布不均影响的系数。

改善措施：增大轴、轴承和箱体的刚度；齿轮尽可能对称布置；适当限制齿宽；采用齿向修形，修整成鼓形齿。

齿向载荷分布系数 K_β 的取值如表 4 - 9 所示。

表 4 - 9　齿向载荷分布系数 K_β

小齿轮齿面硬度 布置形式		$\phi_d = b/d_1$	0.2	0.4	0.6	0.8	1.0	1.2	1.4	1.6	1.8	2.0
对称布置		≤350HBS	—	1.01	1.02	1.03	1.05	1.07	1.09	1.13	1.17	1.22
		>350HBS	—	1.00	1.03	1.06	1.10	1.14	1.19	1.25	1.34	1.44
非对称布置	轴的刚性较大	≤350HBS	1.00	1.02	1.04	1.06	1.08	1.12	1.14	1.18	—	—
		>350HBS	1.00	1.04	1.08	1.13	1.17	1.23	1.28	1.35	—	—
	轴的刚性较小	≤350HBS	1.03	1.05	1.08	1.11	1.14	1.18	1.23	1.28	—	—
		>350HBS	1.05	1.10	1.16	1.22	1.28	1.36	1.45	1.55	—	—
悬臂布置		≤350HBS	1.08	1.11	1.18	1.23	—	—	—	—	—	—
		>350HBS	1.15	1.21	1.32	1.45	—	—	—	—	—	—

注：1. 表中数值为 8 级精度的 K_β 值。若精度高于 8 级，表中值应减小 5% ~ 10%，但不得小于 1；若低于 8 级，表中值应增大 5% ~ 10%。

2. 长径比 $L/d \approx 2.5 \sim 3$ 时，为刚性大的轴；$L/d > 3$ 时为刚性小的轴。

3. 对于锥齿轮，$\phi_d = \phi_{dm} = b/d_{m1} = \phi_R \sqrt{u^2+1}/(2-\phi_R)$，其中 d_{m1} 为小齿轮的平均分度圆直径，单位为 mm；u 为齿数比；$\phi_R = b/R$（R 为锥齿轮的锥距）。

2. 齿轮传动的强度计算

1）齿面接触疲劳强度

齿面接触疲劳强度计算的目的是防止齿面发生疲劳点蚀。齿面疲劳点蚀与齿面接触应力的大小有关，如前所述，齿面的疲劳点蚀一般发生在齿根表面靠近节线处。因此，通常以节点处的接触应力作为计算的依据。根据强度条件，经过推导和整理，可得到标准直齿圆柱齿轮传动时齿面接触疲劳强度的校核公式为

$$\sigma_H = 3.5 Z_E \sqrt{\frac{KT_1(i+1)}{bd_1^2 i}} \leqslant [\sigma_H] \qquad (4-19)$$

令 $\varphi_d = b/d_1$，代入上式，可得到标准直齿圆柱齿轮传动时齿面的接触疲劳强度的设计公式为

$$d_1 \geqslant \sqrt[3]{\left(\frac{3.5 Z_E}{\sigma_H}\right)^2 \frac{KT_1(i+1)}{\varphi_d i}} \qquad (4-20)$$

式中：Z_E 为齿轮材料弹性系数，其取值见表 4 - 10；φ_d 为齿宽系数，其取值见表 4 - 11。

表 4 – 10　弹性系数 Z_E　　　　　　　　　　　　单位：$\sqrt{N/mm^2}$

小齿轮材料	大齿轮材料			
	灰铸铁	球磨铸铁	铸钢	钢
钢	162～165.4	181.4	188.9	189.8
铸钢	161.4	180.5	188	
球磨铸铁	156.6	173.9		—
灰铸铁	143.7～146.7	—		

表 4 – 11　齿宽系数 φ_d

齿面硬度	齿轮相对轴承的位置		
	对称布置	非对称布置	悬臂布置
软齿面（≤350HBS）	0.8～1.1	0.6～0.9	0.3～0.4
硬齿面（＞350HBS）	0.4～0.7	0.3～0.5	0.2～0.25

2）齿根弯曲疲劳强度

轮齿齿根的弯曲疲劳强度计算是为了防止轮齿根部的疲劳折断。轮齿的疲劳折断主要与齿根弯曲应力的大小有关。为简化计算，假定全部载荷由一对轮齿承担，且载荷作用于齿顶时齿根部分产生的弯曲应力最大。计算时可将轮齿看作宽度为 b 的悬臂梁。

如前所述，轮齿的折断位置一般发生在齿根部的危险截面处。危险截面可用 30°切线法来确定，即作与轮齿对称中心线成 30°角并与齿根过渡曲线相切的两条直线，连接两个切点的截面即为齿根的危险截面，如图 4 – 26 所示。

根据强度条件，经过推导和整理，可得到轮齿齿根弯曲疲劳强度的校核公式为

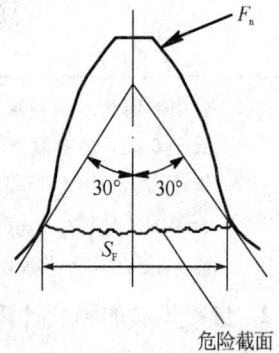

图 4 – 26　轮齿弯曲及危险截面

$$\sigma_F = \frac{KT_1}{bd_1m_n}Y_{Fa}Y_{Sa}Y_\varepsilon Y_\beta \leqslant [\sigma_F] \qquad (4-21)$$

式中：Y_{Fa} 为齿形系数，Y_{Sa} 为应力修正系数，它们的取值见表 4 – 12。

表 4 – 12　标准外齿轮的齿形系数 Y_{Fa} 和应力修正系数 Y_{Sa}

z	12	14	16	17	18	19	20	22	25	28
Y_{Fa}	3.47	3.22	3.03	2.97	2.91	2.85	2.81	2.75	2.65	2.58
Y_{Sa}	1.44	1.47	1.51	1.53	1.54	1.55	1.56	1.58	1.59	1.61
z	30	35	40	45	50	60	80	100	≥200	
Y_{Fa}	2.54	2.47	2.41	2.37	2.35	2.30	2.25	2.18	2.14	
Y_{Sa}	1.63	1.65	1.67	1.69	1.71	1.73	1.77	1.80	1.88	

二、带式运输机减速器的标准直齿圆柱齿轮的设计计算

【例 4 - 2】　设计某带式运输机减速器双级直齿轮传动中的高速级齿轮传动。带式运输机由电动机驱动，工作平稳，转向不变。已知传递功率 $P_1 = 30\,kW$，$n_1 = 960\,r/min$，齿数比 $u = 4.8$，工作寿命为 10 年（每年工作 300 天，两班制工作）。

解　设计计算步骤列于表 4 - 13 中。

表 4 - 13　带式运输机减速器双级直齿轮设计表

计算项目	设计计算与说明	计算结果
1. 选择齿轮材料、热处理方法、齿面硬度、精度等级及齿数		
（1）选择精度等级	运输机为一般工作机器，速度不高，故齿轮选用 8 级精度	8 级精度
（2）选取齿轮材料、热处理方法及齿面硬度	因传递功率不大，转速不高，故选用软齿面齿轮传动。齿轮选用便于制造且价格便宜的材料	小齿轮选用 45 钢（调质），硬度为 240 HBS 大齿轮选用 45 钢（正火），硬度为 200 HBS
（3）选齿数 z_1、z_2	$z_1 = 24$，$u = i = 4.8$，$z_2 = u z_1 = 4.8 \times 24 = 115.2$，取 $z_2 = 115$，在误差范围内。 因选用闭式软齿面传动，故按齿面接触疲劳强度设计，然后校核其齿根弯曲疲劳强度	$u = 4.8$ $z_1 = 24$ $z_2 = 115$
2. 按齿面接触疲劳强度设计	按式(4 - 20)得设计公式为 $$d_1 \geqslant \sqrt[3]{\frac{2KT_1}{\varphi_d} \frac{u \pm 1}{u} \left(\frac{Z_H Z_E}{[\sigma_H]}\right)^2}$$	
（1）初选载荷系数 K_t	试选载荷系数 $K_t = 1.3$	$K_t = 1.3$
（2）小齿轮传递转矩 T_1	小齿轮名义转矩为 $$T_1 = 9.55 \times 10^6 \frac{P_1}{n_1} = 9.55 \times 10^6 \frac{5}{960}$$ $$= 49739.6\,(N \cdot mm)$$	$T_1 = 49739.6\,(N \cdot mm)$
（3）选取齿宽系数 φ_d	由表 4 - 11，选齿宽系数 $\varphi_d = 0.8$	$\varphi_d = 0.8$
（4）弹性系数 Z_E	由表 4 - 10，查取弹性系数 $Z_E = 189.8$	$Z_E = 189.8$
（5）节点区域系数 Z_H	节点区域系数 $Z_H = 2.5 (\alpha = 20°)$	$Z_H = 2.5$
（6）接触疲劳强度极限 σ_{Hlim1}、σ_{Hlim2}	由图 4 - 19 查得 $\sigma_{Hlim1} = 590\,MPa$，$\sigma_{Hlim2} = 550\,MPa$	$\sigma_{Hlim1} = 590\,MPa$ $\sigma_{Hlim2} = 550\,MPa$
（7）接触应力循环次数 N_1、N_2	由式(4 - 16)得 $$N_1 = 60 n_1 j L_h = 60 \times 960 \times 1 \times (2 \times 8 \times 300 \times 10)$$ $$= 2.76 \times 10^9$$ $$N_2 = \frac{N_1}{u} = \frac{2.76 \times 10^9}{4.8} = 5.76 \times 10^8$$	$N_1 = 2.76 \times 10^9$ $N_2 = 5.76 \times 10^8$

计算项目	设计计算与说明	计算结果
（8）接触疲劳强度寿命系数 Z_{HN1}、Z_{HN2}	由图 4-20 查取接触疲劳强度寿命系数： $Z_{HN1}=1$，$Z_{HN2}=1.03$（允许一定点蚀）	$Z_{HN1}=1$ $Z_{HN2}=1.03$
（9）接触疲劳强度安全系数 S_H	取失效概率为 1%，接触强度最小安全系数 $S_H=1$	$S_H=1$
（10）计算许用接触应力 $[\sigma_{H1}]$、$[\sigma_{H2}]$	由式（4-14）得 $[\sigma_{H1}]=\dfrac{\sigma_{Hlim1}Z_{HN1}}{S_H}=\dfrac{590\times1}{1}=590\text{ MPa}$ $[\sigma_{H2}]=\dfrac{\sigma_{Hlim2}Z_{HN2}}{S_H}=\dfrac{550\times1.03}{1}=567\text{ MPa}$ 取 $[\sigma_H]=[\sigma_{H2}]=567\text{ MPa}$	$[\sigma_H]=567\text{ MPa}$
（11）试算小齿轮分度圆直径 d_{1t}	$d_{1t}\geqslant\sqrt[3]{\dfrac{2K_tT_1}{\phi_d}\dfrac{u\pm1}{u}\left(\dfrac{Z_HZ_E}{[\sigma_H]}\right)^2}$ $=\sqrt[3]{\dfrac{2\times1.3\times49739.6}{0.8}\times\dfrac{4.8+1}{4.8}\left(\dfrac{2.5\times189.8}{567}\right)^2}$ $=51.526\text{ mm}$	$d_{1t}=51.526\text{ mm}$
（12）计算圆周速度 v_t	$v_t=\dfrac{\pi d_{1t}n_1}{60\times1000}=\dfrac{3.14\times51.526\times960}{60\times1000}=2.589\text{ m/s}$	$v_t=2.589\text{ m/s}$
（13）确定载荷系数	由表 4-8 查得使用系数 $K_A=1$；根据 $vz_1/100=2.589\times24/100=0.621$ m/s，由图 4-24 查得动载系数 $K_v=1.07$；直齿轮传动，齿间载荷分配系数 $K_a=1$；由表 4-9 查得齿向载荷分配系数 $K_\beta=1.11$，故载荷系数为 $K=K_AK_vK_aK_\beta=1\times1.07\times1\times1.11=1.188$	$K=1.188$
（14）修正小齿轮分度圆直径 d_1	$d_1=d_{1t}\sqrt[3]{\dfrac{K}{K_t}}=51.526\times\sqrt[3]{\dfrac{1.188}{1.3}}=50.002\text{ mm}$	$d_1=50.002\text{ mm}$
3. 确定齿轮传动主要参数和几何尺寸		
（1）确定模数	$m=\dfrac{d_1}{z_1}=\dfrac{50.002}{24}=2.083\text{ mm}$ 由表 4-2，圆整为标准值 $m=2.5\text{ mm}$	$m=2.5\text{ mm}$
（2）计算分度圆直径 d_1、d_2	$d_1=mz_1=2.5\times24=60\text{ mm}$ $d_2=mz_2=2.5\times115=287.5\text{ mm}$	$d_1=60\text{ mm}$ $d_2=287.5\text{ mm}$
（3）计算传动中心距 a	$a=\dfrac{d_1+d_2}{2}=\dfrac{60+287.5}{2}=173.75\text{ mm}$	$a=173.75\text{ mm}$
（4）计算齿宽 b_1、b_2	$b=\varphi_dd_1=0.8\times60=48\text{ mm}$ 取 $b_1=55\text{ mm}$，$b_2=50\text{ mm}$	$b_1=55\text{ mm}$ $b_2=50\text{ mm}$

计算项目	设计计算与说明	计算结果
4. 校核齿根弯曲疲劳强度	按式(4-21)，校核公式为 $\sigma_F = \dfrac{2KT_1}{bd_1 m} Y_{Fa} Y_{Sa} \leqslant [\sigma_F]$	
(1) 齿形系数 Y_{Fa1}、Y_{Fa2}	由表 4-12 查得 $Y_{Fa1} = 2.65$，$Y_{Fa2} = 2.168$(内插)	$Y_{Fa1} = 2.65$ $Y_{Fa2} = 2.168$
(2) 应力修正系数 Y_{Sa1}、Y_{Sa2}	由表 4-12 查得 $Y_{Sa1} = 1.58$，$Y_{Sa2} = 1.802$(内插)	$Y_{Sa1} = 1.58$ $Y_{Sa2} = 1.802$
(3) 弯曲疲劳强度极限 σ_{Flim1}、σ_{Flim2}	由图 4-21 查得 $\sigma_{Flim1} = 230$ MPa，$\sigma_{Flim2} = 210$ MPa	$\sigma_{Flim1} = 230$ MPa $\sigma_{Flim2} = 210$ MPa
(4) 弯曲疲劳强度寿命系数 Y_{N1}、Y_{N2}	由图 4-22 查得 $Y_{N1} = 1$，$Y_{N2} = 1$	$Y_{N1} = 1$ $Y_{N2} = 1$
(5) 弯曲疲劳强度安全系数 S_F	取弯曲强度最小安全系数 $S_F = 1.4$	$S_F = 1.4$
(6) 计算许用弯曲应力 $[\sigma_{F1}]$、$[\sigma_{F2}]$	由式(4-15)得 $[\sigma_{F1}] = \dfrac{\sigma_{Flim1} Y_S Y_{N1}}{S_F} = \dfrac{230 \times 2 \times 1}{1.4} = 329$ MPa $[\sigma_{F2}] = \dfrac{\sigma_{Flim2} Y_S Y_{N2}}{S_F} = \dfrac{210 \times 2 \times 1}{1.4} = 300$ MPa	$[\sigma_{F1}] = 329$ MPa $[\sigma_{F2}] = 300$ MPa
(7) 校核齿根弯曲疲劳强度	由式(4-21)得 $\sigma_{F1} = \dfrac{2KT_1}{bd_1 m} Y_{Fa1} Y_{Sa1}$ $= \dfrac{2 \times 1.188 \times 49739.6}{50 \times 60 \times 2.5} \times 2.65 \times 1.58$ $= 66$ MPa $< [\sigma_{F1}] = 329$ MPa $\sigma_{F2} = \dfrac{2KT_1}{bd_1 m} Y_{Fa2} Y_{Sa2}$ $= \dfrac{2 \times 1.188 \times 49739.6}{50 \times 60 \times 2.5} \times 2.168 \times 1.802$ $= 62$ MPa $< [\sigma_{F2}] = 300$ MPa	满足弯曲疲劳强度要求
5. 结构设计	齿轮结构设计，并绘制齿轮的工作图(略)。	

第六节　其他齿轮传动

一、斜齿圆柱齿轮传动

1. 斜齿圆柱齿轮的齿廓曲面与啮合特点

1) 齿廓曲面的形成

实际上，齿轮具有宽度，因此，齿廓的形成应如图 4-27(a)所示。前述的基圆应是基圆柱，发生线应是发生面。当发生面沿基圆柱作纯滚动时，发生面上与基圆柱母线 NN' 平行的任一直线 KK' 的轨迹即为渐开线曲面。

斜齿圆柱齿轮(简称斜齿轮)齿廓的形成原理与直齿圆柱齿轮相似，所不同的是发生面上的直线 KK' 与基圆柱母线 NN' 成一夹角 β_b，如图 4-27(b)所示。当发生面沿基圆柱作纯滚动时，斜直线 KK' 的轨迹为螺旋渐开曲面，即斜齿轮的齿廓，它与基圆柱的交线 AA' 是一条螺旋线，夹角 β_b 称为基圆柱上的螺旋角。齿廓曲面与齿轮端面的交线仍为渐开线。

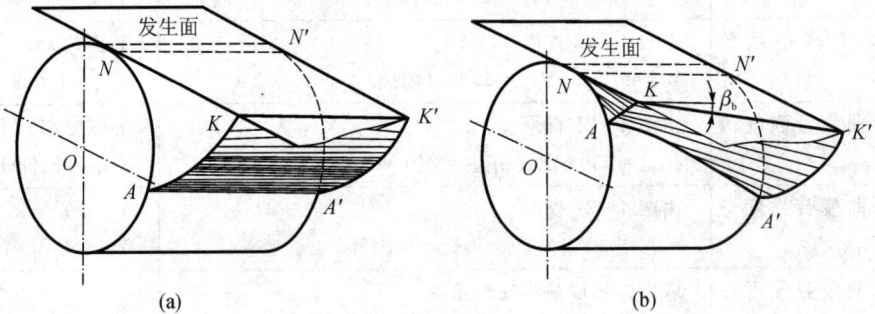

图 4-27　圆柱直齿轮、斜齿轮齿廓曲面的形成对比

2) 啮合特点

由齿廓曲面的形成可知，直齿圆柱齿轮啮合时，轮齿接触线是一条平行于轴线的直线，并沿齿面移动，如图 4-28(a)所示。所以在传动过程中，两轮齿将沿着整个齿宽同时进入啮合或同时退出啮合，因而轮齿上所受载荷也是突然加上或突然卸下，传动平稳性差，易产生冲击和噪声。

斜齿圆柱齿轮啮合时，其瞬时接触线是斜直线，且长度变化，见图 4-28(b)。一对轮齿从开始啮合起，接触线的长度从零逐渐增加到最大，然后又由长变短，直至脱离啮合。因此，轮齿上的载荷也是逐渐由小到大，再由大到小，所以传动平稳，冲击和噪声较小。此外，一对轮齿从进入到退出，总接触线较长，重合度大，同时参与啮合的齿对多，故承载能力高。

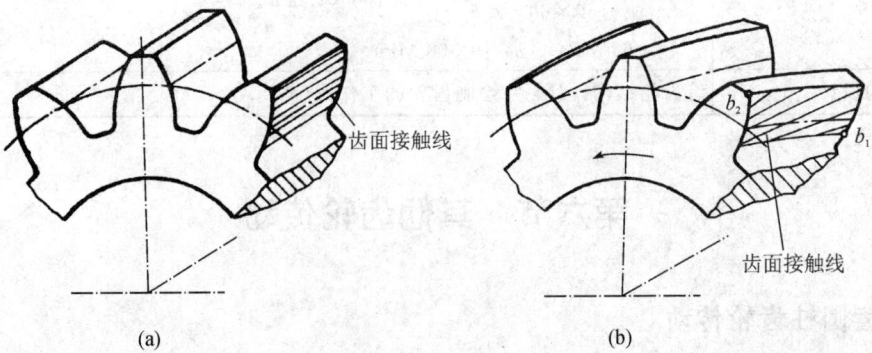

图 4-28　圆柱直齿轮、斜齿轮接触线比较

2. 斜齿圆柱齿轮的基本参数

1）螺旋角

斜齿轮的轮齿在一条螺旋线上。图 4-29 为斜齿轮分度圆柱面的展开图，分度圆柱上的螺旋线展开后成为一条斜直线，该直线与齿轮轴线之间的夹角称为分度圆柱上的螺旋角，简称螺旋角，用 β 表示。

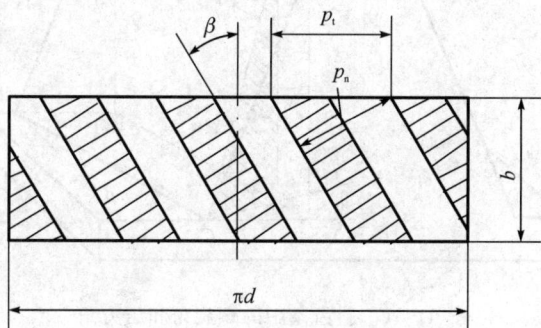

图 4-29 斜齿轮分度圆柱面的展开图

螺旋角是斜齿轮的一个重要参数，可反映出轮齿的倾斜程度。按照斜齿轮的齿廓螺旋线的方向不同，可分为右旋和左旋两种。将斜齿轮的轴线竖起来看，如果螺旋线向右上方倾斜，则为右旋齿轮；反之则为左旋齿轮，如图 4-30 所示。

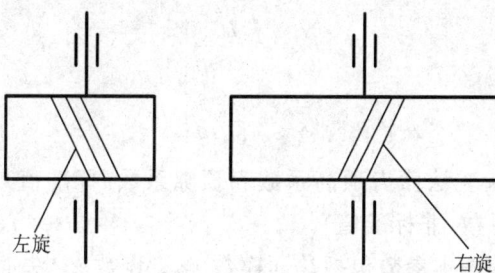

左旋　　　　　右旋

图 4-30 斜齿轮的旋向

由于有了螺旋角，因此斜齿轮的各个参数均有端面和法面之分。

2）模数

由图 4-29 可知，法面齿距 p_n 与端面齿距 p_t 的几何关系为

$$p_n = p_t \cos\beta$$

而 $p_t = \pi m_t$、$p_n = \pi m_n$，所以有

$$m_t = \frac{m_n}{\cos\beta} \tag{4-22}$$

3）压力角

图 4-31 所示的斜齿条，在端面 $\triangle CAA'$ 中有端面压力角 α_t，在法面 $\triangle CBB'$ 中有法面压力角 α_n。在底面 $\triangle ABC$ 中，$\angle BAC = \beta$，因此由于端面与法面的齿高相等，即 $h_t = BB' = h_n = AA'$，所以有

$$\tan\alpha_t = \frac{\tan\alpha_n}{\cos\beta} \qquad\qquad (4-23)$$

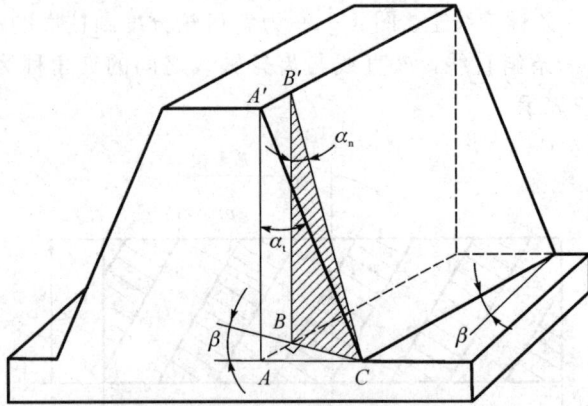

图 4 - 31　斜齿条中的螺旋角和压力角

4）齿顶高系数和顶隙系数

无论在端面还是在法面上，轮齿的齿顶高和顶隙都是分别相等的，即

$$\left.\begin{array}{l} h_a = h_{an}^* m_n = h_{at}^* m_t \\ c = c_n^* m_n = c_t^* m_t \end{array}\right\} \qquad\qquad (4-24)$$

将它们分别代入式（4 - 23）得出

$$\left.\begin{array}{l} h_{an}^* = \dfrac{h_{at}^*}{\cos\beta} \\[3mm] c_n^* = \dfrac{c_t^*}{\cos\beta} \end{array}\right\} \qquad\qquad (4-25)$$

式中：h_{an}^*、c_n^* 分别为斜齿轮法面齿顶高系数和顶隙系数（标准值）；h_{at}^*、c_t^* 分别为斜齿轮端面齿顶高系数和顶隙系数（非标准值）。

标准斜齿圆柱齿轮的基本参数包括法面模数 m_n、齿数 z、法面压力角 α_n、法面齿顶高系数 h_{an}^*、法面顶隙系数 c_n^* 和螺旋角 β。

3. 正确啮合条件和重合度

1）正确啮合条件

一对外啮合斜齿圆柱齿轮的正确啮合条件是：齿轮副的法面模数和法面压力角分别相等，而且螺旋角大小相等，旋向相反，即

$$\left.\begin{array}{l} m_{n1} = m_{n2} = m_n \\ \alpha_{n1} = \alpha_{n2} = \alpha \\ \beta_1 = -\beta_2（内啮合时 \beta_1 = \beta_2） \end{array}\right\} \qquad\qquad (4-26)$$

2）重合度

图 4 - 32 为直齿轮和斜齿轮啮合情况的比较。由于螺旋齿面的原因，从进入啮合点 B_2 到退出啮合点 B_1，比直齿轮传动的 B_2 至 B_1 要长出 ΔL。分析表明，斜齿圆柱齿轮传动的重合度可表达为

$$\varepsilon_\gamma = \varepsilon_\alpha + \varepsilon_\beta \tag{4-27}$$

式中：ε_α 为端面重合度，其大小与直齿圆柱齿轮传动相同；ε_β 为纵向重合度，$\varepsilon_\beta = \Delta L / p_t = b\tan\beta / p_t$。

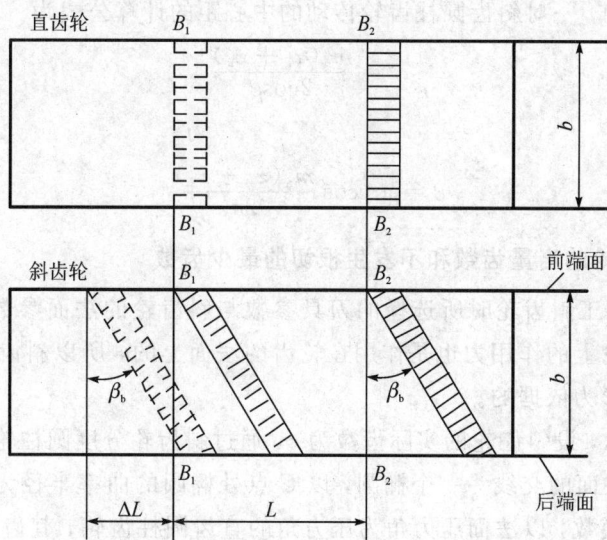

图 4-32 直齿轮和斜齿轮啮合情况的比较

由此可知，斜齿轮传动的重合度随齿宽 b 和螺旋角 β 的增大而增大，故比直齿轮承载能力高，传动平稳，适用于高速重载的场合。但是增大螺旋角所产生的轴向力也随之增大，对轴承受力产生不利影响，因此，螺旋角的正常范围是 $\beta = 8° \sim 20°$。

4. 几何尺寸计算

由于斜齿圆柱齿轮的端面齿形也是渐开线，所以将斜齿轮的端面参数代入直齿圆柱齿轮的几何尺寸计算公式，就可以得到斜齿圆柱齿轮相应的几何尺寸计算公式，如表 4-14 所示。

表 4-14 外啮合标准斜齿圆柱齿轮的几何尺寸计算

名　称	符　号	计算公式
分度圆直径	d	$d = mz_t = \dfrac{m_n z}{\cos\beta}$
齿顶高	h_a	$h_a = h_{an}^* m_n$
齿根高	h_f	$h_f = (h_{an}^* + c_n^*)m_n = 1.25 m_n$
齿高	h	$h = h_a + h_f = 2.25 m_n$
顶隙	c	$c = c^* m$
齿顶圆直径	d_a	$d_a = d + 2h_a$
齿根圆直径	d_f	$d_f = d - 2h_f$
标准中心距	a	$a = \dfrac{m_t(z_1 + z_2)}{2} = \dfrac{m_n(z_1 + z_2)}{2\cos\beta}$

从表 4 - 14 中斜齿轮副中心距的计算公式可知，在齿数 z_1、z_2 和模数 m_n 一定的情况下，可以通过在一定范围内调整螺旋角 β 的大小来凑配中心距，而不一定采用斜齿轮副变位的方法凑配中心距。

从表 4 - 14 可知，一对斜齿圆柱齿轮传动的中心距的计算公式为

$$a = \frac{m_n(z_1 + z_2)}{2\cos\beta} \tag{4-28}$$

由式(4 - 28)得

$$\beta = \arccos \frac{m_n(z_1 + z_2)}{2a}$$

5. 斜齿圆柱齿轮的当量齿数和不发生根切的最少齿数

如前所述，在加工斜齿轮时所选择的刀具参数与斜齿轮的法面参数相同。另外，斜齿圆柱齿轮传动中齿轮上的作用力也是作用在轮齿的法面上的，所以斜齿轮的设计与制造都是以轮齿的法面齿形为依据的。

如图 4 - 33 所示，设斜齿轮的实际齿数为 z，通过斜齿轮分度圆柱轮齿螺旋线上任一点 C 的法面与分度圆柱面的交线为一个椭圆，以 C 点处椭圆的曲率半径为分度圆半径，以斜齿轮法面的模数为模数，以法面压力角为压力角的直齿圆柱齿轮，其齿形与斜齿轮在 C 点的法面齿形相同，这个假想的直齿轮称为该斜齿轮的齿轮。

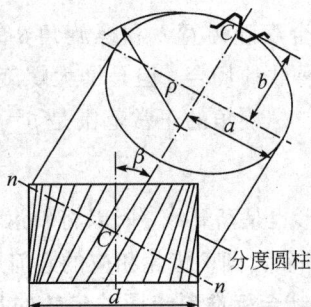

图 4 - 33　斜齿轮的当量齿轮

可以推出，当量齿轮的齿数为

$$z_v = \frac{z}{\cos^3\beta} \tag{4-29}$$

标准斜齿轮不发生根切的最少齿数可由当量直齿轮的最少齿数 $z_{v\min}$ 来确定，即

$$z_{\min} = z_{v\min}\cos^3\beta$$

式中：$Z_{v\min}$ 为当量齿轮不发生根切的最少齿数。

6. 斜齿圆柱齿轮的受力分析

图 4 - 34 所示为一对斜齿圆柱齿轮传动时主动轮上的受力情况。在分度圆上作用于齿宽中点 P 的法向力 F_{n1} 位于齿面的法向平面内并垂直于齿面，指向齿廓工作面。为了简化分析和计算，忽略在啮合过程中轮齿面间摩擦力的影响，法向力 F_{n1} 可分解成三个互相垂直

的分力，即圆周力 F_{t1}、径向力 F_{r1} 和轴向力 F_{a1}。其计算公式分别为

$$
\left.
\begin{aligned}
F_{t1} &= \frac{2T_1}{d_1} \\
F_{r1} &= F_{t1}\frac{\tan\alpha_n}{\cos\beta} \\
F_{a1} &= F_{t1}\tan\beta
\end{aligned}
\right\}
\tag{4-30}
$$

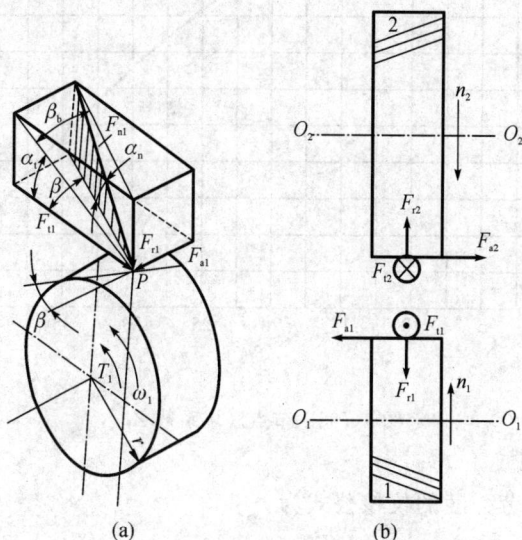

图 4 - 34　斜齿圆柱齿轮的受力分析

作用在从动轮上的各个分力也可根据作用与反作用定律求出，即

$$
\left.
\begin{aligned}
F_{t1} &= -F_{t2} \\
F_{r1} &= -F_{r2} \\
F_{a1} &= -F_{a2}
\end{aligned}
\right\}
$$

负号表示对应两个力的方向相反。

7. 斜齿圆柱齿轮传动的强度计算

1）齿面接触疲劳强度

斜齿圆柱齿轮的齿面接触疲劳强度是以轮齿法面的当量齿轮为基础计算的，其校核公式为

$$
\sigma_H = Z_H Z_E Z_\varepsilon Z_\beta \sqrt{\frac{2KT_1}{bd_1^2}\frac{u\pm1}{u}} \leqslant [\sigma_H]
\tag{4-31}
$$

令 $b=\varphi_d d_1$，代入上式，可得到标准直齿圆柱齿轮传动时齿面的接触疲劳强度的设计公式为

$$
d_1 \geqslant \sqrt[3]{\frac{2KT_1}{\phi_d}\frac{u\pm1}{u}\left(\frac{Z_H Z_E Z_\varepsilon Z_\beta}{[\sigma_H]}\right)^2}
\tag{4-32}
$$

式中：Z_H 为节点区域系数，对标准斜齿轮传动 $Z_H=\sqrt{\dfrac{2\cos\beta_b}{\sin\alpha_t\cos\alpha_t}}$；$Z_\varepsilon$ 为接触强度计算中的重合度系数，它考虑了重合度对齿面接触应力的影响，$Z_\varepsilon=\sqrt{1/\varepsilon_a}$；$Z_\beta$ 为螺旋角系数，它考

虑了螺旋角 β 对齿面接触应力的影响，$Z_\beta = \sqrt{\cos\beta}$。节点区域系数 Z_H 的取值如图 4 - 35 所示。

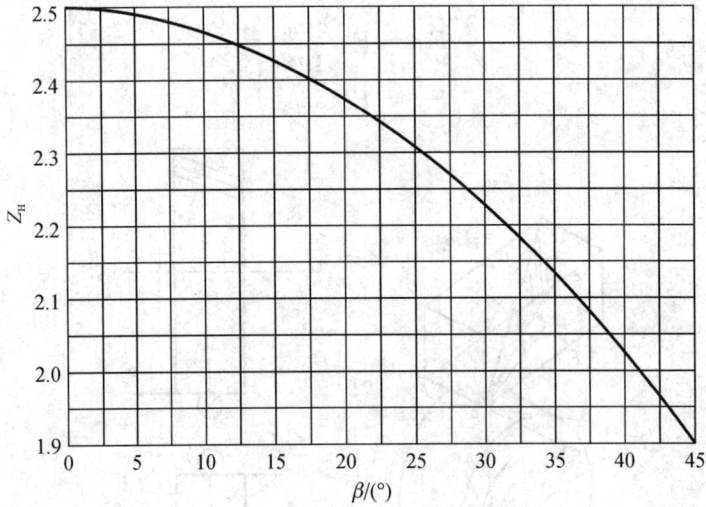

图 4 - 35　节点区域系数 Z_H

2）齿根弯曲疲劳强度

斜齿轮齿根弯曲疲劳强度的校核公式为

$$\sigma_F = \frac{2KT_1}{bd_1 m_n} Y_{Fa} Y_{Sa} Y_\varepsilon Y_\beta \leqslant [\sigma_F] \tag{4-33}$$

设计公式为

$$m_n \geqslant \sqrt[3]{\frac{2KT_1 Y_\varepsilon Y_\beta \cos^2\beta}{\phi_d z_1^2} \left(\frac{Y_{Fa} Y_{Sa}}{[\sigma_F]} \right)} \tag{4-34}$$

式中：Y_β 为弯曲强度计算中的螺旋角系数，其取值如图 4 - 36 所示；Y_ε 为弯曲强度计算中的重合度系数，$Y_\varepsilon = 0.25 + \dfrac{0.75}{\varepsilon_\alpha}$；$Y_{Fa}$ 为齿形系数，Y_{Sa} 为应力修正系数。

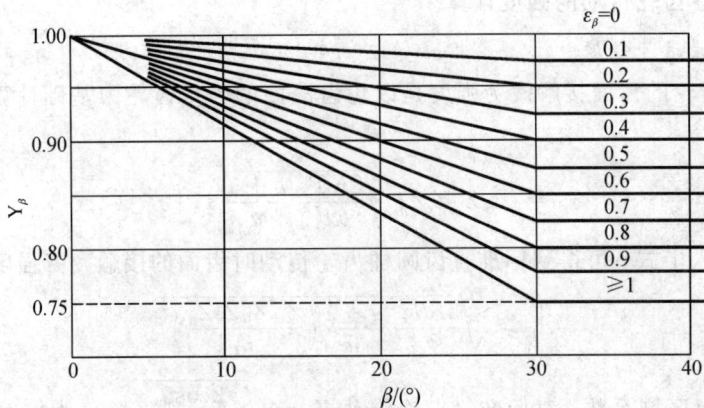

图 4 - 36　螺旋角系数 Y_β

二、带式输送机的斜齿轮传动设计计算

【例 4-3】 设计一用于带式输送机的两级斜齿轮减速器的高速级齿轮传动。已知减速器输入功率 $P_1 = 30\,kW$，小齿轮转速 $n_1 = 960\,r/min$，齿数比 $u = 4.2$，已知带式输送机单向运转，原动机为电动机，减速器使用期限为 15 年（每年工作 300 天，两班制工作）。

解 设计计算步骤列于表 4-15。

表 4-15 斜齿轮传动设计表

计算项目	设计计算与说明	计算结果
1. 选择齿轮材料、热处理方法、齿面硬度、精度等级及齿数		
(1) 选择精度等级	选用 7 级精度	7 级精度
(2) 选取齿轮材料、热处理方法及齿面硬度	因传递功率较大，故选用硬齿面齿轮传动。参考表 4-5 得： 小齿轮：40Cr(表面淬火)，硬度为 48～55HRC 大齿轮：40Cr(表面淬火)，硬度为 48～55HRC	小齿轮： 40Cr，48～55HRC 大齿轮： 40Cr，48～55HRC
(3) 选齿数 z_1、z_2	为增加传动的平稳性，选 $z_1 = 25$，$z_2 = uz_1 = 4.2 \times 25 = 105$。因选用闭式硬齿面传动，故按齿根弯曲疲劳强度设计，然后校核其齿面接触疲劳强度	$z_1 = 25$ $z_2 = 105$
2. 按齿根弯曲疲劳强度设计	按式(4-34)，设计公式为 $$m_n \geqslant \sqrt[3]{\dfrac{2KT_1 Y_\varepsilon Y_\beta \cos^2\beta}{\phi_d z_1^2}\left(\dfrac{Y_{Fa} Y_{Sa}}{[\sigma_F]}\right)}$$	
(1) 初选载荷系数 K_t	试选载荷系数	$K_t = 1.3$
(2) 初选螺旋角 β	初选螺旋角 $\beta = 12°$	$\beta = 12°$
(3) 小齿轮传递转矩 T_1	小齿轮名义转矩为 $T_1 = 9.55 \times 10^6 \dfrac{P_1}{n_1} = 9.55 \times 10^6 \dfrac{30}{960}$ $= 298438\,(N \cdot mm)$	$T_1 = 298438\,(N \cdot mm)$
(4) 选取齿宽系数 φ_d	由表 4-11，选齿宽系数 $\varphi_d = 0.8$	$\varphi_d = 0.8$
(5) 端面重合度 ε_a	$\varepsilon_a = \left[1.88 - 3.2\left(\dfrac{1}{z_1} + \dfrac{1}{z_2}\right)\right]\cos\beta$ $= \left[1.88 - 3.2\left(\dfrac{1}{25} + \dfrac{1}{105}\right)\right]\cos 12° = 1.684$	$\varepsilon_a = 1.684$
(6) 轴面重合度 ε_β	$\varepsilon_\beta = \dfrac{b\sin\beta}{\pi m_n} = \dfrac{\varphi_d d_1 \sin\beta}{\pi m_n} = \dfrac{\varphi_d m_n z_1 \sin\beta}{\pi m_n \cos\beta}$ $= 0.318\varphi_d z_1 \tan\beta$ $= 0.318 \times 0.8 \times 25 \times \tan 12° = 1.352$	$\varepsilon_\beta = 1.352$

计算项目	设计计算与说明	计算结果
（7）重合度系数 Y_ε	$Y_\varepsilon = 0.25 + \dfrac{0.75}{\varepsilon_a} = 0.25 + \dfrac{0.75}{1.684} = 0.695$	$Y_\varepsilon = 0.695$
（8）螺旋角系数 Y_β	由图 4-36 查得，$Y_\beta = 0.9$	$Y_\beta = 0.9$
（9）当量齿数 z_{v1}、z_{v2}	$z_{v1} = \dfrac{z_1}{\cos^3\beta} = \dfrac{25}{\cos^3 12°} = 26.7$ $z_{v2} = \dfrac{z_2}{\cos^3\beta} = \dfrac{105}{\cos^3 12°} = 112.2$	$z_{v1} = 26.7$ $z_{v2} = 112.2$
（10）齿形系数 Y_{Fa1}、Y_{Fa2}	由表 4-12 查得 $Y_{Fa1} = 2.58$，$Y_{Fa2} = 2.17$	$Y_{Fa1} = 2.58$ $Y_{Fa2} = 2.17$
（11）应力修正系数 Y_{Sa1}、Y_{Sa2}	由表 4-12 查得 $Y_{Sa1} = 1.598$，$Y_{Sa2} = 1.8$	$Y_{Sa1} = 1.598$ $Y_{Sa2} = 1.8$
（12）弯曲疲劳强度极限 σ_{Flim1}、σ_{Flim2}	由图 4-21 查得 $\sigma_{Flim1} = 340$ MPa，$\sigma_{Flim2} = 340$ MPa	$\sigma_{Flim1} = 340$ MPa $\sigma_{Flim2} = 340$ MPa
（13）接触应力循环次数 N_1、N_2	由式（4-16）得 $N_1 = 60 n_1 j L_h = 60 \times 960 \times 1 \times (2 \times 8 \times 300 \times 15)$ $\quad = 4.15 \times 10^9$ $N_2 = \dfrac{N_1}{u} = \dfrac{4.15 \times 10^9}{4.2} = 9.88 \times 10^8$	$N_1 = 4.15 \times 10^9$ $N_2 = 9.88 \times 10^8$
（14）弯曲疲劳强度寿命系数 Y_{N1}、Y_{N2}	由图 4-22 查得 $Y_{N1} = 1$，$Y_{N2} = 1$	$Y_{N1} = 1$ $Y_{N2} = 1$
（15）弯曲疲劳强度安全系数 S_F	取弯曲强度最小安全系数 $S_F = 1.4$	$S_F = 1.4$
（16）计算许用弯曲应力	由式（4-15）得 $[\sigma_{F1}] = \dfrac{\sigma_{Flim1} Y_S Y_{N1}}{S_F} = \dfrac{340 \times 2 \times 1}{1.4} = 485.6$ MPa $[\sigma_{F2}] = \dfrac{\sigma_{Flim2} Y_S Y_{N2}}{S_F} = \dfrac{340 \times 2 \times 1}{1.4} = 485.6$ MPa	$[\sigma_{F1}] = 485.6$ MPa $[\sigma_{F2}] = 485.6$ MPa
（17）计算 $\dfrac{Y_{Fa1} Y_{Sa1}}{[\sigma_{F1}]}$ 与 $\dfrac{Y_{Fa2} Y_{Sa2}}{[\sigma_{F2}]}$	$\dfrac{Y_{Fa1} Y_{Sa1}}{[\sigma_{F1}]} = \dfrac{2.58 \times 1.598}{485.6} = 0.00849$ $\dfrac{Y_{Fa2} Y_{Sa2}}{[\sigma_{F2}]} = \dfrac{2.17 \times 1.8}{485.6} = 0.00804$	小齿轮数值大
（18）计算模数 m_{nt}	$m_{nt} \geqslant \sqrt[3]{\dfrac{2 K T_1 Y_\varepsilon Y_\beta \cos^2\beta}{\varphi_d z_1^2} \left(\dfrac{Y_{Fa1} Y_{Fa2}}{[\sigma_{F1}]} \right)}$ $= \sqrt[3]{\dfrac{2 \times 1.3 \times 298438 \times 0.695 \times 0.9 \times \cos^2 12°}{0.8 \times 25^2} \times 0.00849}$ $= 1.99$ mm	$m_{nt} \geqslant 1.99$ mm

续表二

计算项目	设计计算与说明	计算结果
（19）计算圆周速度	$v_t = \dfrac{\pi d_1 n_1}{60 \times 1000} = \dfrac{\pi m_{nt} z_1 n_1}{60 \times 1000 \cos\beta}$ $= \dfrac{3.14 \times 1.99 \times 25 \times 960}{60 \times 1000 \times \cos 12°} = 2.56 \text{ m/s}$	$v_t = 2.56 \text{ m/s}$
（20）确定载荷系数 K	由表 4-8 查得使用系数 $K_A = 1$； 根据 $\dfrac{v z_1}{100} = \dfrac{2.56 \times 25}{100} = 0.64 \text{ m/s}$，由图 4-24 查得动 载系数 $K_v = 1.034$； 根据 $\varepsilon_\gamma = \varepsilon_a + \varepsilon_\beta = 1.684 + 1.352 = 3.036$，由图 4-25 查得齿间载荷分配系数 $K_a = 1.36$； 由表 4-9 查得齿向载荷分配系数 $K_\beta = 1.22$， 故载荷系数 $K = K_A K_v K_a K_\beta$ $\qquad = 1 \times 1.034 \times 1.36 \times 1.22 = 1.72$	$K = 1.72$
（21）修正法面模数 m_n	$m_n = m_{nt} \sqrt[3]{\dfrac{K}{K_t}} = 1.99 \times \sqrt[3]{\dfrac{1.72}{1.3}} = 2.18 \text{ mm}$ 圆整为标准值，取 $m_n = 2.5 \text{ mm}$	$m_n = 2.5 \text{ mm}$
3. 确定齿轮传动主要参数和几何尺寸		
（1）中心距 a	$a = \dfrac{m_n(z_2 + z_2)}{2 \cos\beta} = \dfrac{2.5 \times (25 + 105)}{2 \cos 12°} = 166.1 \text{ mm}$ 圆整为 $a = 165 \text{ mm}$	$a = 165 \text{ mm}$
（2）确定螺旋角 β	$\beta = \arccos \dfrac{m_n(z_1 + z_2)}{2a}$ $= \arccos \dfrac{2.5 \times (25 + 105)}{2 \times 165} = 9°59'12''$	$\beta = 9°59'12''$
（3）分度圆直径 d_1、d_2	$d_1 = \dfrac{m_n z_1}{\cos\beta} = 2.5 \times \dfrac{25}{\cos 9°59'12''}$ $= 63.462 \text{ mm}$ $d_2 = \dfrac{m_n z_2}{\cos\beta} = 2.5 \times \dfrac{105}{\cos 9°59'12''}$ $= 266.538 \text{ mm}$	$d_1 = 63.462 \text{ mm}$ $d_2 = 266.538 \text{ mm}$
（4）计算齿宽 b_1、b_2	$b = \varphi_d d_1 = 0.8 \times 63.462 = 50.8 \text{ mm}$ 取 $b_1 = 58 \text{ mm}$，$b_2 = 52 \text{ mm}$	$b_1 = 58 \text{ mm}$ $b_2 = 52 \text{ mm}$
4. 校核齿面接触疲劳强度	按式（4-31），校核公式为 $\sigma_H = Z_H Z_E Z_\varepsilon Z_\beta \sqrt{\dfrac{2KT_1}{bd_1^2} \cdot \dfrac{u \pm 1}{u}} \leqslant [\sigma_H]$	

续表三

计算项目	设计计算与说明	计算结果
(1) 弹性系数 Z_E	由表 4-10，查取弹性系数 $Z_E = 189.8$	$Z_E = 189.8$
(2) 节点区域系数 Z_H	由图 4-35 查得节点区域系数 $Z_H = 2.47$	$Z_H = 2.47$
(3) 重合度系数 Z_ε	$Z_\varepsilon = \sqrt{\dfrac{1}{\varepsilon_a}} = \sqrt{\dfrac{1}{1.684}} = 0.77$	$Z_\varepsilon = 0.77$
(4) 螺旋角系数 Z_β	$Z_\beta = \sqrt{\cos\beta} = \sqrt{\cos 9°59'12''} = 0.99$	$Z_\beta = 0.99$
(5) 接触疲劳强度极限 σ_{Hlim1}、σ_{Hlim2}	由图 4-19 查得 $\sigma_{Hlim1} = 1150\ \text{MPa}$，$\sigma_{Hlim2} = 1150\ \text{MPa}$	$\sigma_{Hlim1} = 1150\ \text{MPa}$ $\sigma_{Hlim2} = 1150\ \text{MPa}$
(6) 接触疲劳强度寿命系数 Z_{HN1}、Z_{HN2}	由图 4-20 查取接触疲劳强度寿命系数 $Z_{HN1} = 1$，$Z_{HN2} = 1$	$Z_{HN1} = 1$ $Z_{HN2} = 1$
(7) 接触疲劳强度安全系数	取失效概率为 1%，接触强度最小安全系数 $S_H = 1$	$S_H = 1$
(8) 计算许用接触应力	由式 (4-14) 得 $[\sigma_{H1}] = \dfrac{\sigma_{Hlim1} Z_{HN1}}{S_H} = \dfrac{1150 \times 1}{1} = 1150\ \text{MPa}$ $[\sigma_{H2}] = \dfrac{\sigma_{Hlim2} Z_{HN2}}{S_H} = \dfrac{1150 \times 1}{1} = 1150\ \text{MPa}$ $[\sigma_H] = \min\left\{\dfrac{1}{2}([\sigma_{H1}] + [\sigma_{H2}]),\ 1.23[\sigma_{H2}]\right\}$ $= \min\left\{\dfrac{1}{2}(1150 + 1150),\ 1.23 \times 1150\right\}$ $= \min\{1150,\ 1414.5\} = 1150\ \text{MPa}$	$[\sigma_H] = 1150\ \text{MPa}$
(9) 校核齿面接触疲劳强度	$\sigma_H = Z_H Z_E Z_\varepsilon Z_\beta \sqrt{\dfrac{2KT_1}{bd_1^2} \dfrac{u \pm 1}{u}}$ $= 2.47 \times 189.8 \times 0.77 \times 0.99 \sqrt{\dfrac{2 \times 1.72 \times 2984384}{52 \times 63.462^2} \dfrac{4.2 + 1}{4.2}}$ $= 880.4\ \text{MPa} \leqslant [\sigma_H]$	$\sigma_H \leqslant [\sigma_H]$ 满足齿面接触疲劳强度要求
5. 结构设计	(略)	

三、圆锥齿轮传动

圆锥齿轮的轮齿分布在一个截锥体上，因此，它的齿形及模数沿轴线方向发生变化，即它的轮齿一端大而另一端小，齿厚由大端到小端逐渐变小，模数和分度圆也随齿厚而变化，如图 4-37 所示，一对圆锥齿轮的运动可以看成是两个锥顶共点的圆锥体互相作纯滚动，这两个锥顶共点的圆锥体就是节圆锥。

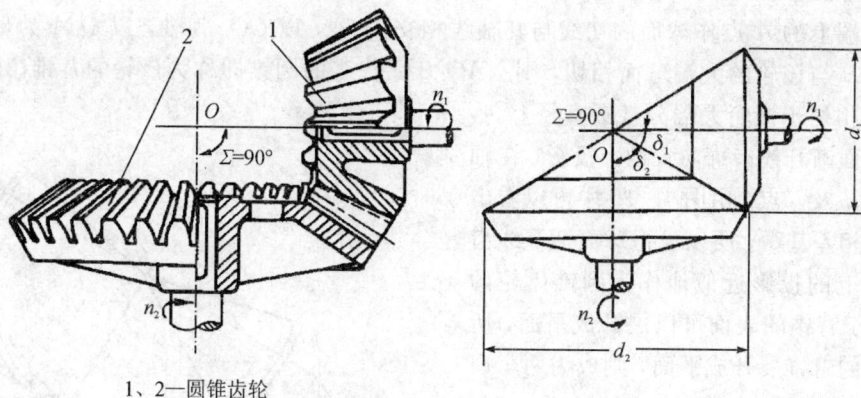

1、2—圆锥齿轮

图 4-37 圆锥齿轮传动

1. 直齿圆锥齿轮齿廓曲面的形成和当量齿数

1) 直齿圆锥齿轮齿廓曲面的形成

如图 4-38 所示,圆平面 S 为发生面,圆心 O 与基圆锥顶相重合,当它绕基圆锥作纯滚动时,该平面上任一点 B 在空间展出一条球面渐开线。而直线 OB 上各点展出的无数条球面渐开线形成球面渐开曲面,即为直齿圆锥齿轮的齿廓曲面。

2) 背锥和当量齿数

一对圆锥齿轮传动时,其锥顶相交于一点 O,如图 4-39 所示。显然在两轮的工作齿廓上只有到锥顶 O 为等距离的对应点才能互相啮合,其共轭齿廓为球面渐开线。但由于球面无法展开成平面,故使圆锥齿轮的设计和制造遇到许多困难,所以不得不采用下列近似方法进行研究。

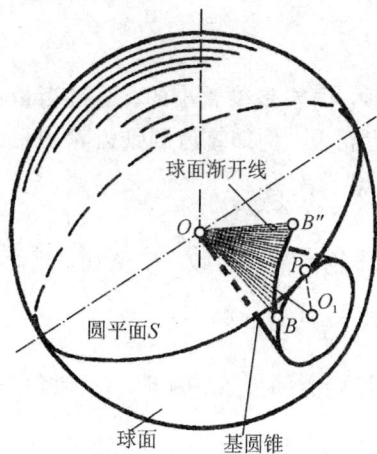

图 4-38 圆锥齿轮齿廓曲面的形成

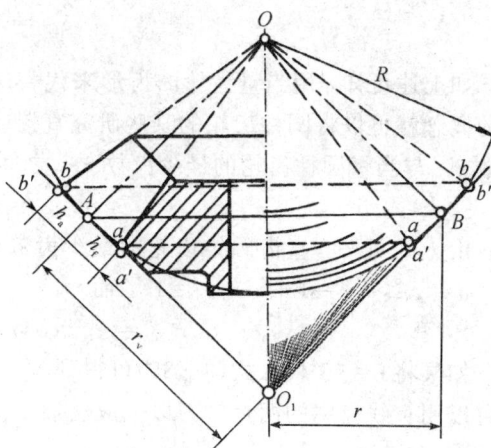

图 4-39 圆锥齿轮的背锥

图 4-39 所示为圆锥齿轮的轴剖面。△OAB 表示分度圆锥,△Obb 及 △Oaa 分别表示齿

顶圆锥和齿根圆锥。若该圆锥齿轮为球面渐开线的齿廓，则圆弧 ab 代表其轮齿大端的投影。

过大端上的 A 点作球面的切线与其轴线相交于 O_1，以 OO_1 为轴，以 O_1A 为母线作一圆锥 AO_1B 与该轮的大端球面相切，则 $\triangle AO_1B$ 所代表的圆锥即称为该轮的背锥。显然，背锥与球面相切于该轮大端分度圆直径上。

将球面渐开线齿廓向背锥上投影，在轴剖面上得 a' 及 b' 点。由图 4-39 中可以看出 $a'b'$ 与 ab 相差甚微。所以可把球面渐开线齿廓在背锥上的投影近似地作为圆锥齿轮的齿廓。由于背锥的表面可以展开成平面，所以将两轮的背锥展开成平面，则成为两个扇形，如图4-40所示。

两扇形的半径为其两背锥的锥距 r_{v1} 及 r_{v2}，而扇形齿轮上的齿数 z_1 及 z_2 就是圆锥齿轮的齿数。现将扇形齿轮补足为完整的圆柱齿轮，则它们的齿数将增为 z_{v1} 及 z_{v2}，该虚拟的圆柱齿轮称为该圆锥齿轮的当量齿轮，其齿数 z_{v1} 及 z_{v2} 称为当量齿数。由图 4-40 可知

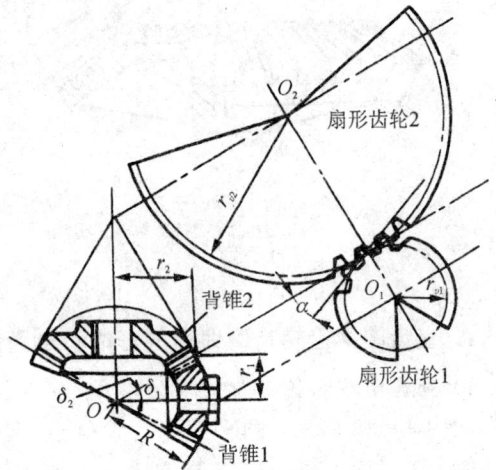

图 4-40　圆锥齿轮的当量齿轮

$$r_{v1} = \frac{r_1}{\cos\delta_1} = \frac{mz_1}{2\cos\delta_1}$$

而 $r_{v1} = \dfrac{mz_{v1}}{2}$，因此得

$$\left.\begin{aligned} z_{v1} &= \frac{z_1}{\cos\delta_1} \\ z_{v2} &= \frac{z_2}{\cos\delta_2} \end{aligned}\right\} \qquad (4-35)$$

如上述可知，用当量齿轮的齿形来代替球面上的齿形，误差是很微小的。通过当量齿轮的概念就可以将圆柱齿轮的某些研究直接应用到圆锥齿轮上。例如直齿圆锥齿轮的最少齿数 $z_{\min}$ 与当量圆柱齿轮的最少齿数 $z_{v\min}$ 之间的关系为

$$z_{\min} = z_{v\min}\cos\delta \qquad (4-36)$$

由上式可知，直齿圆锥齿轮的最少齿数比直齿圆柱齿轮的最少齿数少。例如，当 $\delta = 45°$，$\alpha = 20°$，$h_{an}^* = 1$ 时，$z_{v\min} = 17$，而

$$z_{\min} = z_{v\min}\cos\delta = 17\cos45° = 12$$

如果将 $\delta = 90°$代入式(4-35)可得到 $z_v = \infty$，即当量齿轮为一齿条。因此，直齿圆锥齿轮可以用直线齿廓的两片刨刀以范成法加工。

2. 圆锥齿轮基本参数和尺寸计算

圆锥齿轮的正确啮合条件是

$$m_1 = m_2 = m$$
$$\alpha_1 = \alpha_2 = \alpha$$

$$\delta_1 + \delta_2 = \Sigma$$

式中：m 和 α 是大端上的模数和压力角（$\alpha = 20°$）；$\delta_1 + \delta_2 = \Sigma$ 是保证圆锥齿轮副纯滚动的两个节圆锥顶重合，且齿面成线接触的条件。

图 4-41 所示为直齿圆锥齿轮，其基本参数的名称及符号为：锥距 R、分度圆锥角 δ、齿顶圆锥角 δ_a、齿根圆锥角 δ_f、齿顶角 θ_a、齿根角 θ_f、分度圆直径 d、齿顶圆直径 d_a、齿根圆直径 d_f、齿顶高 h_a、齿根高 h_f、齿高 h、齿宽 b。

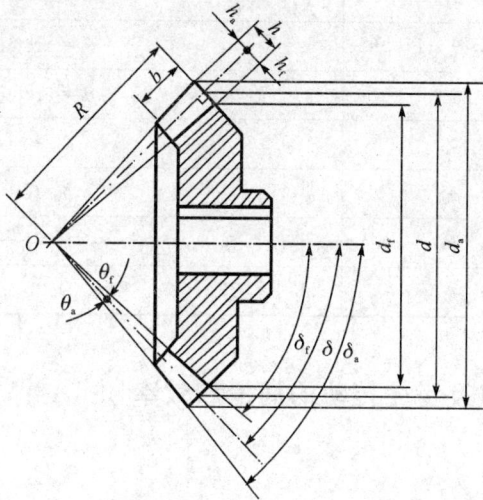

图 4-41　圆锥齿轮的基本参数

圆锥齿轮的模数按表 4-16 选取。

表 4-16　圆锥齿轮模数系列（GB 12368—1990）

0.9	1	1.125	1.25	1.375	1.5	1.75	2	2.25	2.5
2.75	3	3.25	3.5	3.75	4	4.5	5	5.5	6
6.5	7	8	9	10	11	12	14	16	18
20	22	25	28	30	32	36	40	45	50

直齿圆锥齿轮各部分的几何尺寸都与模数和齿数有关，其几何尺寸的计算在大端面上进行。对于轴线相交成 90° 的直齿圆锥齿轮，其几何尺寸的计算公式见表 4-17。

表 4-17　标准直齿圆锥齿轮的几何尺寸计算

名　称	符　号	计算公式
分度圆直径	d	$d = mz$
分度圆锥角	δ	$\delta_1 = \arctan \dfrac{z_1}{z_2}, \ \delta_2 = 90° - \delta_1$
齿顶高	h_a	$h_a = h_a^* m$
齿根高	h_f	$h_f = (h_a^* + c^*) m$

名　称	符　号	计 算 公 式
齿高	h	$h = h_a + h_f$
顶隙	c	$c = c^* m$
齿顶圆直径	d_a	$d_a = d + 2h_a\cos\delta$
齿根圆直径	d_f	$d_f = d - 2h_f\cos\delta$
齿顶角	θ_a	$\theta_a = \arctan\dfrac{h_a}{R}$
齿根角	θ_f	$\theta_f = \arctan\dfrac{h_f}{R}$
齿顶圆锥角	δ_a	$\delta_a = \delta + \theta_f$
齿根圆锥角	δ_f	$\delta_f = \delta - \theta_f$
锥距	R	$R = \dfrac{mz}{2\sin\delta}$
齿宽	b	$b \leqslant (0.25 \sim 0.3)R$

四、齿轮的结构设计以及齿轮传动的润滑和效率

1. 齿轮的结构设计

1) 锻造齿轮

对于齿顶圆直径 $d_a < 500$ mm 的齿轮，通常采用锻造齿轮，其常用的结构形式有以下几种：齿轮轴、实心式齿轮和腹板式齿轮。

（1）齿轮轴。对于直径很小的齿轮，其齿根到轮毂键槽底部的距离 x 很小，如圆柱齿轮 $x \leqslant (2 \sim 2.5)$ mn，圆锥齿轮 $x \leqslant (1.6 \sim 2)$ m，这种情况下齿轮不便或不能采用键与轴相联结，应将齿轮与轴制成一体，称为齿轮轴，如图 4-42 所示。图 4-42(a)为圆柱齿轮轴，图 4-42(b)为圆锥齿轮轴。

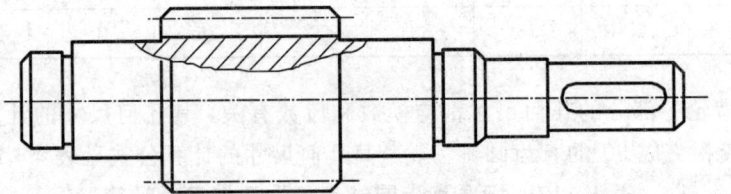

(a) 圆柱齿轮轴

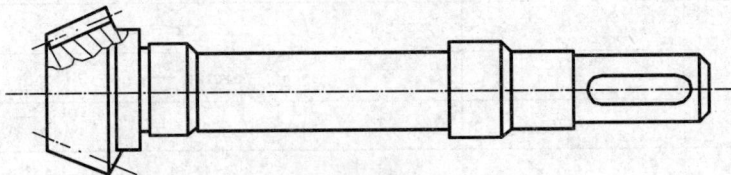

(b) 圆锥齿轮轴

图 4-42　齿轮轴

（2）实心式齿轮。如果齿轮齿根圆的直径大于轴的直径，则当齿轮的齿顶圆直径 $d_a \leqslant$ 200 mm，并且 x 不满足齿轮轴的条件时，应将齿轮与轴分开制造，以便于制造和装配。这种齿轮一般制成实心式结构，如图 4 - 43 所示。图 4 - 43（a）为实心式圆柱齿轮，图 4 - 43（b）为实心式圆锥齿轮。

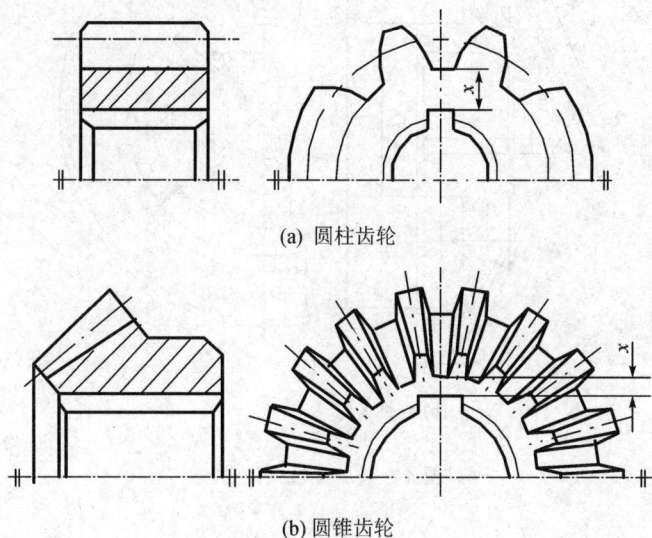

(a) 圆柱齿轮

(b) 圆锥齿轮

图 4 - 43　实心式齿轮

（3）腹板式齿轮。当 200 mm $< d_a <$ 500 mm 时，可采用腹板式结构，如图 4 - 44 所示。为了减轻重量、便于加工和装配，在腹板上常常加工出若干圆孔，其数量按结构尺寸的大小及需要而定。

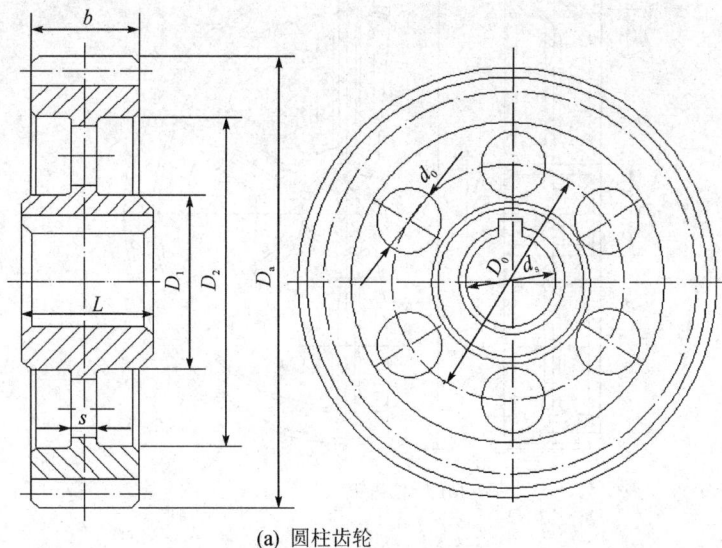

(a) 圆柱齿轮

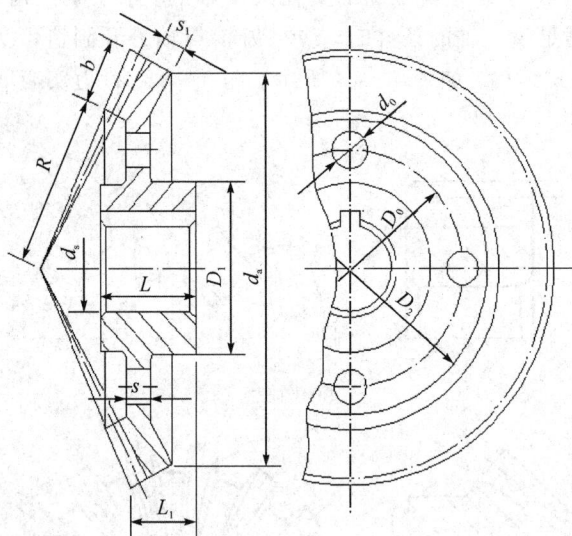

(b) 圆锥齿轮

图 4 - 44　腹板式齿轮

2) 铸造齿轮

对于齿顶圆直径 $d_a > 400\,\text{mm}$ 的圆柱齿轮，以及齿顶圆直径 $d_a > 300\,\text{mm}$ 的圆锥齿轮来说，由于锻造困难，大多采用铸造齿轮。圆柱齿轮可铸成轮辐式的结构，如图 4 - 45(a) 所示；圆锥齿轮可铸成带加强肋的腹板式结构，如图 4 - 45(b) 所示。

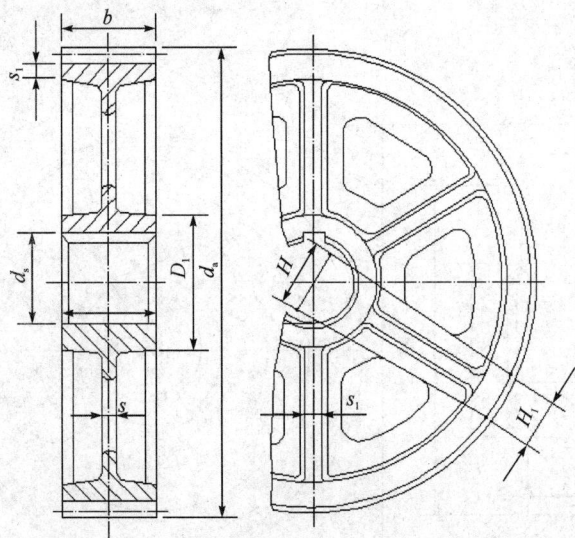

(a) 圆柱齿轮

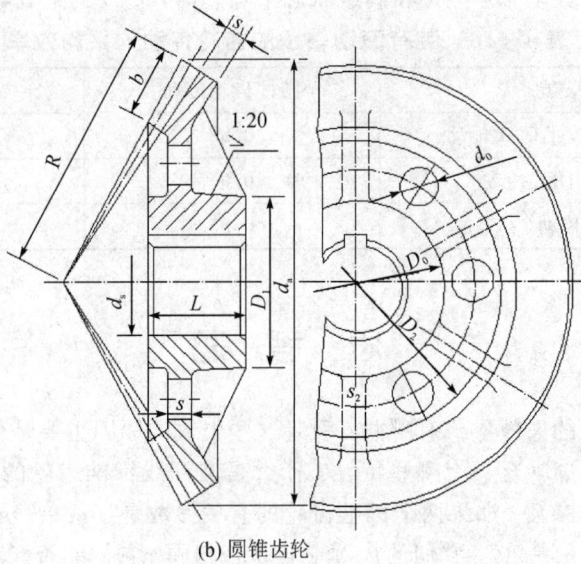

(b) 圆锥齿轮

图 4 - 45 铸造齿轮

3）焊接齿轮

对于单件或小批量生产的大直径齿轮，为降低成本，缩短加工周期，常采用焊接结构。

2. 齿轮传动的润滑和效率

1）齿轮传动的润滑

闭式齿轮传动的润滑方式有油池润滑和喷油润滑两种，一般根据齿轮的圆周速度来确定。当齿轮的圆周速度 $v < 12$ m/s 时，通常采用油池润滑，如图 4 - 46(a)所示。当齿轮的圆周速度 $v > 12$ m/s 时，通常采用喷油润滑，如图 4 - 46(b)所示。

对于开式或半开式齿轮传动，由于其传动速度较低，通常采用人工定期润滑的方式，即定期将润滑脂或润滑油加到啮合表面进行润滑。

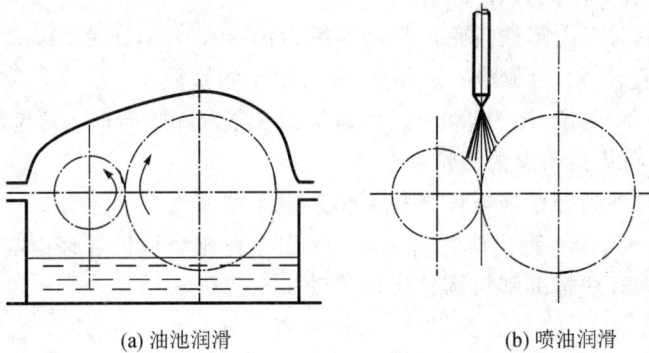

(a) 油池润滑　　　　　　　　　　(b) 喷油润滑

图 4 - 46 齿轮的润滑方式

2）齿轮传动的效率

效率是表示齿轮传动的动力特性的参数之一。在闭式齿轮传动中，功率损失主要包括啮合中的摩擦损失、轴承中的摩擦损失和搅动润滑油的功率损失。在进行有关齿轮的计算时，通常使用的是齿轮传动的平均效率。

当齿轮轴上装有滚动轴承，并在满载状态下运转时，传动的平均效率见表 4 - 18。

表 4 - 18　装有滚动轴承的齿轮传动的平均效率

传动装置	圆柱齿轮传动	圆锥齿轮传动
6 级或 7 级精度的闭式传动	0.98	0.97
8 级精度的闭式传动	0.97	0.96
开式传动	0.95	0.94

思 考 题

4 - 1　齿轮传动的失效形式有哪些？引起这些失效的原因主要是什么？

4 - 2　渐开线齿廓啮合具有哪些特性？什么是渐开线标准齿轮的基本参数？它的齿廓形状取决于哪些基本参数？如果两个标准齿轮的有关参数是：$m_1 = 5$ mm，$z_1 = 20$，$\alpha_1 = 20°$；$m_2 = 4$ mm，$z_2 = 25$，$\alpha_2 = 20°$，它们的齿廓形状是否相同？它们能否配对啮合？

4 - 3　标准齿轮的基圆与齿根圆是否可能重合？试分析说明。

4 - 4　什么是齿轮传动的实际啮合线 B_1B_2？如何用作图法确定它的长度？为了保证齿轮副能够连续传动，B_1B_2 应该满足什么条件？

4 - 5　齿条的齿形有什么特点？齿条刀具的齿形有什么特点？

4 - 6　欲使一对齿廓在其啮合过程中保持传动比不变，该对齿廓应符合什么条件？

4 - 7　渐开线的形状与基圆半径的大小是否有关？

4 - 8　渐开线齿轮的齿廓上各点的压力角是否相同？为什么？

4 - 9　渐开线标准直齿圆柱齿轮应具备哪些条件？

4 - 10　齿轮传动的设计计算准则是什么？

4 - 11　有一对外啮合标准直齿圆柱齿轮，已知标准中心距 $a = 180$ mm，齿数 $z_1 = 25$，$z_2 = 65$，求模数 m 和分度圆直径 d_1、d_2。

4 - 12　已知一对直齿圆柱齿轮传动的参数为：$m = 3$ mm，$z_1 = 24$，$z_2 = 56$。试计算：中心距 a，分度圆的直径 d，齿顶圆的直径 d_a 和齿根圆的直径 d_f。

4 - 13　当 $\alpha = 20°$ 的渐开线标准齿轮的齿根圆和基圆相重合时，其齿数为多少？若齿数大于求出的数值，则基圆和齿根圆哪一个大？

4 - 14　有一对外啮合标准直齿圆柱齿轮采用无侧隙安装，已知 $z_1 = 20$，$z_2 = 25$，$m = 3$ mm，$h_a^* = 1$，$c^* = 0.25$。画出该对齿轮啮合时的实际啮合线段和理论啮合线段。

4 - 15　在某渐开线标准斜齿圆柱齿轮传动中，已知 $z_1 = 19$，$z_2 = 36$，$m_n = 4$，$\beta = 15°$，齿宽 $b = 30$ mm，$h_a^* = 1$，$c^* = 0.25$。求：分度圆直径 d_1、d_2，中心距，当量齿数 z_{v1} 和 z_{v2}。

4 - 16　某设备上有一对外啮合斜齿轮传动。已知 $z_1 = 21$，$z_2 = 96$，$m_n = 4$，中心距 $a = 250$ mm，$\alpha_n = 20°$，$h_a^* = 1$，$c^* = 0.25$，斜齿轮的螺旋角应为多少？

4 - 17　已知一对等顶隙收缩齿标准直齿圆锥齿轮传动，齿数 $z_1 = 18$，$z_2 = 40$，模数 $m = 4$ mm，分度圆压力角 $\alpha = 20°$，齿顶高系数 $h_a^* = 1$，齿顶间隙系数 $c^* = 0.2$，轴交角 $\Sigma = 90°$。求两锥齿轮的齿顶圆锥角 δ_{a1}、δ_{a2} 及其他主要尺寸。

第五章 蜗杆传动

蜗杆传动由蜗杆、蜗轮和机架组成，用来传递空间两交错轴的运动和动力，如图 5-1 所示。通常两轴交错角为 90°，蜗杆为主动件，蜗轮为从动件，作减速运动。蜗杆传动具有传动比大、结构紧凑等优点，广泛应用在机床、汽车、仪器、起重运输机械、冶金机械以及其他机械制造部门中。蜗杆传动的最大传动功率可达 750 kW，通常在 50 kW 以下；最高滑动速度可达 35 m/s，通常在 15 m/s 以下。

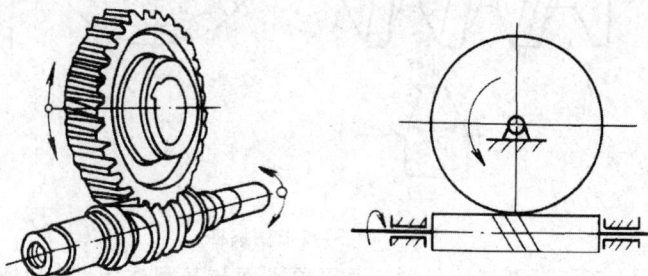

图 5-1 蜗杆传动

第一节 蜗杆传动的类型、特点及应用

1. 蜗杆传动的类型

根据蜗杆形状的不同，蜗杆传动可分为圆柱面蜗杆传动、环面蜗杆传动和锥面蜗杆传动三种类型，如图 5-2 所示。

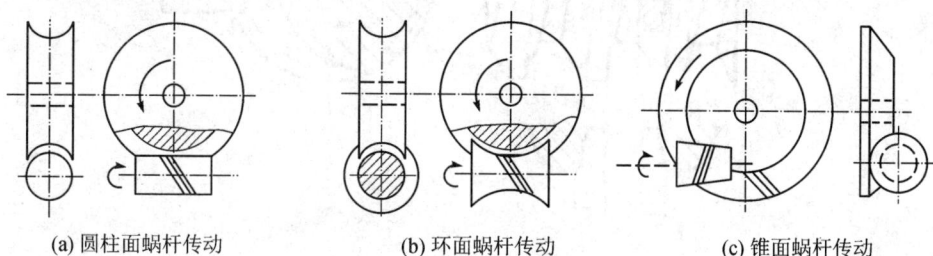

(a) 圆柱面蜗杆传动　　(b) 环面蜗杆传动　　(c) 锥面蜗杆传动

图 5-2 蜗杆传动的类型

按蜗杆轴面齿型圆柱蜗杆传动又可分为普通蜗杆传动和圆弧齿圆柱蜗杆传动。

普通蜗杆传动多用直母线刀刃的车刀在车床上切制，按螺旋齿面在相同剖面内的齿廓曲线形状不同又可分为阿基米德蜗杆（ZA 型）、渐开线蜗杆（ZI 型）和法面直齿廓蜗杆（ZH 型）等几种，其中阿基米德蜗杆加工方便，应用最为广泛。

如图 5-3 所示，车制阿基米德蜗杆时，刀刃顶平面通过蜗杆的轴线。该蜗杆在轴向剖面 I—I 内的齿廓为具有梯形齿条的直齿廓，在法向剖面 N—N 内齿廓外凸，在垂直于轴线的剖面（端面）上，齿廓曲线为阿基米德螺旋线。阿基米德蜗杆易车削，但难以磨削，通常在无需磨削加工的情况下被采用，齿的精度和表面质量不高，故传动精度较低，常用于载荷较小、转速较低或不太重要的场合。

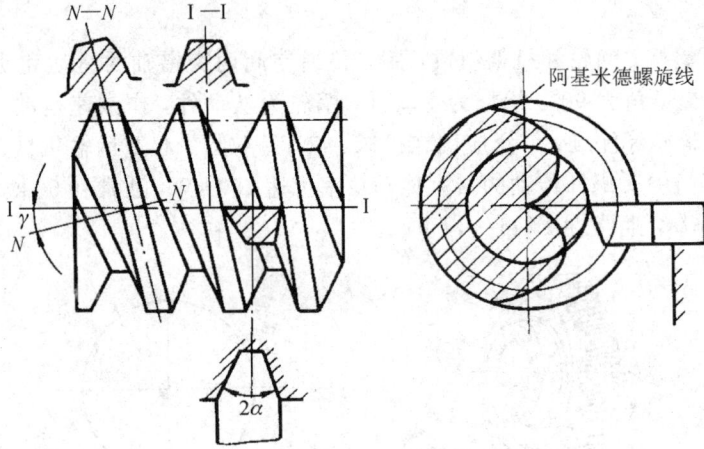

图 5-3　阿基米德蜗杆

如图 5-4 所示，车制渐开线蜗杆时，刀刃顶平面与基圆柱相切，两把刀具分别切出左、右侧螺旋面。该蜗杆轴向齿廓为外凸曲线，端面齿廓为渐开线。渐开线蜗杆也可用滚刀加工，并可在专用机床上磨削，制造精度较高，适用于转速较高、功率较大的精密传动。

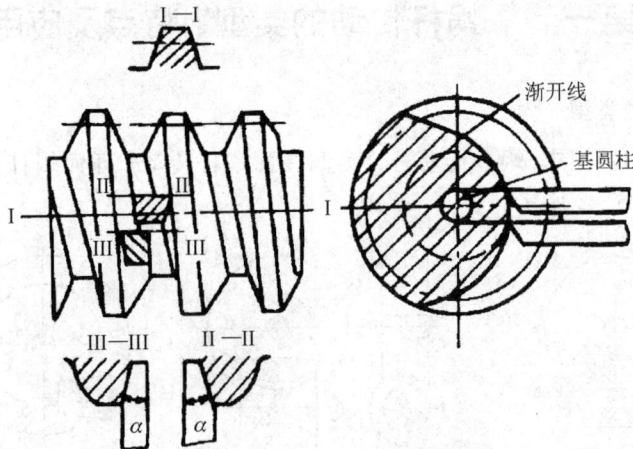

图 5-4　渐开线蜗杆

蜗杆依据轮齿的旋向，分为右旋蜗杆和左旋蜗杆（旋向判断同斜齿轮），实际应用中以右旋蜗杆居多。

蜗杆传动的类型很多，本章仅讨论阿基米德蜗杆传动。

2. 蜗杆传动的特点及应用

蜗杆传动具有如下特点：

(1) 传动比大，结构紧凑。单级传动比 i 在传递力时一般为 $5\sim80$，常用的为 $15\sim50$，只传动运动时（如分度机构），传动比可达 1000。

(2) 传动平稳，噪声小。由于蜗杆上的齿是连续的螺旋齿，与蜗轮轮齿是逐渐进入啮合又逐渐退出啮合的，同时啮合的齿数较多，因此传动平稳，噪声小。

(3) 具有自锁性。当蜗杆导程角小于轮齿间的当量摩擦角时，蜗轮不能带动蜗杆转动，呈自锁状态。手动葫芦和浇铸机械常采用蜗杆传动满足自锁要求。

(4) 传动效率低。蜗杆蜗轮啮合处有较大的相对滑动，齿面摩擦剧烈，发热量大，传动效率低，一般 $\eta=0.7\sim0.9$，具有自锁性能的蜗杆效率仅为 0.4，故不适于传递大功率。

(5) 制造成本高。为减轻齿面的磨损和防止胶合，蜗轮齿圈常用贵重的青铜合金制造，材料成本较高。

由上述特点可知，蜗杆传动适用于传动比大、传递功率不大、两轴空间交错的场合。

第二节　蜗杆传动的主要参数和几何尺寸计算

通过蜗杆轴线并垂直于蜗轮轴线的平面称为主平面（中间平面）。如图 5-5 所示的阿基米德蜗杆传动，在主平面上蜗轮与蜗杆的啮合相当于渐开线齿轮与齿条的啮合。为了加工方便，规定主平面的几何参数为标准值。

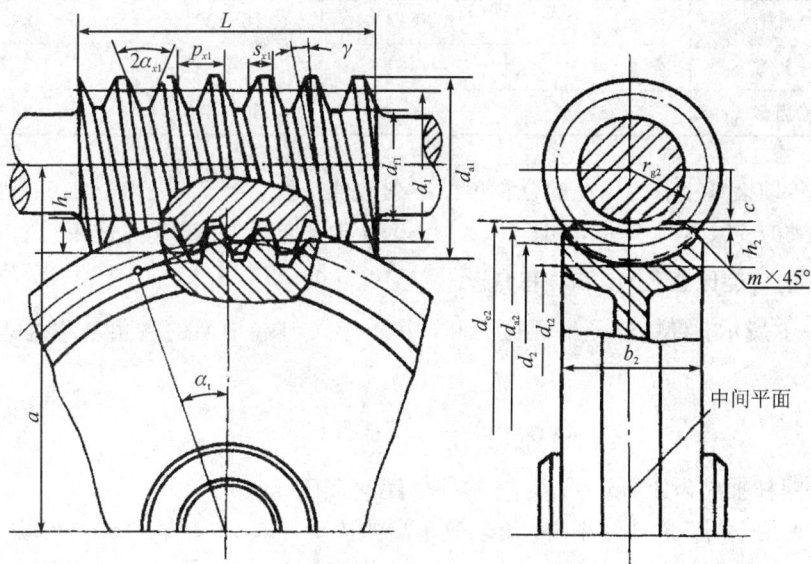

图 5-5　阿基米德蜗杆传动的几何尺寸

一、蜗杆传动的主要参数及选择

1. 模数 m 和压力角 α

由于蜗杆传动在主平面内相当于渐开线齿轮与齿条的啮合，而主平面是蜗杆的轴向平面，又是蜗轮的端面（见图 5-5），因此蜗杆的轴向齿距 p_{x1} 应等于蜗轮的端面齿距 p_{t2}，蜗杆、蜗轮都以主平面内的参数为标准值。与齿轮传动相同，为保证轮齿的正确啮合，在主平面内蜗杆与蜗轮的模数和压力角分别相等，即蜗杆的轴向模数 m_{x1} 应等于蜗轮的端面模数 m_{t2}；蜗杆的轴向压力角 α_{x1} 应等于蜗轮的端面压力角 α_{t2}，且均为标准值。

蜗杆传动正确啮合的条件为

$$\left.\begin{array}{l} m_{x1} = m_{t2} = m \\ \alpha_{x1} = \alpha_{t2} = 20° \\ \gamma = \beta \end{array}\right\} \tag{5-1}$$

为了正确啮合，蜗杆导程角 γ 应和蜗轮的螺旋角 β 大小相等，且螺旋线旋向一致。

2. 蜗杆头数 z_1 和蜗轮齿数 z_2

蜗杆头数 z_1 即为蜗杆螺旋线的数目，一般取 1、2、4、6。当传动比大或传递转矩大时，z_1 取小值；要求自锁时取 $z_1 = 1$；当要求传动功率较大、传动效率高、传动速度大时，z_1 取大值（称为多头蜗杆）。但蜗杆头数过多时，加工精度难以保证。

在动力传动中，为增加同时啮合齿的对数，使传动平稳，通常规定蜗轮的齿数不小于28，一般取 $z_2 = 29 \sim 83$。z_2 过少将产生根切；z_2 过大，会导致模数 m 过小，使齿根弯曲、疲劳强度不足，当模数一定时，会使蜗轮直径 d_2 过大，导致蜗杆长度增加，刚度减小。

z_1、z_2 可根据传动比 i 按表 5-1 选取。

表 5-1　z_1 和 z_2 的推荐值

传动比 i	$5 \sim 8$	$7 \sim 16$	$15 \sim 32$	$30 \sim 83$
蜗杆头数 z_1	6	4	2	1
蜗轮齿数 z_2	$29 \sim 48$	$29 \sim 64$	$30 \sim 64$	$30 \sim 83$

在蜗杆传动设计中，传动比的公称值按下列数值选取：5、7.5、10、12.5、15、20、25、30、40、50、60、70、80。其中，10、20、40、80 为基本传动比，应优先选用。

3. 蜗杆的分度圆直径 d_1 和导程角 γ

如图 5-6 所示，将蜗杆分度圆柱展开，其螺旋线与端平面的夹角 γ 称为蜗杆的导程角，可得

$$\tan\gamma = \frac{p_z}{\pi d_1} = \frac{z_1 p_{x1}}{\pi d_1} = \frac{z_1 m}{d_1} \tag{5-2}$$

式中：p_{x1} 为蜗杆轴向齿距（mm）；d_1 为蜗杆分度圆直径（mm）。

蜗杆导程角大时，传动效率高。要求效率高的传动常取 $\gamma = 15° \sim 30°$，即采用多头蜗杆；对要求具有自锁性能的传动，应采用 $\gamma < 3°30''$ 的蜗杆传动，此时蜗杆的头数为 1。

由式(5-2)得

$$d_1 = m \frac{z_1}{\tan\gamma} = mq \tag{5-3}$$

式中 $q = \frac{z_1}{\tan\gamma}$，称为蜗杆的直径系数。当 m 一定时，q 值增大，则蜗杆直径 d_1 增大，蜗杆的刚度提高。小模数蜗杆一般有较大的 q 值，以使蜗杆有足够的刚度。

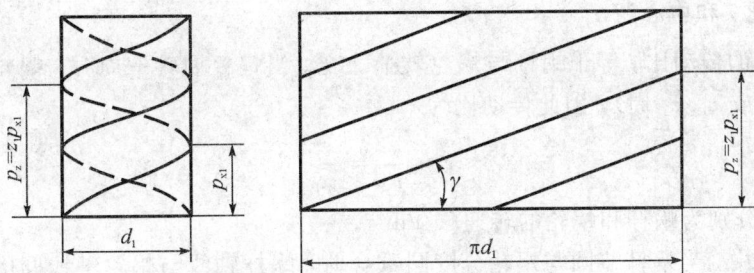

图 5-6 分度圆柱展开图

为使蜗杆与蜗轮正确啮合，加工蜗轮的滚刀直径和齿形参数必须与相应的蜗杆相同，为限制蜗轮滚刀的数量，d_1 亦应标准化。d_1 与 m 有一定的匹配关系，如表 5-2 所示。

表 5-2　蜗杆基本参数(轴交角 $\Sigma=90°$)(摘自 GB/T 10085—2018)

模数 m /mm	分度圆直径 d_1/mm	蜗杆头数 z_1	直径系数 q	$m^2 d_1$ /mm³	模数 m /mm	分度圆直径 d_1/mm	蜗杆头数 z_1	直径系数 q	$m^2 d_1$ /mm³
1	18	1(自锁)	18.000	18	6.3	(80)	1, 2, 4	12.698	3175
1.25	20	1	16.000	31.25		112	1(自锁)	17.778	4445
	22.4	1(自锁)	17.920	35	8	(63)	1, 2, 4	7.875	4032
1.6	20	1, 2, 4	12.500	51.2		80	1, 2, 4, 6	10.000	5376
	28	1	17.500	71.68		(100)	1, 2, 4	12.500	6400
2	(18)	1, 2, 4	9.000	72		140	1(自锁)	17.500	8960
	22.4	1, 2, 4	11.200	89.6	10	(71)	1, 2, 4	7.100	7100
	(28)	1, 2, 4	14.000	112		90	1, 2, 4, 6	9.000	9000
	35.5	1(自锁)	17.750	142		(112)	1, 2, 4	11.200	11200
2.5	(22.4)	1, 2, 4	8.960	140		160	1(自锁)	16.000	16000
	28	1, 2, 4, 6	11.200	175	12.5	(90)	1, 2, 4	7.200	14062
	(35.5)	1, 2, 4	14.200	221.9		112	1, 2, 4	8.960	17500
	45	1(自锁)	18.000	281		(140)	1, 2, 4	11.200	21875
3.15	(28)	1, 2, 4	8.889	278		200	1(自锁)	16.000	31250
	35.5	1, 2, 4, 6	11.27	352	16	(112)	1, 2, 4	7.000	28672
	45	1, 2, 4	14.286	447.5		140	1, 2, 4	8.750	35840
	56	1(自锁)	17.778	556		(180)	1, 2, 4	11.250	46080
4	(31.5)	1, 2, 4	7.875	504		250	1(自锁)	15.625	64000
	40	1, 2, 4, 6	10.000	640	20	(140)	1, 2, 4	7.000	56000
	(50)	1, 2, 4	12.500	800		160	1, 2, 4	8.000	64000
	71	1(自锁)	17.750	1136		(224)	1, 2, 4	11.200	89600
5	(40)	1, 2, 4	8.000	1000		315	1(自锁)	15.750	126000
	50	1, 2, 4, 6	10.000	1250	25	(180)	1, 2, 4	7.200	112500
	(63)	1, 2, 4	12.600	1575		200	1, 2, 4	8.000	125000
	90	1(自锁)	18.000	2250		(280)	1, 2, 4	11.200	175000
6.3	(50)	1, 2, 4	7.936	1985		400	1(自锁)	16.000	250000
	63	1, 2, 4, 6	10.000	2500					

注：① 表中模数和分度圆直径仅列出了第一系列的较常用数据；② 括号内的数字尽可能不用。

4. 传动比 i 和中心距 a

蜗杆传动的传动比 i 等于蜗杆与蜗轮转速之比。当蜗杆回转一周时，蜗轮被蜗杆推动转过 z_1 个齿（或 z_1/z_2 周），因此传动比为

$$i = \frac{n_1}{n_2} = \frac{z_2}{z_1}$$

式中：n_1、n_2 分别为蜗杆和蜗轮的转速（r/min）。

蜗杆传动中，当蜗杆节圆与蜗轮分度圆重合时，蜗杆轴线与蜗轮轴线间的距离称为中心距，其计算公式为

$$a = \frac{1}{2}(d_1 + d_2) \tag{5-4}$$

GB/T 10085—2018 中对一般蜗杆传动减速器装置的中心距 a(mm)推荐为 40、50、63、80、100、125、160、(180)、200、(225)、250、(280)、315、(355)、400、(450)、500。在蜗杆传动设计时中心距应按上述标准圆整，且括号内的数字尽量不用。

二、蜗杆传动的几何尺寸

标准阿基米德蜗杆传动的主要几何尺寸的计算公式如表 5-3 所示。

表 5-3　阿基米德蜗杆传动的几何尺寸的计算

名　称	计 算 公 式	
	蜗　杆	蜗　轮
齿顶高和齿根高	$h_{a1} = h_{a2} = m$, $h_{f1} = h_{f2} = 1.2m$	
分度圆直径	$d_1 = mq$	$d_2 = mz_2$
齿顶圆直径	$d_{a1} = m(q+2)$	$d_{a2} = m(z_2+2)$
齿根圆直径	$d_{f1} = m(q-2.4)$	$d_{f2} = m(z_2-2.4)$
顶隙	$c = 0.2m$	
蜗杆轴向齿距，蜗轮端面齿距	$p_{x1} = p_{t2} = \pi m$	
蜗杆分度圆导程角 蜗轮分度圆螺旋角	$\gamma = \arctan\left(\dfrac{z_1}{q}\right)$	$\beta = \gamma$
中心距	$a = \dfrac{m}{2}(q+z_2)$	
蜗杆宽度（蜗杆螺纹部分长度）b_1 蜗轮咽喉母圆半径 r_{g2}	$z_1=1$、2 时，$b_1 \geqslant (11+0.06z_2)m$ $z_1=3$、4 时，$b_1 \geqslant (12.5+0.09z_2)m$	$r_{g2} = a - \dfrac{1}{2}d_{a1}$
蜗轮外圆直径		$z_1=1$，$d_{e2} = d_{a2}+2m$ $z_1=2\sim3$，$d_{e2} = d_{a2}+1.5m$ $z_1=4\sim6$，$d_{e2} = d_{a2}+m$
蜗轮宽度		$z_1=1$、2 时，$b_2 \leqslant 0.75d_{a1}$ $z_1=4\sim6$ 时，$b_2 \leqslant 0.67d_{a1}$

续表

名　称	计算公式	
	蜗　杆	蜗　轮
蜗杆轴向压力角 α_{x1} 蜗轮齿宽角 δ	$\alpha_{x1}=20°$	$\delta=90°\sim100°$
蜗轮齿顶圆弧半径 r_{a2} 蜗轮齿根圆弧半径 r_{f2}		$r_{a2}=d_1/2-m$ $r_{f2}=d_1/2-0.2m$
蜗轮轮缘宽度 b_2		$z_1=1,2,b_2=0.75\,d_{a1}$ $z_1=4,b_2=0.67\,d_{a1}$
蜗轮轮齿包角 θ		$\theta=2\arcsin(b_2/d_1)$ 一般动力传动：$\theta=70°\sim90°$ 高速动力传动：$\theta=90°\sim130°$ 分度传动：$\theta=45°\sim60°$

第三节　蜗杆传动的失效形式、设计准则、材料和结构

一、齿面间相对滑动速度

蜗杆传动中蜗杆的螺旋面和蜗轮齿面之间有较大的相对滑动。滑动速度 v_s 的方向为沿蜗杆螺旋线的切线方向。如图 5-7 所示，v_1 为蜗杆的圆周速度，v_2 为蜗轮的圆周速度，作速度三角形得

$$v_s=\sqrt{v_1^2+v_2^2}=\frac{v_1}{\cos\gamma}=\frac{\pi d_1 n_1}{60\times1000\cos\gamma}$$

$$(5-5)$$

式中，d_1 为蜗杆直径(mm)；n_1 为蜗杆转速(r/min)。

滑动速度 v_s 对蜗杆传动的影响很大。当润滑条件较差时，滑动速度大会加快磨损，摩擦发热严重而发生胶合；润滑条件好时，增大 v_s 有利于油膜形成，摩擦系数 f_v 反而下降，磨损情况得以改善，从而提高啮合效率和抗胶合能力。滑动速度的概略值如图 5-8 所示。

二、失效形式和设计准则

蜗杆传动的失效形式与齿轮传动类似，但由于蜗杆、蜗轮的齿廓间相对滑动速度较大，发热量大而效

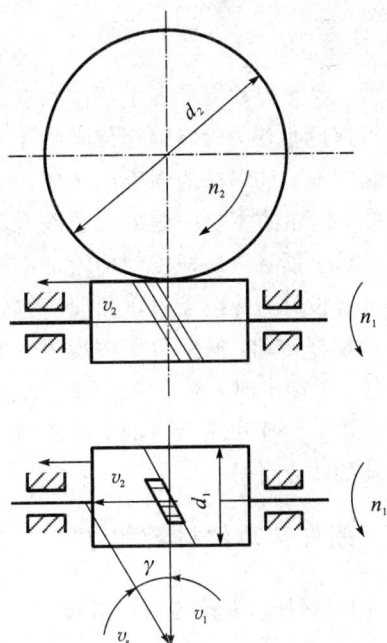

图 5-7　蜗杆传动滑动速度图

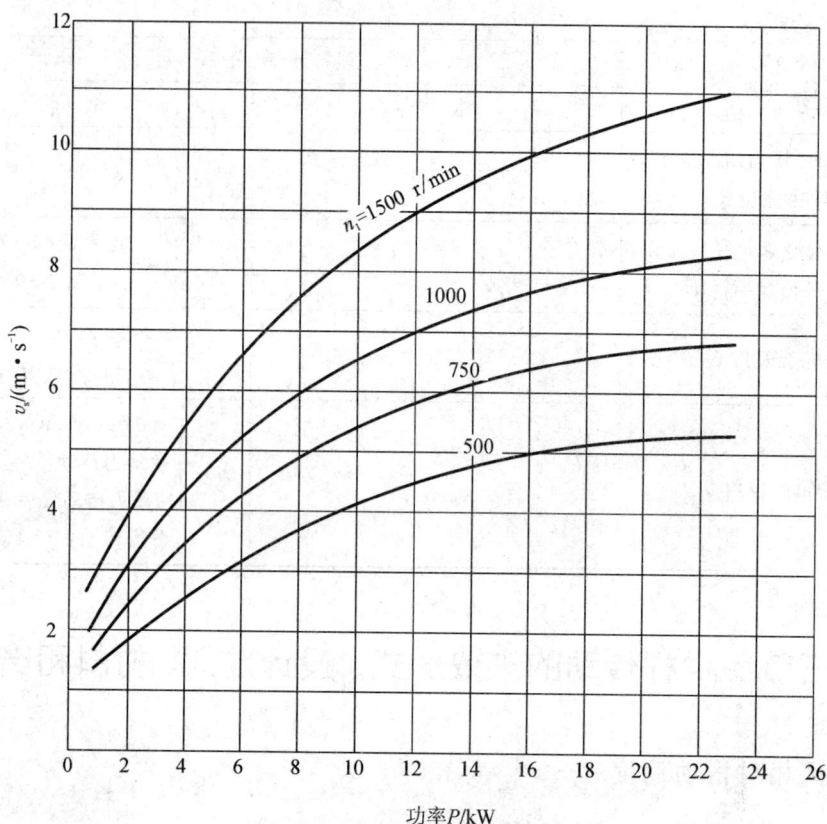

图 5-8　滑动速度 v_s 的概略值

率低，因此传动更易发生磨损和胶合，尤其在开式传动和润滑不清洁的闭式传动中，轮齿磨损速度很快，所以蜗杆传动的主要失效形式为胶合、磨损和点蚀。由于蜗杆的齿是连续的螺旋线，且蜗杆的强度高于蜗轮，因而失效多发生在强度较低的蜗轮齿面上。在闭式传动中，蜗轮的主要失效形式是胶合与点蚀；在开式传动中，蜗轮的主要失效形式是磨损。

　　综上所述，蜗杆传动的设计准则为：对闭式蜗杆传动，按蜗轮轮齿的齿面接触疲劳强度进行设计，并按齿根弯曲疲劳强度校核，为避免发生胶合失效还必须作热平衡计算；对开式蜗杆传动，通常只需按齿根弯曲疲劳强度设计。实践证明，对于闭式蜗杆传动，当载荷平稳、无冲击时，蜗轮轮齿因弯曲强度不足而失效的情况多发生于齿数 $z_2 > 80 \sim 100$ 时，所以在齿数少于以上数值时，不必校核弯曲强度。当蜗杆细长且支承跨距大时，还应进行蜗杆轴的刚度计算。

三、蜗杆传动的材料和结构

1. 蜗杆、蜗轮的材料选择

　　针对蜗杆传动的主要失效形式，蜗杆和蜗轮材料不仅要求有足够的强度，更重要的是要具有良好的减摩性、耐磨性和抗胶合能力，因此，蜗杆传动常采用青铜齿圈（低速时可用铸铁）与淬硬的钢制蜗杆相匹配。

蜗杆一般用碳钢或合金钢制造，蜗杆常用材料见表5-4。

表5-4 蜗杆常用材料及应用

材料及牌号	热处理	硬度	表面粗糙度/μm	应用
45钢，42SiMn，40Cr，42CrMo，38SiMnMo，40CrNi	表面淬火	45～55HRC	1.6～0.8	中速、中载、一般传动
20Cr，15CrMn，20CrMnTi，20CrMn	渗碳淬火	56～62HRC	1.6～0.8	高速、重载、重要传动
45钢	调质或正火	220～270HBS	6.3	低速、轻、中载、不重要传动

蜗轮材料可参考相对滑动速度 v_s 来选择。常用的材料为铸锡青铜或铸铝青铜、灰铸铁等。蜗轮常用材料见表5-5。

表5-5 蜗轮常用材料及应用

材料	牌号	适用的滑动速度/(m/s)	特性	应用
铸锡青铜	ZCuSn10P1	≤25	耐磨性、跑合性、抗胶合能力、可加工性能均较好，但强度低、成本高	连续工作的高速、重载的重要传动
	ZCuSn5Pb5Zn5	≤12		速度较高的轻、中、重载传动
铸铝青铜	ZCuAl10Fe3	≤10	耐冲击，强度较高，可加工性能好，抗胶合能力较差，价格较低	速度较低的重载传动
黄铜	ZCuZn38Mn2Pb2	≤10		速度较低且载荷稳定的轻、中载传动
灰铸铁	HT150 HT200 HT250	≤2	铸造性能、可加工性能好，价格低，抗点蚀和抗胶合能力强，抗弯强度低，冲击韧度低	低速、不重要的开式传动，蜗轮尺寸较大的传动，手动传动

2. 蜗杆、蜗轮的结构

蜗杆常和轴做成一体，称为蜗杆轴，如图5-9所示（只有 $d_f/d \geq 1.7$ 时才采用蜗杆齿圈套装在轴上的形式）。蜗杆按螺旋部分的加工方法不同，可分为车制蜗杆和铣削蜗杆。车制蜗杆需有退刀槽，$d = d_f - (2\sim4)$ mm，故刚性较差（见图5-9(a)）；铣削蜗杆无退刀槽时d 可大于 d_f（见图5-9(b)），刚性较好。

蜗轮按结构不同可分为整体式和组合式两种。

铸铁蜗轮及直径小于100 mm的青铜蜗轮可做成整体式，如图5-10(c)所示。

直径大的蜗轮，为了节约贵重的有色金属，常采用组合结构，即齿圈用有色金属制造，而轮芯用钢或铸铁制成。组合形式有以下三种。

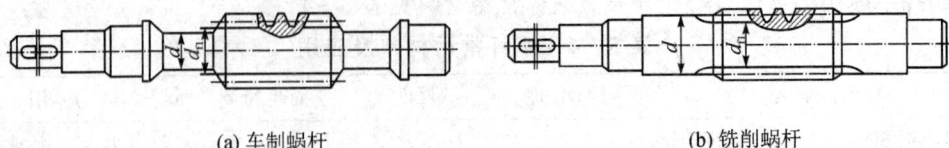

(a) 车制蜗杆　　　　　　　　　　　　　(b) 铣削蜗杆

图 5-9　蜗杆轴结构

（1）齿圈压配式：如图 5-10(a)所示，齿圈用青铜材料，两者采用过盈配合（H7/s6 或 H7/r6），并沿配合面安装 4～6 个紧定螺钉，常用于中等尺寸而且工作温度变化较小的场合。

（2）螺栓连接式：如图 5-10(b)所示，齿圈和轮芯用普通螺栓或铰制孔螺栓连接，常用于尺寸较大且磨损后需更换齿圈的场合。

（3）组合浇注式（镶铸式）：如图 5-10(d)所示，在铸铁轮芯上预制出榫槽，浇注上青铜轮缘，然后切齿，适用于中等尺寸、批量生产的蜗轮。

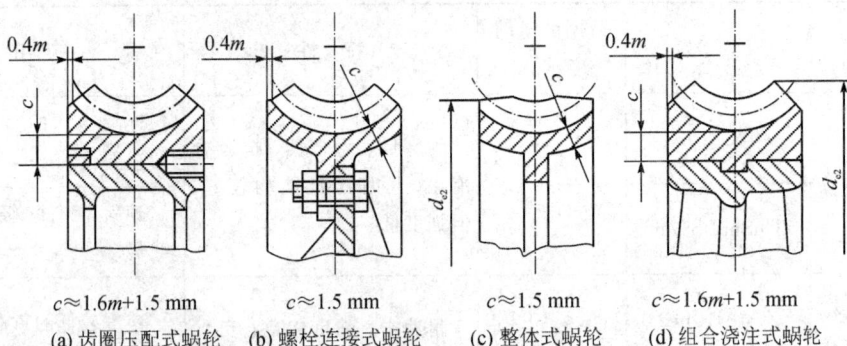

$c \approx 1.6m+1.5 \text{ mm}$　　$c \approx 1.5 \text{ mm}$　　$c \approx 1.5 \text{ mm}$　　$c \approx 1.6m+1.5 \text{ mm}$

(a) 齿圈压配式蜗轮　(b) 螺栓连接式蜗轮　(c) 整体式蜗轮　(d) 组合浇注式蜗轮

图 5-10　蜗轮的结构形式

四、蜗杆传动的精度等级

GB/T 10089—2018 规定，蜗杆传动的精度有 12 个等级，1 级最高，12 级最低。对于传递动力用的蜗杆传动，一般可按照 6 ～ 9 级精度制造，6 级用于蜗轮速度较高的传动，9 级用于低速及手动传动，具体根据表 5-6 选取。分度机构、测量机构等要求运动精度高的传动，按照 5 级或 5 级以上的精度制造。

表 5-6　蜗杆传动精度等级的选择

精度等级	蜗轮圆周速度 /(m·s)	蜗杆齿面的表面粗糙度 $Ra/\mu m$	蜗轮齿面的表面粗糙度 $Ra/\mu m$	使用范围
6	＞5	≤0.4	≤0.8	中等精密机床的分度机构
7	＜7.5	≤0.8	≤0.8	中速动力传动
8	＜3	≤1.6	≤1.6	速度较低或短期工作的传动
9	＜15	≤3.2	≤3.2	不重要的低速传动或手动传动

第四节　蜗杆传动的强度计算

一、蜗杆传动的受力分析

1. 蜗轮旋转方向的判定

蜗轮旋转方向，按照蜗杆螺旋线旋向和旋转方向，应用左右手定则判定。

当蜗杆为右旋时，用右手四个手指的方向沿蜗杆转向握起来，大拇指所指方向的相反方向即为蜗轮上啮合点的线速度方向，因此，蜗轮逆时针转动，如图 5-11(a) 所示。当蜗杆为左旋时，用左手按相同方法判定，如图 5-11(b) 所示。

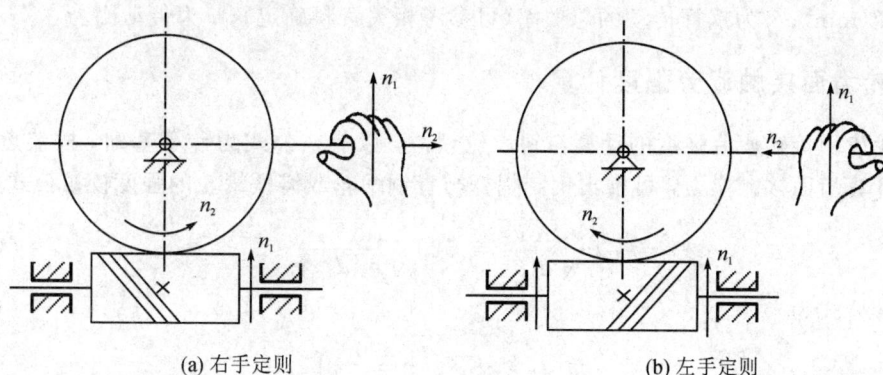

(a) 右手定则　　　　　　　　　　　　　(b) 左手定则

图 5-11　蜗轮旋转方向的判断

2. 轮齿上的作用力

蜗杆传动受力分析与斜齿圆柱齿轮的受力分析相似，如图 5-12 所示。若不计齿面间的摩擦力，蜗轮作用于蜗杆齿面上的法向力 F_n 在节点 C 处可分解为三个相互垂直的分力：

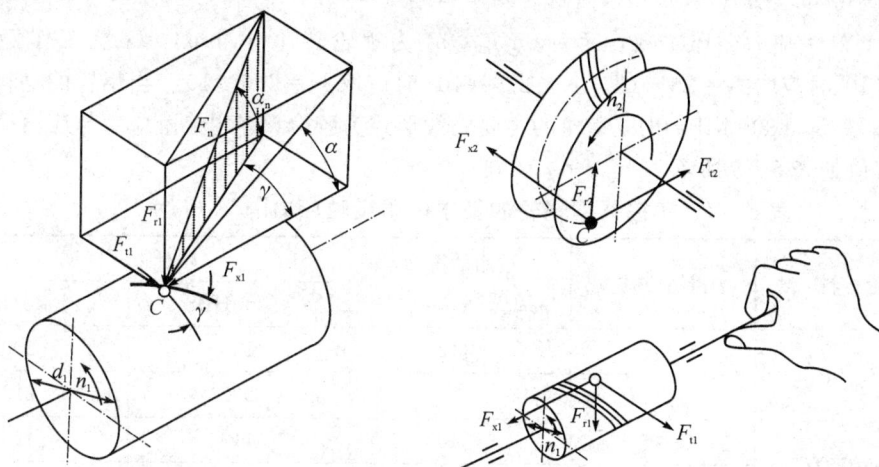

图 5-12　蜗杆传动受力分析

圆周力 F_{t1}、轴向力 F_{x1}、径向力 F_{r1}。由图 5-12 可知，蜗轮上的圆周力 F_{t2} 等于蜗杆上的轴向力 F_{x1}，蜗轮上的径向力 F_{r2} 等于蜗杆上的径向力 F_{r1}，蜗轮上的轴向力 F_{x2} 等于蜗杆上的圆周力 F_{t1}。这些对应的力的大小相等、方向相反。

各力的大小可按下式计算：

$$F_{t1} = -F_{x2} = \frac{2T_1}{d_1} \tag{5-6}$$

$$F_{x1} = -F_{t2} = \frac{2T_2}{d_2} \tag{5-7}$$

$$F_{r1} = -F_{r2} = F_{t2}\tan\alpha \tag{5-8}$$

$$T_2 = T_1 i\eta \tag{5-9}$$

式中：T_1、T_2 分别为作用在蜗杆和蜗轮上的转矩（N·mm）；d_1、d_2 分别为蜗杆和蜗轮的分度圆直径（mm）；η 为蜗杆传动的总效率（可参考相关资料确定）；i 为传动比。

二、蜗轮齿面接触疲劳强度计算

蜗轮齿面接触疲劳强度的计算与斜齿轮相似，以赫兹公式为计算基础，按节点处的啮合条件计算齿面接触应力，可推出钢制蜗杆与青铜蜗轮或铸铁蜗轮的强度校核公式如下：

$$\sigma_H = 520\sqrt{\frac{KT_2}{d_1 d_2^2}} = 520\sqrt{\frac{KT_2}{m^2 d_1 z_2^2}} \leqslant [\sigma_H] \tag{5-10}$$

设计公式为

$$m^2 d_1 \geqslant KT_2 \left(\frac{520}{z_2[\sigma_H]}\right)^2 \tag{5-11}$$

式中：T_2 为蜗轮轴的转矩（N·mm）；K 为载荷系数，$K=1\sim1.5$，当载荷平稳、相对滑动速度较小（$v_s < 3\ \text{m/s}$）时取较小值，反之取较大值，严重冲击时取 $K=1.5$；$[\sigma_H]$ 为蜗轮材料的许用接触应力（MPa）。

当蜗轮材料为铸锡青铜（$\sigma_b < 300\ \text{MPa}$）时，其主要失效形式为疲劳点蚀，$[\sigma_H] = Z_N[\sigma_{0H}]$，$[\sigma_{0H}]$ 为蜗轮材料的基本许用接触应力，如表 5-7 所示，Z_N 为寿命系数，$Z_N = \sqrt[8]{10^7/N}$，N 为应力循环次数，$N = 60n_2 L_h$，n_2 为蜗轮转速（r/min），L_h 为工作寿命（h），$N > 25 \times 10^7$ 时应取 $N = 25 \times 10^7$，$N < 2.6 \times 10^5$ 时应取 $N = 2.6 \times 10^5$。当蜗轮的材料为铸铝青铜或铸铁（$\sigma_b > 300\ \text{MPa}$）时，蜗轮的主要失效形式为胶合，许用接触应力与应力循环次数无关，其值如表 5-8 所示。

表 5-7　铸锡青铜蜗轮的基本许用接触应力 $[\sigma_{0H}]$（$N=10^7$）　　　　　　　MPa

蜗轮材料	铸造方法	适用的滑动速度 v_s/(m/s)	蜗杆齿面硬度	
			≤350HBS	>45HRC
ZCuSn10P1	砂模	≤12	180	200
	金属模	≤25	200	220
ZCuSn5Pb5Zn5	砂模	≤10	110	125
	金属模	≤12	135	150

表 5-8　铸铝青铜及铸铁蜗轮的许用接触应力[σ_H]　　　　　　　　MPa

蜗轮材料	蜗杆材料	滑动速度 v_s/(m/s)						
		0.5	1	2	3	4	6	8
ZCuAl10Fe3	淬火钢	250	230	210	180	160	120	90
ZCuZn38Mn2Pb2	淬火钢	215	200	180	150	135	95	75
HT150，HT200	渗碳钢	130	115	90	—	—	—	—
HT150	调质钢	110	90	70	—	—	—	—

三、蜗轮轮齿的齿根弯曲疲劳强度计算

蜗轮轮齿的齿形比较复杂，要精确计算轮齿的弯曲应力比较困难，通常近似地将蜗轮看作斜齿轮按圆柱齿轮弯曲强度公式来计算，化简后齿根弯曲强度的校核公式为

$$\sigma_F = \frac{2.2KT_2}{d_1 d_2 m\cos\gamma}Y_{F2} \leqslant [\sigma_F] \tag{5-12}$$

设计公式为

$$m^2 d_1 \geqslant \frac{2.2kT_2}{z_2[\sigma_F]\cos\gamma}Y_{F2} \tag{5-13}$$

式中：Y_{F2} 为蜗轮的齿形系数，按蜗轮的实有齿数 z_2 查表 5-9 可得；[σ_F] 为蜗轮材料的许用弯曲应力，[σ_F]=$Y_N[\sigma_{0F}]$，[σ_{0F}] 为蜗轮材料的基本许用弯曲应力，如表 5-10 所示，Y_N 为寿命系数，$Y_N=\sqrt[9]{10^6/N}$，$N=60n_2 L_h$，当 $N>25\times10^7$ 时，取 $N=25\times10^7$，当 $N<10^5$ 时，取 $N=10^5$。

表 5-9　蜗轮的齿形系数 Y_{F2}（$\alpha=20°$，$h_a^*=1$）

z_2	10	11	12	13	14	15	16	17	18	19	20	22	24	26
Y_{F2}	4.55	4.14	3.70	3.55	3.34	3.22	3.07	2.96	2.89	2.82	2.76	2.66	2.57	2.51
z_2	28	30	35	40	45	50	60	70	80	90	100	150	200	300
Y_{F2}	2.48	2.44	2.36	2.32	2.27	2.24	2.20	2.17	2.14	2.12	2.10	2.07	2.04	2.04

表 5-10　蜗轮材料的基本许用弯曲应力[σ_{0F}]（$N=10^6$）　　　　　MPa

材料	铸造方法	σ_b	σ_s	蜗杆硬度≤45HRC		蜗杆硬度>45HRC	
				单向受载	双向受载	单向受载	双向受载
ZCuSn10Pb1	砂模	200	140	51	32	64	40
	金属模	250	150	58	40	73	50
ZCuSn5Pb5Zn5	砂模	180	90	37	29	46	36
	金属模	200	90	39	32	49	40
ZCuAl10Fe3	金属模	500	200	90	80	113	100
HT150	砂模	150	—	38	24	48	30
HT200	砂模	200	—	48	30	60	38

第五节　蜗杆传动的效率、润滑和热平衡计算

一、蜗杆传动的效率

闭式蜗杆传动的总效率 η 一般由三部分组成，包括啮合效率 η_1、搅油效率 η_2 和轴承效率 η_3，即

$$\eta = \eta_1 \eta_2 \eta_3 \tag{5-14}$$

啮合效率 η_1 是总效率的主要部分，蜗杆为主动件时啮合效率按螺旋传动公式求出：

$$\eta_1 = \frac{\tan\gamma}{\tan(\gamma + \rho_v)}$$

通常，搅油效率 $\eta_2 = 0.95 \sim 0.99$，滚动轴承效率 $\eta_3 = 0.99$，滑动轴承效率 $\eta_3 = 0.98 \sim 0.99$，综合考虑，取 $\eta_2 \eta_3 = 0.95 \sim 0.97$，故有

$$\eta = (0.95 \sim 0.97)\frac{\tan\gamma}{\tan(\gamma + \rho_v)} \tag{5-15}$$

式中：γ 为蜗杆螺旋升角（导程角），η 值与蜗杆导程角 γ 密切相关，η 值随 γ 的增大而增大；ρ_v 为当量摩擦角，$\rho_v = \arctan f_v$，其值如表 5-11 所示。

表 5-11　当量摩擦系数 f_v 和当量摩擦角 ρ_v

蜗轮材料	锡青铜				铝青铜		灰铸铁			
蜗杆齿面硬度	≥45HRC		<45HRC		≥45HRC		≥45HRC		<45HRC	
滑动速度 v_s/(m/s)	f_v	ρ_v	f_v	ρ_v	f_v	ρ_v	f_v	ρ_v	f_v	ρ_v
0.01	0.110	6°17′	0.120	6°51′	0.180	10°12′	0.018	10°12′	0.190	10°45′
0.05	0.090	5°09′	0.100	5°43′	0.140	7°58′	0.140	7°58′	0.160	9°05′
0.10	0.080	4°34′	0.090	5°09′	0.130	7°24′	0.130	7°24′	0.140	7°58′
0.25	0.065	3°43′	0.075	4°17′	0.100	5°43′	0.100	5°43′	0.120	6°51′
0.50	0.055	3°09′	0.065	3°43′	0.090	5°09′	0.090	5°09′	0.100	5°43′
1.00	0.045	2°35′	0.055	3°09′	0.070	4°00′	0.070	4°00′	0.090	5°09′
1.50	0.040	2°17′	0.050	2°52′	0.065	3°43′	0.065	3°43′	0.080	4°34′
2.00	0.035	2°00′	0.045	2°35′	0.055	3°09′	0.055	3°09′	0.070	4°00′
2.50	0.030	1°43′	0.040	2°17′	0.050	2°52′				
3.00	0.028	1°36′	0.035	2°00′	0.045	2°35′				
4.00	0.024	1°22′	0.031	1°47′	0.040	2°17′				
5.00	0.022	1°16′	0.029	1°40′	0.035	2°00′				
8.00	0.018	1°02′	0.026	1°29′	0.030	1°43′				
10.0	0.016	0°55′	0.024	1°22′						
15.0	0.014	0°48′	0.020	1°09′						
24.0	0.013	0°45′								

注：对于硬度 ≥45HRC 的蜗杆，ρ_v 值是指 $Ra < 0.32 \sim 1.25\ \mu m$，经跑合并充分润滑的情况。

在初步计算时，对于闭式传动，蜗杆的传动效率可近似按表 5-12 取值。

表 5-12　蜗杆传动效率估算值

蜗杆头数 z_1	1	2	4	6
传动效率 η	0.7～0.75	0.75～0.82	0.82～0.92	0.86～0.95

对于开式传动，当 $z_1=1$、2 时，$\eta=0.60～0.70$。

二、蜗杆传动的润滑

为提高蜗杆传动的效率，降低齿面的工作温度，避免胶合和减少磨损，对蜗杆传动进行良好的润滑显得特别重要。

蜗杆机构通常采用黏度较大的润滑油，为提高其抗胶合能力，可加入油性添加剂以提高油膜的刚度，但青铜蜗轮不允许采用活性较大的油性添加剂，以免被腐蚀。

闭式蜗杆传动的润滑油黏度和润滑方法可参考表 5-13 选择。开式蜗杆传动则采用黏度较高的齿轮油或润滑脂进行润滑。闭式蜗杆传动采用油池润滑，在 $v_s \leqslant 5$ m/s 时常采用蜗杆下置式，浸油深度约为一个齿高，但油面不得超过蜗杆轴承的最低滚动体中心，如图 5-13(a)、(b)所示；在 $v_s > 5$ m/s 时常用上置式，如图 5-13(c)所示，油面允许达到蜗轮半径的 1/3 处。

表 5-13　闭式蜗杆传动的润滑油黏度及润滑方法

滑动速度 v_s/(m/s)	<1	<2.5	<5	>5～10	>10～15	>15～25	>25
工作条件	重载	重载	中载	—	—	—	—
运动黏度 $v_{40℃}$/(mm²/s)	1000	680	320	220	150	100	68
润滑方法	浸油			浸油或喷油	喷油润滑时的油压/MPa		
					0.07	0.2	0.3

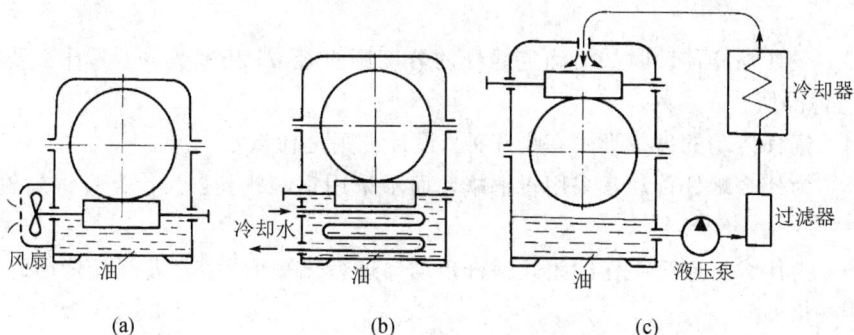

图 5-13　蜗杆传动的散热方法

三、蜗杆传动的热平衡计算

蜗杆传动效率低，发热量大，若产生的热量不能及时发散，将使润滑油温度升高，黏度下降，油膜破坏，磨损加剧，甚至导致齿面胶合。因此，对连续工作的闭式蜗杆传动，应进行热平衡计算，将润滑油温度控制在许可范围内。

在单位时间内，蜗杆传动摩擦发热，因功率损耗而产生的热量为

$$Q_1 = 1000 P_1 (1 - \eta)$$

式中：P_1 为蜗杆传动的输入功率（kW）；η 为蜗杆传动的效率。

自然冷却时单位时间内经箱体外壁发散到周围空气中的热量为

$$Q_2 = K_s A (t_1 - t_0)$$

式中：K_s 为传热系数，箱体通风良好时，可取 $K_s = 14 \sim 17.5$ W/(m^2 · ℃)，通风不良时，取 $K_s = 14 \sim 17.5$ W/(m^2 · ℃)；A 为散热面积（m^2），凸缘和散热片的面积按其表面积的 50% 计算；t_1 为箱体内的油温；t_0 为周围空气的温度，通常取 $t_0 = 20$℃。

根据热平衡条件 $Q_1 = Q_2$，可得满足热平衡条件时润滑油的温度为

$$t_1 = \frac{1000(1 - \eta)P_1}{K_s A} + t_0 \leqslant [t_1] \tag{5-16}$$

一般取许用油温 $[t_1] = 75$℃ ~ 80℃，最高不超过 90℃。

若工作温度超过许用温度，可采用下列措施：

(1) 在箱体壳外铸出散热片，增加散热面积 A。

(2) 在蜗杆轴上装风扇（见图 5-13(a)），提高散热系数，此时 $K_s \approx 20 \sim 28$ W/(m^2 · ℃)。

(3) 加冷却装置。在箱体油池内装蛇形冷却管（见图 5-13(b)），或用循环油冷却（见图 5-13(c)）。

思 考 题

5-1　与齿轮传动相比，蜗杆传动有何优点？适用于什么场合？

5-2　蜗杆传动的模数和压力角是在哪个平面上定义的？蜗杆传动正确啮合的条件是什么？

5-3　设计蜗杆传动时如何确定蜗杆的分度圆直径 d_1 和模数 m？为什么要规定 m 和 d_1 的对应标准值？

5-4　蜗杆传动的失效形式有哪几种？设计准则是什么？

5-5　为什么蜗杆传动常采用青铜蜗轮而不采用钢制蜗轮？为什么青铜蜗轮常采用组合结构？

5-6　为什么对连续工作的闭式蜗杆传动要进行热平衡计算？若蜗杆传动的温度过高，应采取哪些措施？

5-7　标出题 5-7 图中未注明的蜗杆或蜗轮的旋向及转向（蜗杆为主动件），并绘出蜗杆和蜗轮啮合点作用力的方向。

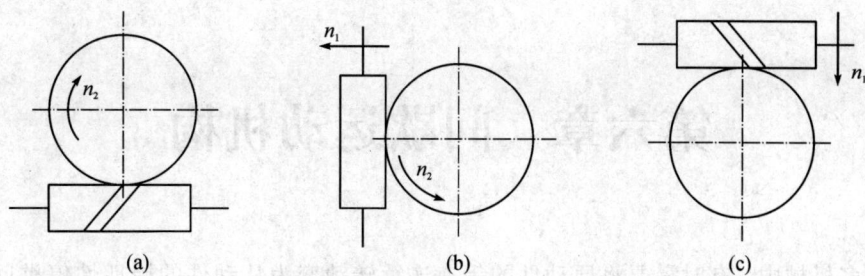

(a)　　　　　　(b)　　　　　　(c)

题 5 - 7 图

5-8　已知一蜗杆减速器中蜗杆的参数为 $z_1=2$，右旋，$d_{a1}=48$ mm，$p_{x1}=12.56$ mm，中心距 $a=100$ mm。试计算蜗轮的几何尺寸（d_2、z_2、d_{a2}、d_{f2}、β）。

第六章　间歇运动机构

在许多机械中，有时需要将原动件的等速连续转动变为从动件的周期性停歇间隔单向运动（又称步进运动）或者是时停时动的间歇运动，如自动机床中的刀架转位和进给，成品输送及自动化生产线中的运输机构等的运动都是间歇性的。

能够将主动件的连续运动转换为从动件有规律的间歇运动的机构，称为间歇运动机构。实现间歇运动的机构很多，最常见的有棘轮机构、槽轮机构和不完全齿轮机构等。

本章将简要介绍这几种间歇运动机构的组成和运动特点。

第一节　棘　轮　机　构

一、棘轮机构的工作原理

1. 单向式棘轮机构

图 6-1 所示为单向式棘轮机构。该机构的特点是：当摇杆向某一方向摆动时，棘爪推动棘轮转过某一角度；当摇杆反向摆动时，棘轮静止不动。改变摇杆的结构形状，可以得到图 6-2 所示的双动式棘轮机构。当摇杆来回摆动时，都能使棘轮沿单向转动。单向式棘轮机构的轮齿形状为不对称形，常用的是锯齿形和直边三角形。单向式棘轮机构可分为外啮合棘轮机构（如图 6-1 所示）和内啮合棘轮机构（如图 6-3 所示）。

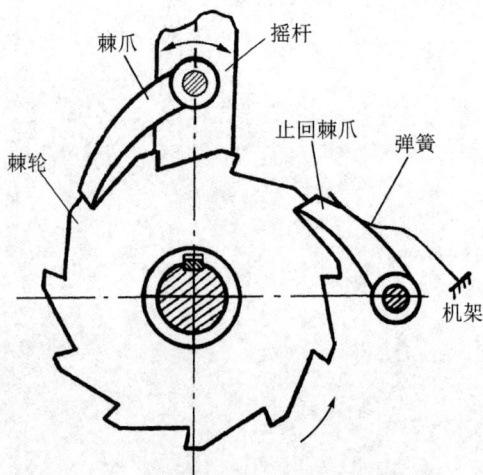

图 6-1　单向式（外啮合）棘轮机构

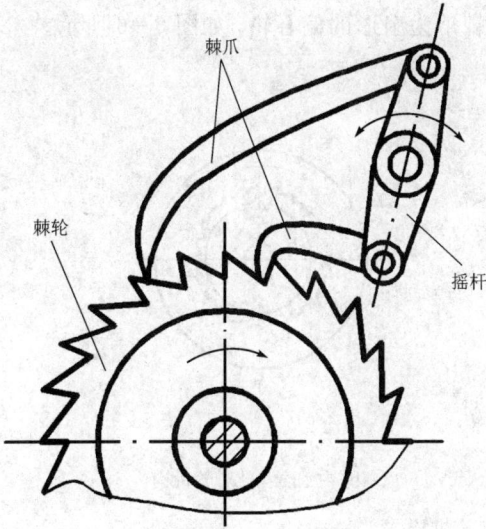

图 6-2　双动式棘轮机构

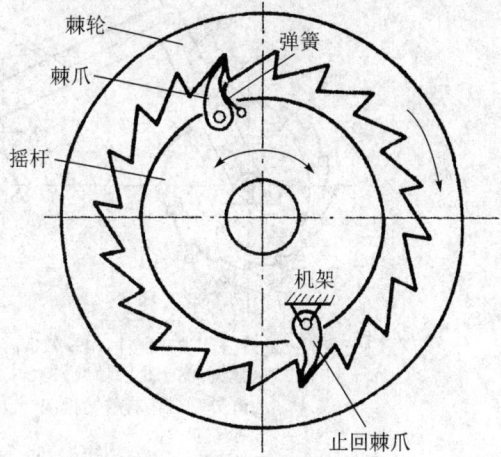

图 6-3　内啮合棘轮机构

2. 双向式棘轮机构

当棘轮齿制成方形时，则可成为图 6-4(a)所示的可变向棘轮机构。图 6-4(b)为另一种可变向棘轮机构，当棘爪提起并绕自身轴线转 180°后再放下，则可依靠棘爪端部结构两面不同的特点，实现棘轮沿相反方向单向间歇转动。

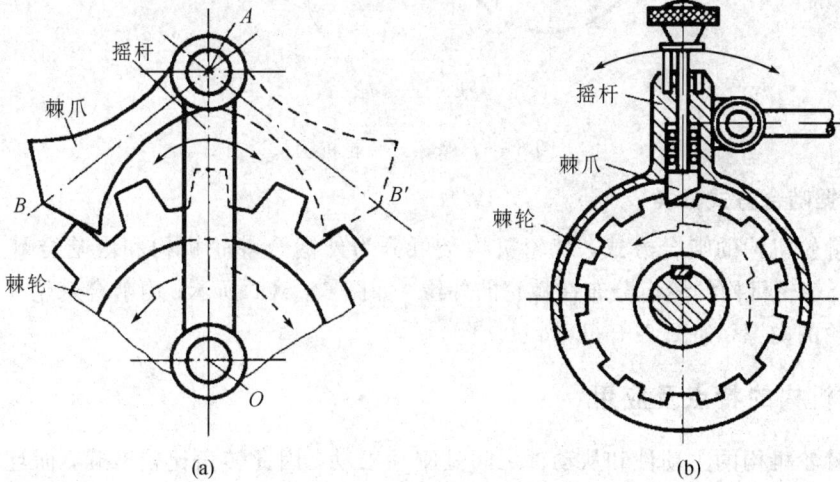

(a)

(b)

图 6-4　可变向棘轮机构

二、棘轮机构的类型

1. 根据结构特点分类

根据棘轮机构的结构特点，棘轮机构可分为齿式棘轮机构和摩擦式棘轮机构。在齿式棘轮机构中，棘轮外缘或内缘上具有刚性轮齿，依靠棘爪与棘轮齿间的啮合传递运动，如图6-5所示。摩擦式棘轮机构采用没有棘齿的棘轮，棘爪为扇形的偏心轮，如图6-6所示。

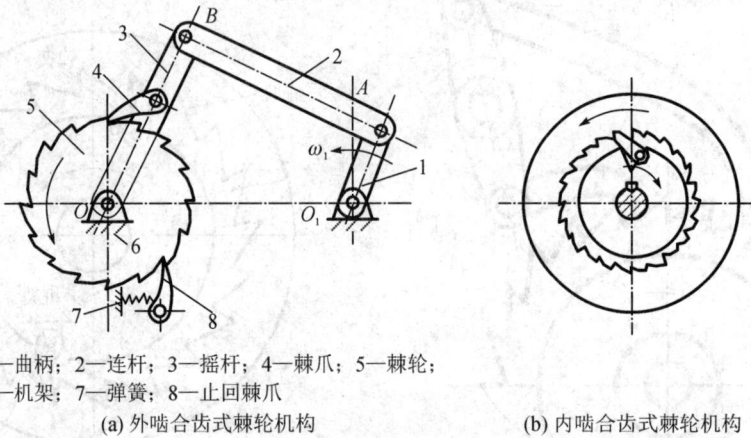

1—曲柄；2—连杆；3—摇杆；4—棘爪；5—棘轮；
6—机架；7—弹簧；8—止回棘爪

(a) 外啮合齿式棘轮机构　　　　　　　　　(b) 内啮合齿式棘轮机构

图6-5　齿式棘轮机构

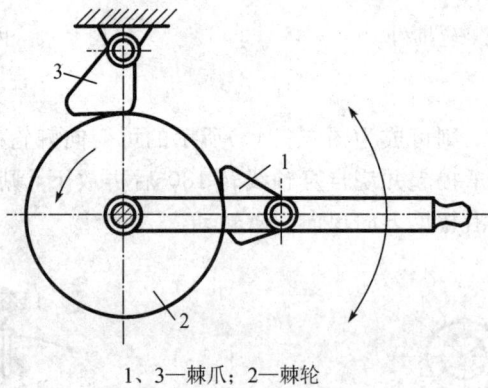

1、3—棘爪；2—棘轮

图6-6　摩擦式棘轮机构

2. 根据啮合方式分类

根据棘轮机构的啮合方式，棘轮机构又可分为外啮合棘轮机构和内啮合棘轮机构两种。外啮合棘轮机构的轮齿分布在棘轮的外缘，如图6-5(a)所示；内啮合棘轮机构的轮齿分布在棘轮的内缘，如图6-5(b)所示。

三、棘轮机构的特点及应用

齿式棘轮机构的主动件和从动件之间是刚性推动，因此转角比较准确，而且转角大小可以调整，棘轮和棘爪的主、从动关系可以互换，但是刚性推动将产生较大的冲击力，而且棘轮是从静止状态突然增速到与主动摇杆同步，也将产生刚性冲击，因此齿式棘轮机构一般只适用于低速、轻载的场合，例如工件或刀具的转位、工作台的间歇送进等，棘爪在棘齿齿背上滑过时，在弹簧力作用下将一次次地打击棘齿根部，发出噪声。

摩擦式棘轮机构的结构十分简单，工作起来没有噪声（因此有时也称为"无声棘轮"）；棘轮的转角可调，主动与从动的关系也可以互换。但是由于是利用摩擦力楔紧之后传动，因此从动件的转角准确程度较差，通常只适用于低速、轻载场合。

除上述棘轮机构以外，图 6-7 所示的单向离合器也是棘轮机构的一个典型的应用。当主动爪轮逆时针回转时，滚柱借摩擦力而滚向空隙的收缩部分，并将套筒楔紧，使其随爪轮一同回转；而当爪轮顺时针回转时，滚柱即被滚到空隙的宽敞部分，而将套筒松开，这时套筒静止不动。利用此种机构，当主动爪轮以任意角速度反复转动时，可使从动的套筒获得任意大小转角的单向间歇转动，故此种机构可用作单向离合器和超越离合器。超越离合器是指能实现超越运动（即从动件的速度可以超过主动件）的离合器。多数棘轮机构都可以用作超越离合器。图 6-8 所示为自行车后轴上的飞轮结构，这是一种典型的超越机构。

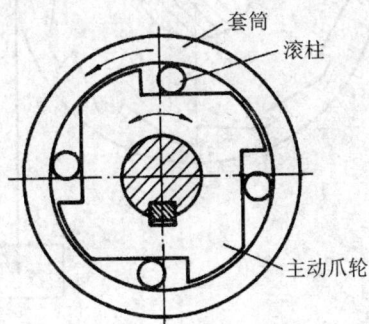

图 6-7　单向离合器

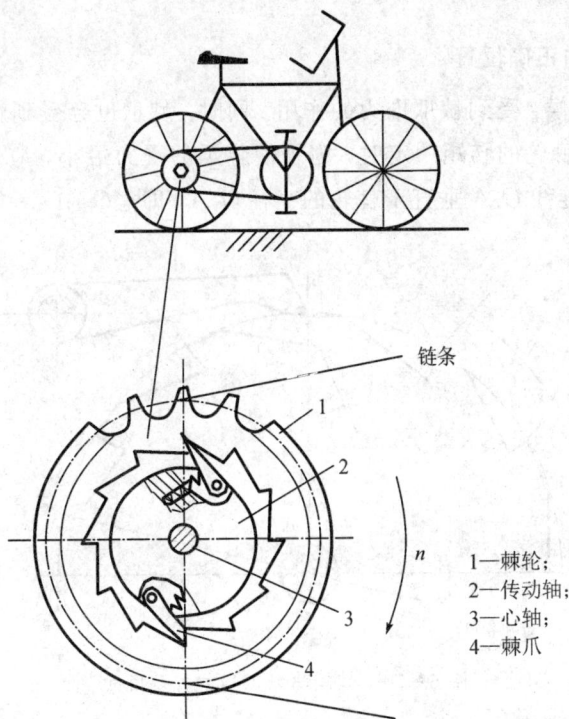

1—棘轮；
2—传动轴；
3—心轴；
4—棘爪

图 6-8　自行车后轴上的飞轮超越机构

棘轮机构还可以起到制动的作用。在一些起重设备或牵引设备中，经常用棘轮机构作为制动器，以防止机构的逆转。图 6-9 所示为起重机的棘轮制动器。

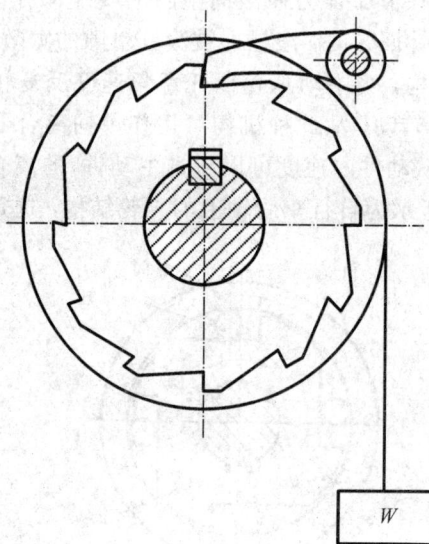

图 6-9　棘轮停止器

四、棘轮与棘爪的位置关系

1. 棘轮与棘爪的正确位置

棘轮在工作的时候，受到棘爪推力的作用。同时，棘爪也会受到棘轮反作用力的作用。如图 6-10 所示，当棘轮的转矩一定时，为了使棘爪的受力最小，应使棘轮的齿顶 A 与棘爪的转动中心 O_2 的连线 O_2A 垂直于棘轮的半径 O_1A，即 $\angle O_2AO_1 = 90°$。

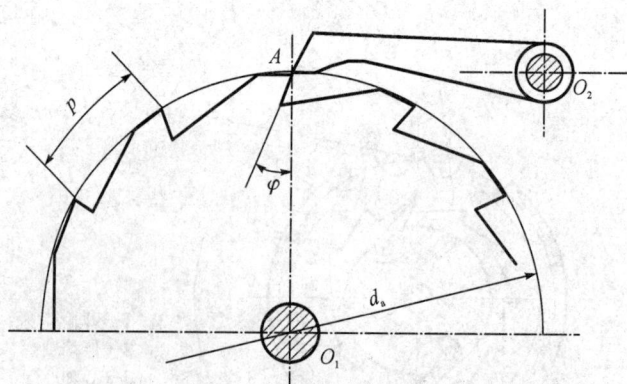

图 6-10　棘轮与棘爪的位置及尺寸

2. 棘轮的齿面偏斜角

如图 6-10 所示，棘轮轮齿的工作面相对于棘轮半径 O_1A 朝齿体内部偏斜了一个角度，这个角称为棘轮的齿面偏斜角，用 φ 表示。

为了保证机构的正常工作，必须使棘爪能够顺利地进入齿面，而不致与轮齿脱开。因此，经过推导可以得出如下结论：

$$\varphi > \rho \qquad (6-1)$$

式中：ρ 为轮齿与棘爪之间的摩擦角。摩擦角 ρ 可以由棘轮轮齿与棘爪之间的摩擦系数 f 求出：

$$\rho = \arctan f \qquad (6-2)$$

为可靠起见，一般取棘轮的齿面偏斜角 $\varphi \approx 20°$。

单动式棘轮机构棘轮每次转过的角度 δ 为

$$\delta = \frac{360°k}{z} \qquad (6-3)$$

式中：z 为棘轮的齿数；k 为棘爪一次推过的齿数。

五、主要参数及几何尺寸计算

1. 棘轮的齿数

棘轮的齿数 z 是根据具体的工作要求选定的。轻载时齿数可取多些，载荷较大时可取少些。一般来说，为了避免机构尺寸过大，又能使齿轮具有一定的强度，棘轮的齿数不宜过多，通常取 $z = 8 \sim 30$。

2. 齿距

在棘轮齿顶圆的圆周上，相邻两个齿对应点之间的弧长称为棘轮的齿距，用 p 表示，如图 6-11 所示。

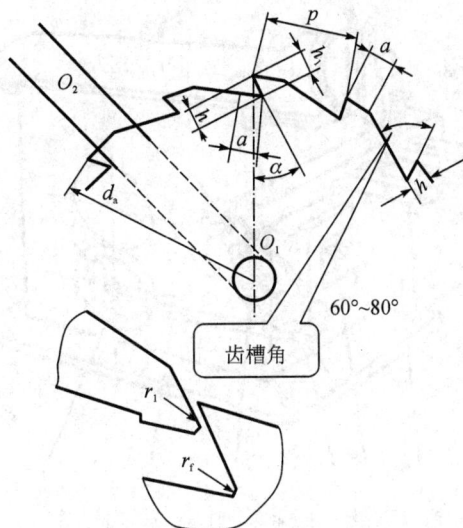

图 6-11 棘轮的几何尺寸

3. 棘轮几何尺寸的计算公式

以图 6-11 所示棘轮机构为例，其几何尺寸的计算公式见表 6-1。

表 6-1　棘轮几何尺寸计算

棘轮参数	计算公式或取值
齿数 z	$12\sim25$
模数 m	1、1.5、2、2.5、3、3.5、4、5、6、8、10
顶圆直径 d_a	$d_a = mz$
齿间距 p	$p = \pi m$
齿高 h	$h = 0.75m$
齿顶弦长 a	$a = m$
齿偏角 α	$\alpha = 20°$
棘轮宽 b	$b = (1\sim4)m$
棘轮齿根圆角半径 r_f	$r_f = 1.5$ mm

六、棘轮机构在牛头刨床工作台横向进给机构的应用

牛头刨床工作台横向进给机构采用的是棘轮机构。图 6-12 所示为牛头刨床上用于控制工作台横向进给的齿式棘轮机构。当主动曲柄 1 转动时，摇杆 2 做往复摆动，通过棘爪使棘轮做单向间歇运动，从而带动工作台 6 做横向进给运动。

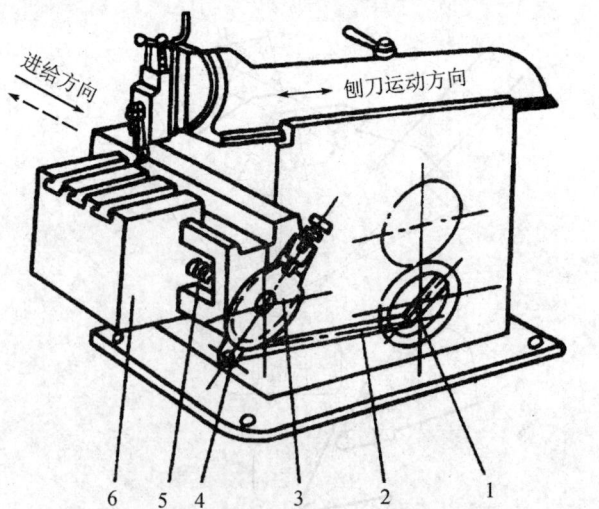

1—曲柄；2、4—摇杆；3—棘轮、棘爪；5—横向丝杠；6—工作台

图 6-12　牛头刨床工作台的结构

【**例 6-1**】　某牛头刨床如图 6-12 所示，其工作台采用一棘轮丝杠串联机构实现自动进给，已知丝杠（单头）的导程 $S=16$ mm，要求机床的进给量 $l=0.2\sim2$ mm。试求：（1）棘轮齿数 z、棘轮最小转角 δ_{min} 和最大转角 δ_{max}；（2）当进给量为 0.8 mm 时，应调整遮板遮住多少个棘齿？

解　（1）由于棘轮与丝杠是联动的，所以棘轮与丝杠的转动角度是相同的。当丝杠的进给量 $l_{min}=0.2$ mm 时，应转过的角度 δ_{min} 可由螺旋传动公式求得：

$$\delta_{min}=\frac{2\pi l}{S}=\frac{2\pi\times0.2}{16}=\frac{\pi}{40}=4.5°$$

转动 4.5°也就是棘轮推过一个齿，由式（6-3）得棘轮齿数为

$$z=\frac{360°}{\delta_{min}}=\frac{360°}{4.5°}=80$$

当丝杠的进给量 $l_{max}=2$ mm 时，应转过的角度为

$$\delta_{max}=\frac{2\pi l}{S}=\frac{2\pi\times2}{16}=\frac{\pi}{4}=45°$$

应被推过的齿数为

$$k_{max}=\frac{z\delta_{max}}{360°}=\frac{80\times45°}{360°}=10$$

（2）当进给量 $l=0.8$ mm 时，应转过的角度 δ 为

$$\delta=\frac{2\pi l}{S}=\frac{2\pi\times0.8}{16}=\frac{\pi}{10}=18°$$

应被推过的齿数为

$$k=\frac{z\delta}{360°}=\frac{80\times18°}{360°}=4$$

调整遮板遮住的齿数 z' 为

$$z'=k_{max}-k=10-4=6$$

第二节　槽 轮 机 构

一、槽轮机构的组成和工作原理

　　槽轮机构通常由拨盘 1（主动件）、槽轮 2（从动件）、机架 3 等组成，如图 6-13 所示。

　　如图 6-13 所示，拨盘 1 以等角速度 ω_1 作连续回转，当拨盘上的圆柱销 A 没有进入槽轮径向槽时，槽轮的内凹锁止弧面被拨盘上的外凸锁止弧面卡住，槽轮 2 静止不动。当圆柱销 A 进入槽轮径向槽时，锁止弧面被松开，圆柱销驱动槽轮 2 转动。当拨盘上的圆柱销离开径向槽时，下一个锁止弧面又被卡住，槽轮又静止不动。所以槽轮机构是将主动件的连续转动转换为从动槽轮的间歇转动。

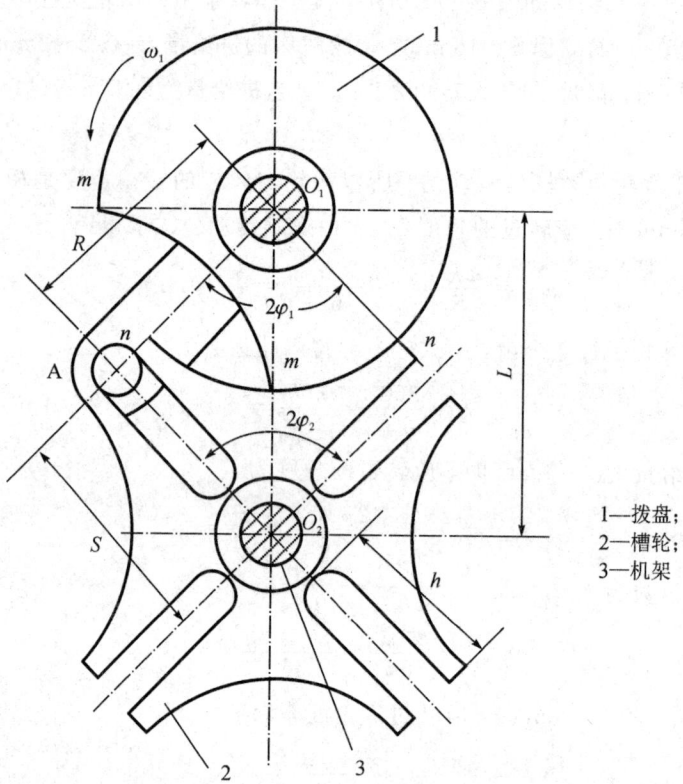

图 6 - 13　单圆柱销外啮合槽轮机构

二、槽轮机构的类型及特点

　　根据啮合的情况，槽轮机构可分为外啮合和内啮合两种类型。在图 6 - 13 所示的外啮合槽轮机构中，主动件的转动方向与从动件的转动方向相反。在图 6 - 14 所示的内啮合槽轮机构中，两个构件的转动方向相同，而且内啮合槽轮机构的结构比较紧凑。

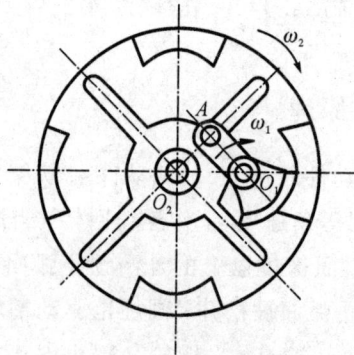

图 6 - 14　内啮合槽轮机构

　　圆柱销可以是一个，也可以是多个。根据圆柱销数，槽轮机构可分为单圆柱销槽轮机构和双圆柱销槽轮机构。在单圆柱销槽轮机构中，拨盘转动一周，槽轮转动一次，如图6-13所示。如果有多个圆柱销，拨盘转动一周，则槽轮转动多次。图6-15所示为双圆柱销外啮合槽轮机构，在这种机构中，拨盘1转动一周，槽轮转动两次。

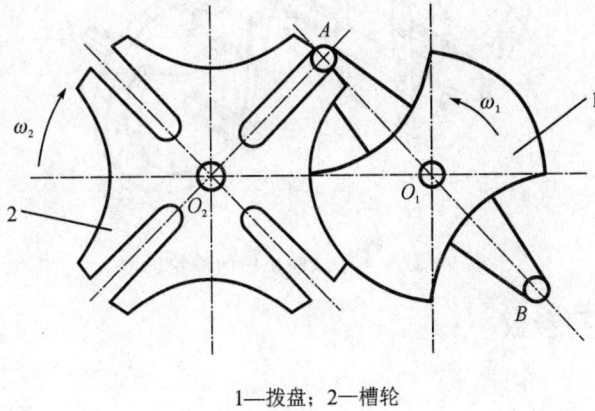

1—拨盘；2—槽轮

图6-15　双圆柱销外啮合槽轮机构

　　按槽轮机构中两轴线之间的相对位置，可分为图6-16(a)所示的平面槽轮和图6-16(b)所示的空间槽轮。

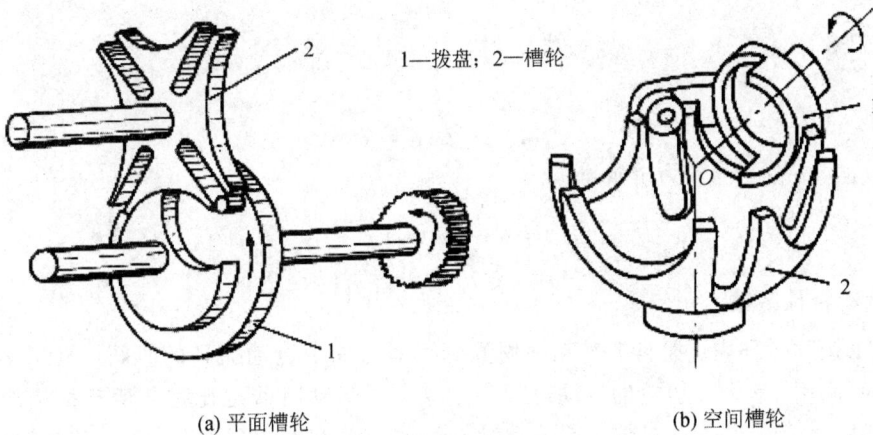

1—拨盘；2—槽轮

(a) 平面槽轮　　　　　　　　　　　　　(b) 空间槽轮

图6-16　平面槽轮与空间槽轮

　　槽轮机构结构简单、工作可靠、机械效率高，能较平稳、间歇地进行转位，但因圆柱销突然进入与脱离径向槽，传动存在柔性冲击，因此不适用于高速场合。此外，槽轮机构的转角不能调节，只能用于定转角的间歇运动机构中。

　　图6-17为槽轮机构在电影放映机中送片机构上的应用。

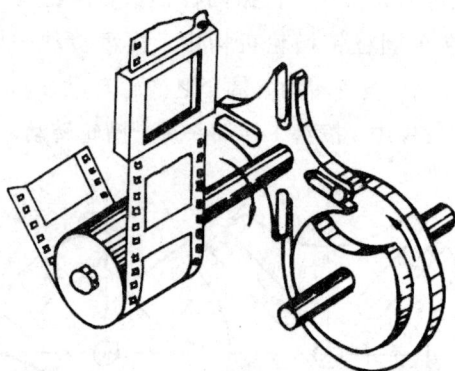

图 6-17　电影放映机中的槽轮机构

三、槽轮机构的主要参数

1. 转角

在槽轮机构中,当圆柱销开始进入槽轮的径向槽时,槽轮开始转动。而当圆柱销从槽轮的径向槽中脱出时,槽轮终止转动。在图 6-13 所示的外啮合槽轮机构中,为了避免圆柱销与槽轮的径向槽发生撞击,槽轮 2 在开始和终止运动时的瞬时角速度为 0。

设 z 为槽轮的径向槽数,由图 6-13 可知,槽轮转动一次所转过的转角 $2\varphi_2$ 可以表示为

$$2\varphi_2 = \frac{2\pi}{z} \tag{6-4}$$

并且有

$$2\varphi_1 + 2\varphi_2 = \pi \tag{6-5}$$

由式(6-4)和式(6-5)可得

$$2\varphi_1 = \pi - 2\varphi_2 = \pi - \frac{2\pi}{z} \tag{6-6}$$

2. 运动特性系数

在一个运动循环内,拨盘 1 转动一周的时间即为一个运动循环的时间,用 T 表示;槽轮运动的时间用 t 表示。槽轮的运动时间与拨盘 1 的运动时间之比称为槽轮机构的运动特性系数,用 τ 表示。当拨盘 1 作等速转动时,这个时间之比也可以用转角之比来表示。对于单圆柱销的槽轮机构来说,T 和 t 分别对应于拨盘 1 转过的角度 2π 和 $2\varphi_1$。因此,槽轮机构的运动特性系数为

$$\tau = \frac{t}{T} = \frac{2\varphi_1}{2\pi} = \frac{z-2}{2z} \tag{6-7}$$

如果 $\tau = 0$,则表示槽轮始终静止不动;如果 $\tau = 1$,则表示槽轮 2 与拨盘 1 一样作连续转动,不能实现间歇运动。对于单圆柱销的槽轮机构,由式(6-7)可得出

$$\tau = \frac{1}{2} - \frac{1}{z} < \frac{1}{2} \tag{6-8}$$

3. 槽轮的槽数

槽轮上的径向槽是均匀分布的。由式(6-7)可知

$$\tau = \frac{z-2}{2z} > 0 \tag{6-9}$$

由于实现间歇运动必须 $\tau > 0$，故由上式可知径向槽数最少等于3。

4. 圆柱销数

如果在拨盘1上均匀地安装多个圆柱销，则可使槽轮机构的运动特性系数 $\tau > 0.5$。设均匀分布的圆柱销数目为 k，则运动特性系数由式(6-7)改写为

$$\tau = \frac{k(z-2)}{2z} \tag{6-10}$$

由于 $\tau < 1$，由式(6-10)经推导可得

$$k < \frac{2z}{z-2} \tag{6-11}$$

由上式可知：当 $z=3$ 时，圆销的数目可为 $1 \sim 5$；当 $z=4$ 或 5 时，圆销的数目可为 $1 \sim 3$；而当 $z \geqslant 6$ 时，圆销的数目可为 $1 \sim 2$。一般情况下 $z=4 \sim 8$。

5. 几何尺寸

槽轮的槽数 z 和圆柱销数 k 是由具体的工作要求确定的，而槽轮机构的中心距 a 和圆柱销的半径则是根据受载情况和实际机器所允许的空间尺寸的大小来确定的。其他几何尺寸可由几何关系或经验公式求得，需要时可查阅有关文献。

四、槽轮机构在六角车床上的应用

图6-18为槽轮机构在六角车床上的应用。当拨盘1转动时，圆柱凸轮6跟着一起转动，推动从动件(定位销4)沿槽轮轴线方向移动，定位销4和转塔刀架5脱离时，拨盘上的圆柱销2进入槽轮径向槽，拨盘带动槽轮转动60°，使得转塔刀架上下一个工位上的刀具进入工作位置。刀架的进给是由进给凸轮7带动扇形齿轮摆动，再通过齿轮齿条机构带动工作台进给。

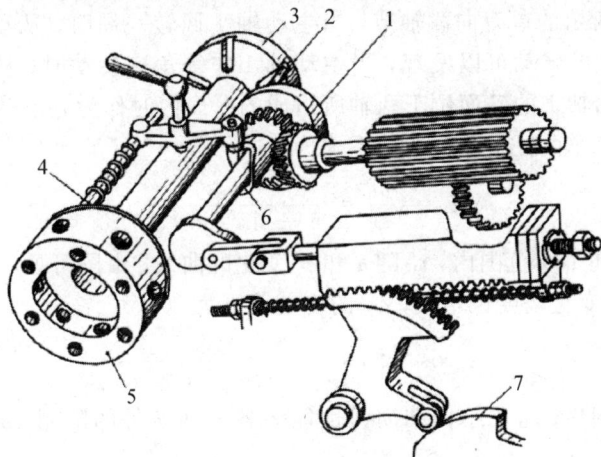

1—拨盘；2—圆柱销；3—槽轮；4—定位销；5—转塔刀架；6—圆柱凸轮；7—进给凸轮

图6-18　六角车床上的槽轮机构

第三节　其他间歇运动机构

一、万向联轴节

1. 万向联轴节的分类

万向联轴节分单万向联轴节和双万向联轴节。

1）单万向联轴节

图 6 - 19 所示的万向联轴节实际上是一个空间四铰链连杆机构。轴 1 和轴 2 相交成 α 角，分别以普通圆柱面转动副 A 和 D 与机架 4 相铰接。

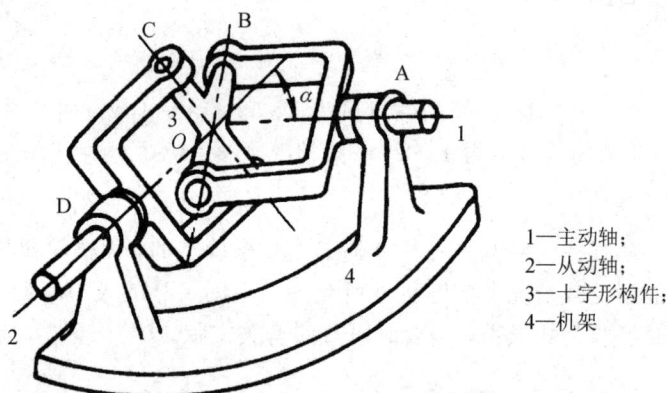

1—主动轴；
2—从动轴；
3—十字形构件；
4—机架

图 6 - 19　单万向联轴节

轴 1 和轴 2 的端部各装有叉形接头，分别以圆锥面转动副 B 和 C 与中间十字形构件 3 相铰接。B 和 C 的圆锥面中心线相交于十字形构件 3 的中点 O，该中点也是轴 1 和轴 2 的交点。

对于图 6 - 19 所示的单万向联轴节，当主动轴 1 回转一周时，从动轴 2 也随之回转一周。但仔细观察两轴的转动可以发现，当主动轴 1 作等角速转动时，从动轴 2 作变角速度的转动。如果以主动轴 1 的叉面位于两轴所组成的平面内时作为它的转角 φ_1 的度量起始位置（此时 $\varphi_1 = 0$），则两轴角速比 i_{12} 的关系式为

$$i_{12} = \frac{\omega_1}{\omega_2} = \frac{\cos\alpha}{1 - \sin^2\alpha\cos^2\varphi_1} \qquad (6 - 12)$$

图 6 - 20 为 φ_1 在 180° 范围内，i_{12} 随 α 和 φ_1 变化的曲线。由图可见，两轴夹角 α 越大，角速比或角速度 ω_2 的变化幅度也增大，ω_2 的变动范围为

$$\omega_1\cos\alpha < \omega_2 < \frac{\cos\alpha}{1 - \sin^2\alpha\cos^2\varphi_1}$$

因此在实际使用中，考虑结构和动力性能等各方面条件的限制，α 值及其变化范围一般不超过 $35° \sim 45°$。

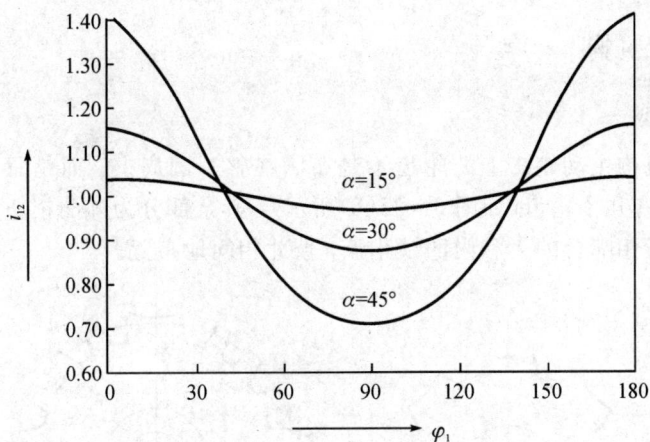

图 6-20　单万向联轴节角速比变化曲线

2）双万向联轴节

为了消除上述从动轴变速转动的缺点，常将万向铰链机构成对使用，如图 6-21 所示，构成双万向联轴节。为使主动轴和从动轴的角速度始终保持相等，双万向联轴节必须满足以下两个条件：

（1）主动轴 1 与中间轴 2 的夹角必须等于从动轴 3 与中间轴 2 的夹角，即 $\alpha_1 = \alpha_3$；

（2）中间轴 2 两端的叉面应位于同一平面内。

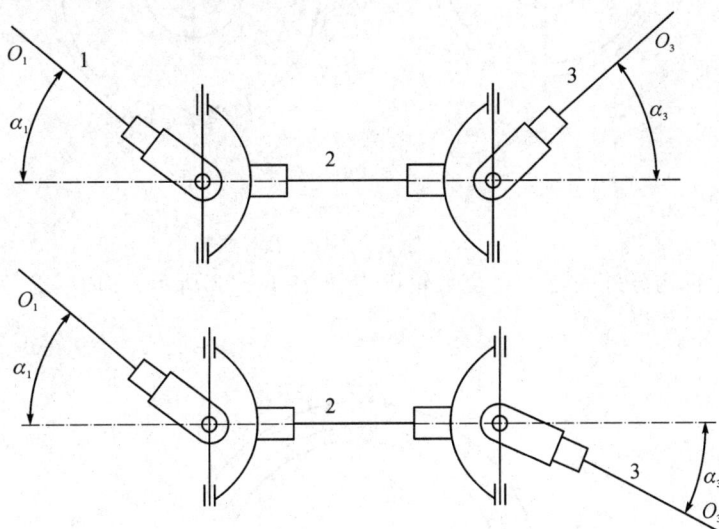

图 6-21　双万向联轴节

2. 万向联轴节的特点及应用

万向联轴节结构紧凑，对制造和安装的精度要求不高，能适应较恶劣的工作条件。从传动方面看，它不仅可以传递两轴间夹角为定值时的转动，而且当轴间的夹角在工作过程中有变化时仍可以继续工作，因此在机械中有着广泛的应用。

万向联轴节在汽车中应用得比较广泛。发动机旋转时带动左万向联轴节，从而驱动传动轴转动，再通过右万向联轴节驱动后桥转动。

二、不完全齿轮机构

1. 组成和类型

不完全齿轮机构主动轮 1 上的轮齿不是布满在整个圆周上，而是只有一个轮齿（如图 6-22(a)所示）或者几个轮齿（如图 6-22(b)所示），其余部分为外凸锁止弧；从动轮 2 上加工出与主动轮轮齿相啮合的齿和内凹锁止弧，彼此相间地布置。

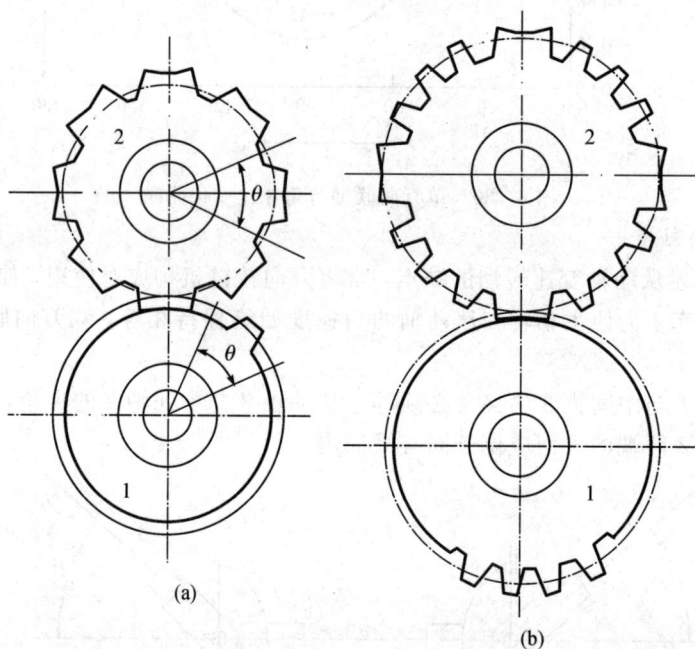

(a)

(b)

图 6-22　外啮合不完全齿轮机构

不完全齿轮机构分外啮合不完全齿轮机构（如图 6-22 所示）和内啮合不完全齿轮机构（如图 6-23 所示）。

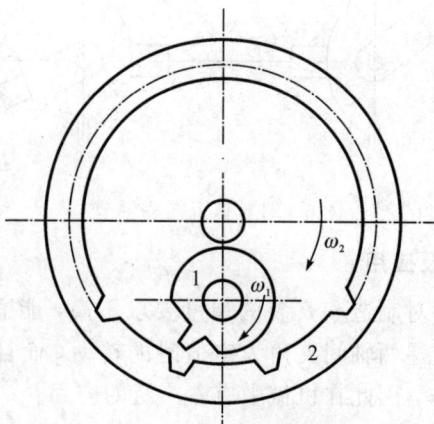

图 6-23　内啮合不完全齿轮机构

2. 工作原理、特点及应用

在图 6-22 所示的外啮合不完全齿轮机构中，两个齿轮均作回转运动。当主动轮 1 上的轮齿与从动轮 2 的轮齿啮合时，驱动从动轮 2 转动；当主动轮 1 的外凸锁止弧与从动轮 2 的内凹锁止弧接触时，从动轮 2 停止不动。

不完全齿轮机构的优点是设计灵活，从动轮的运动角范围大，很容易实现在一个周期内的多次动、停时间不等的间歇运动。如图 6-22(a) 所示，在主动轮连续转动一周的过程中，从动轮间歇地转过 1/8 周。也就是说，从动轮要停歇 8 次，才能完成一周的转动。在图 6-22(b) 所示的机构中，也存在着类似的运动特点。

不完全齿轮机构结构简单，制造方便。当主动轮匀速转动时，从动轮在运动期间也能保持匀速转动。但是，在进入和脱离啮合时速度有突变，会引起刚性冲击，因此，不完全齿轮机构一般用于低速、轻载的场合，适用于一些具有特殊运动要求的专用机械，如乒乓球拍周缘铣削加工机床、蜂窝煤饼压制机等。

思　考　题

6-1　常见的棘轮机构有哪几种形式？各有什么特点？

6-2　在槽轮机构中，为什么要在拨盘上设置外凸圆弧？

6-3　什么是槽轮机构的运动特性系数？

6-4　棘轮机构、槽轮机构和不完全齿轮机构都是常用的间歇运动机构，它们各具有哪些优缺点？各适用于什么场合？

6-5　有一外啮合槽轮机构，已知槽轮的槽数 $z=5$，拨盘的圆柱销数 $k=1$，转速 $n_1=60$ r/min。求槽轮的运动时间和静止时间。

6-6　在六角车床上六角刀架的转位装置中，采用外啮合槽轮机构作为刀架的转位机构。已知槽轮的槽数 $z=6$，运动时间是静止时间的两倍，试求：

(1) 槽轮的运动特性系数；

(2) 圆柱销数 k。

第七章　轮　　系

前面我们已经讨论了一对齿轮传动及蜗杆传动的应用和设计问题,然而实际中现代机械传动其运动形式往往很复杂。当主动轴与从动轴的距离较远,或要求较大传动比,或要求在传动过程中实现变速和变向等时,仅用一对齿轮传动或蜗杆传动往往是不够的,而需要采用一系列相互啮合的齿轮组成的传动系统将主动轴的运动传给从动轴。这种由一系列相互啮合的齿轮(包括蜗杆、蜗轮)组成的传动系统称为齿轮系,简称轮系。本章重点讨论各种类型齿轮系传动比的计算方法,并简要分析各齿轮系的功能和应用。

第一节　轮系的分类及应用

一、轮系的分类

组成轮系的齿轮可以是圆柱齿轮、圆锥齿轮或蜗杆蜗轮。如果全部齿轮的轴线都互相平行,这样的轮系称为平面轮系;如果轮系中各轮的轴线并不都是相互平行的,则称为空间轮系。通常根据轮系运动时各个齿轮的轴线在空间的位置是否都是固定的,将轮系分为两大类:定轴轮系和周转轮系。图 7-1 所示为平面定轴轮系。

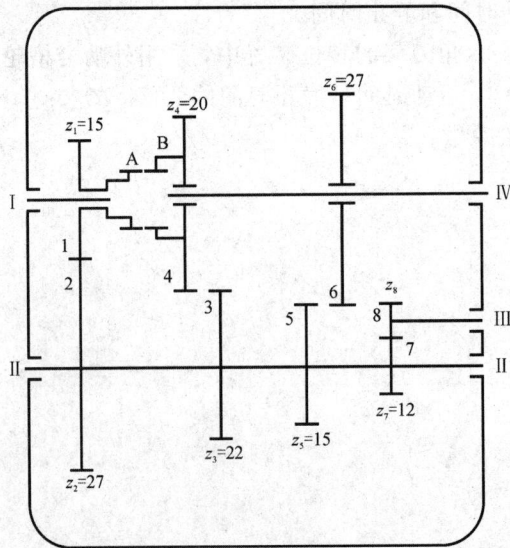

图 7-1　平面定轴轮系

1. 定轴轮系

在传动时所有齿轮的回转轴线固定不变的轮系称为定轴轮系。定轴轮系是最基本的轮系，应用很广。

由轴线互相平行的圆柱齿轮组成的定轴齿轮系称为平面定轴轮系，如图7-2所示。

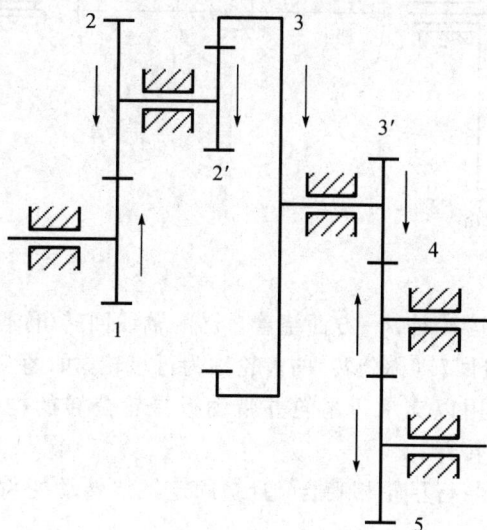

图7-2 平面定轴轮系

包含圆锥齿轮、螺旋齿轮、蜗杆、蜗轮等空间齿轮的定轴轮系称为空间定轴轮系，如图7-3所示。

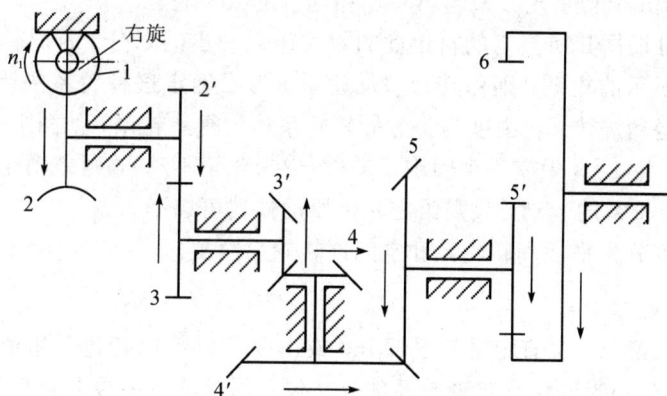

图7-3 空间定轴轮系

2. 周转轮系

轮系在运动过程中，若有一个或一个以上的齿轮除绕自身轴线自转外，其轴线又绕另一个齿轮的固定轴线转动，则称为周转轮系，也叫动轴轮系，如图7-4所示。

周转轮系中齿轮2的轴线不固定，它一方面绕着自身的几何轴线 O_2 旋转，同时 O_2 轴线又随构件 H 绕轴线 O_H 公转。分析周转轮系的结构组成，可知它由下列几种构件组成：

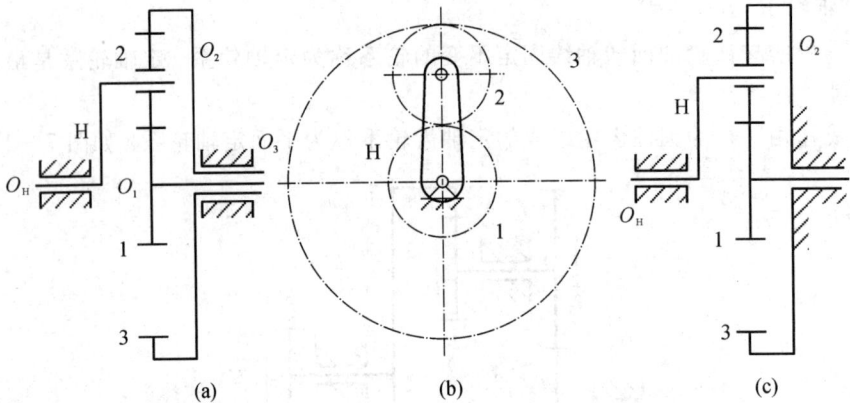

图 7-4　周转轮系

（1）行星轮：当轮系运转时，一方面绕着自己的轴线回转（称自转），另一方面其轴线又绕着另一齿轮的固定轴线回转（称公转）的齿轮称为行星轮，如图 7-4 中的齿轮 2。

（2）行星架：轮系中用以支承行星轮并带动行星轮公转的构件，如图 7-4 中的构件H，该构件又称为系杆或转臂。

（3）中心轮：轮系中与行星轮相啮合，且绕固定轴线转动的齿轮，如图 7-4 中的齿轮1、3。中心轮又称太阳轮。

周转轮系中，由于一般都以中心轮和系杆作为运动的输入和输出构件，并且它们的轴线重合且相对于机架其位置固定不动，因此常称它们为周转轮系的基本构件。基本构件是围绕着同一固定轴线回转并承受外力矩的构件。由上述可知，一个周转轮系必定具有一个系杆，具有一个或几个行星轮以及与行星轮相啮合的太阳轮。

周转轮系还可根据其所具有的自由度的数目作进一步的划分。若周转轮系的自由度为2，如图 7-4(b)所示的轮系，则称其为差动轮系。为了确定这种轮系的运动，需要给定两个构件以独立的运动规律。自由度为 1 的周转轮系称为行星轮系，如图 7-4(c)所示。这种轮系中，两个中心轮 1、3 中有一个固定不动（图中为 3 轮不动），则差动轮系就变成了行星轮系。为确定行星轮系的运动，只需给定一个原动件就可以了。

周转轮系也可分为平面周转轮系和空间周转轮系两类。

3. 混合轮系

既有周转轮系部分，又有定轴轮系部分，或由两个以上周转轮系组成的复杂轮系称为混合轮系。图 7-5(a)为既包含定轴轮系部分又包含周转轮系的混合轮系；图 7-5(b)为由两部分周转轮系所组成的混合轮系。混合轮系必须包含周转轮系部分。

二、轮系的应用

在机械中，轮系的应用十分广泛，主要有以下几个方面。

1. 实现变速传动

在主动轴转速不变时，利用轮系可以获得多种转速，如汽车、机床等机械中大量运用这种变速传动。

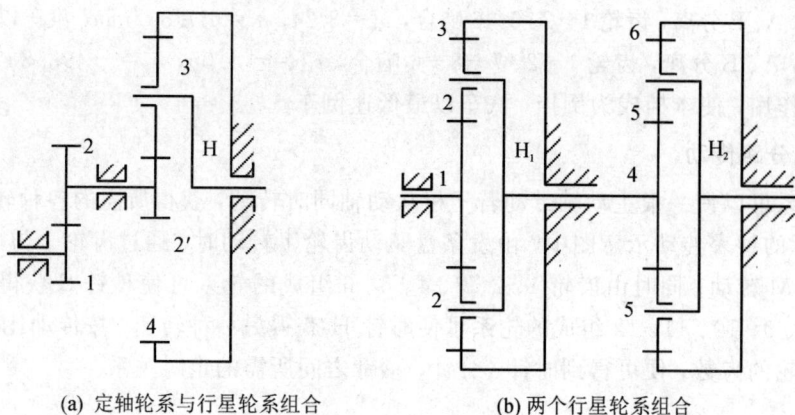

(a) 定轴轮系与行星轮系组合　　　　(b) 两个行星轮系组合

图 7 - 5　混合轮系

图 7 - 6 为某汽车变速器的传动示意图，输入轴 I 与发动机相连，$n_1 = 2000$ r/min，输出轴 IV 与传动轴相连，I、IV 轴之间采用了定轴轮系。当操纵杆变换挡位，分别移动轴 IV 上与内齿圈 B 相固连的齿轮 4 或齿轮 6，使其处于啮合状态时，便可获得四种输出转速，以适应汽车行驶条件的变化。

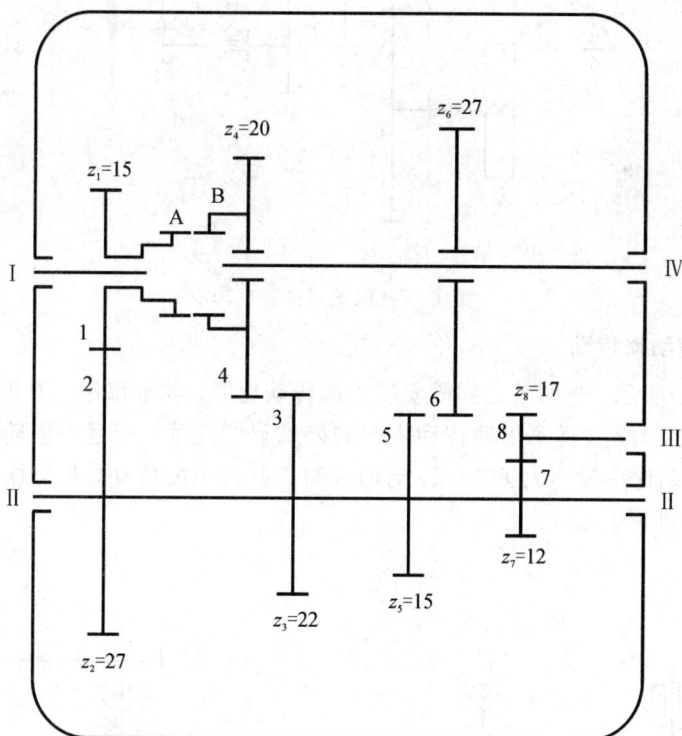

图 7 - 6　汽车变速器传动简图

第 1 挡，A、B 接合，$i_{14} = 1$，$n_4 = n_1 = 2000$ r/min，汽车以最高速行驶；

第 2 挡，A、B 分离，齿轮 1-2、3-4 啮合，$i_{14} = 1.636$，$n_4 = 1222.5$ r/min，汽车以中速行驶（具体传动比计算见第二节）；

第 3 挡，A、B 分离，齿轮 1—2、5—6 啮合，$i_{14}=3.24$，$n_4=617.3$ r/min，汽车以低速行驶；

第 4 挡，A、B 分离，齿轮 1—2、7—8—6 啮合，$i_{14}=-4.05$，$n_4=-493.8$ r/min，这里惰轮起换向作用，使本挡成为倒挡，汽车以最低速倒车。

2. 实现分路传动

利用轮系可以使一根主动轴带动若干根从动轴同时转动，获得所需的各种转速。例如，图 7-7 所示的钟表传动示意图中，由发条盘驱动齿轮 1 转动时，通过齿轮 1 与齿轮 2 的啮合可使分针 M 转动；同时由齿轮 1、2、3、4、5、6 组成的轮系可使秒针 S 获得一种转速；由齿轮 1、2、9、10、11、12 组成的轮系可使时针 H 获得另一种转速。按传动比的计算，如适当选择各轮的齿数，便可得到时针、分针、秒针之间所需的走时关系。

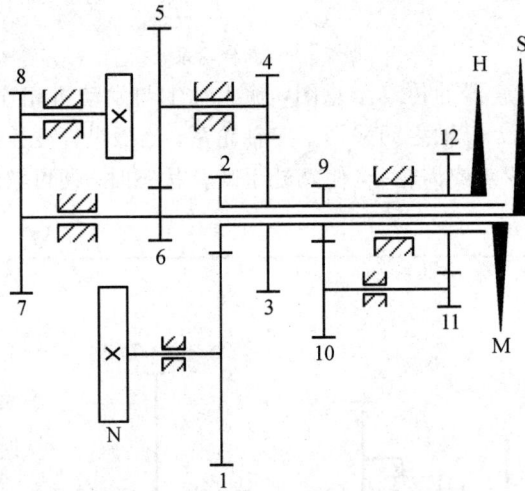

图 7-7　机械式钟表机构

3. 实现大传动比传动

如图 7-8(a)所示，当两轴之间需要较大的传动比时，如果仅用一对齿轮传动，必然使两轮的尺寸相差很大，这样不仅使传动机构的外廓尺寸庞大，而且小齿轮也较易损坏，所以一对齿轮的传动比一般不大于 5～7。当两轴间需要较大的传动比时，往往采用轮系来满足(如图 7-8(b)所示)。

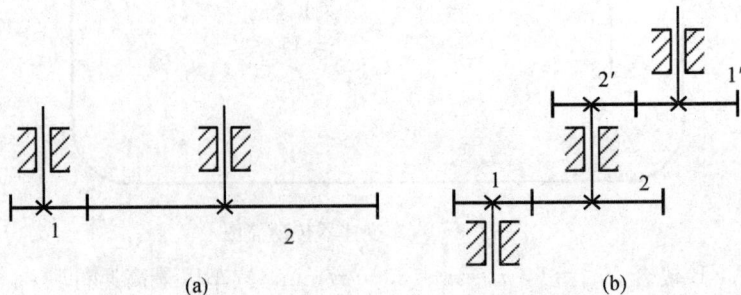

图 7-8　大传动比传动

采用行星轮系,可以在使用的齿轮很少并且结构也很紧凑的条件下,得到很大的传动比,图7-9所示的轮系即是一个很好的例子。图中 $z_1 = 100$,$z_2 = 101$,$z_2' = 100$,$z_3 = 99$,其传动比可达10000。具体计算如下:

$$i_{13}^H = \frac{\omega_1^H}{\omega_3^H} = \frac{\omega_1 - \omega_H}{\omega_3 - \omega_H} = \frac{z_2 z_3}{z_1 z_2'} \tag{7-1}$$

代入已知数据,得

$$\frac{\omega_1 - \omega_H}{0 - \omega_H} = \frac{101 \times 99}{100 \times 100}$$

故

$$i_{H1} = 10000$$

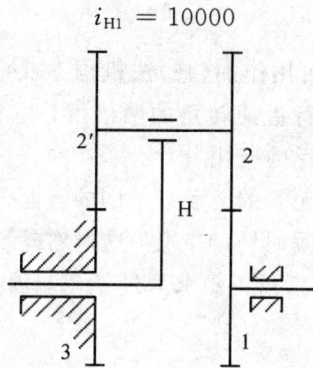

图7-9 大传动比行星轮系

应当指出,这种类型的行星齿轮传动用于减速时,减速比越大,其机械效率越低,因此它一般只适用于作辅助装置的传动机构,不宜传递大功率。如将它用作增速传动,则可能发生自锁。

4. 运动的合成与分解

运动的合成是将两个输入运动合为一个输出运动;分解是将一个输入运动分为两个输出运动。利用差动轮系可以实现运动的分解与合成。

图7-10是汽车后桥的差速器。为避免汽车转弯时后轴两车轮转速差过大造成轮胎磨

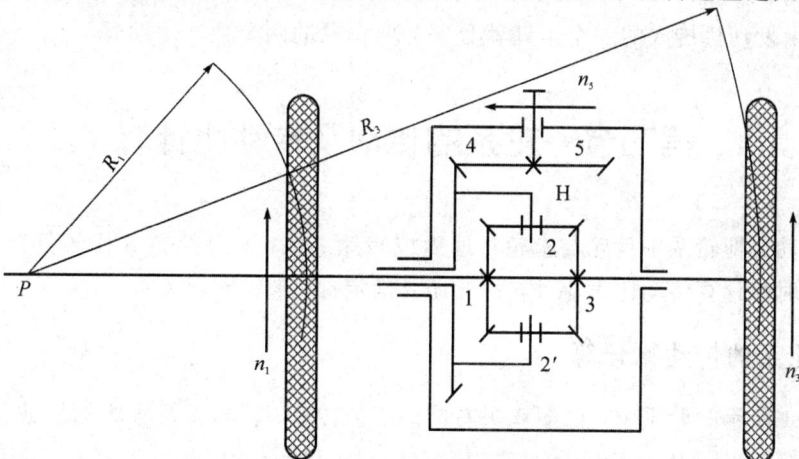

图7-10 汽车后桥的差速器

损严重,特将后轴做成两段,并分别与两车轮固连,而中间用差速器相连。发动机经传动轴驱动齿轮 5,而轮 5 与活套在后轴上的轮 4 为一定轴轮系。齿轮 2 活套在轮 4 侧面突出部分的小轴上,它与两车轮固连的中心轮 1、3 和系杆(轮 4)构成一差动轮系。由此可知,该差速器为一由定轴轮系和差动轮系串联而成的混合轮系。

下面计算两车轮的转速。

$$i_{13}^{H} = \frac{n_1^H}{n_3^H} = \frac{n_1 - n_H}{n_3 - n_H} = -\frac{z_3}{z_1} \tag{7-2}$$

因 $z_1 = z_3$,$n_H = n_4$,故有

$$n_4 = \frac{1}{2}(n_1 + n_3) \tag{7-3}$$

由式(7-3)可知,这种轮系可用作加(减)法机构。如果由齿轮 1 及齿轮 3 的轴分别输入被加数和加数的相应转角,则行星架转角的两倍就是它们的和。这种合成作用在机床、计算机构和补偿装置中得到了广泛的应用。

该差速器可使发动机传到齿轮 5 的运动以不同的转速分别传递给左右两车轮。

当汽车左转弯时,设 P 点是瞬时转动中心,这时右轮要比左轮转得快。因为两轮直径相等,而它们与地面之间又不能打滑,要求为纯滚动,因此两轮的转速与转弯半径成正比,即

$$\frac{n_1}{n_3} = \frac{R_1}{R_3} \tag{7-4}$$

式中,R_1、R_3 为左、右两后轮转弯时的曲率半径。由式(7-4)可知,汽车两后轮的速比关系是一定的,取决于转弯半径。这一约束条件相当于把差动轮系的两个中心轮给封闭了,而使两轮得到确定的运动。

式(7-3)和式(7-4)联立可得

$$n_1 = \frac{2R_1}{R_1 + R_3}n_4 \tag{7-5}$$

$$n_3 = \frac{2R_3}{R_1 + R_3}n_4 \tag{7-6}$$

这样,由发动机传入的一个运动就分解为两车轮的两个独立运动。

第二节　轮系的传动及传动比计算

轮系传动比即轮系中首轮与末轮角速度或转速之比,其计算方式比较复杂。进行轮系传动比计算时除计算传动比大小外,一般还要确定首、末轮转向关系。

一、定轴轮系的传动比计算

图 7-11 所示的轮系中,已知双头右旋蜗杆的转速、转向以及各轮的齿数 z_2、z_2'、z_3、z_3'、z_4。要想求出 n_4 的大小与方向,就需要学习轮系传动的原理及相关计算公式。

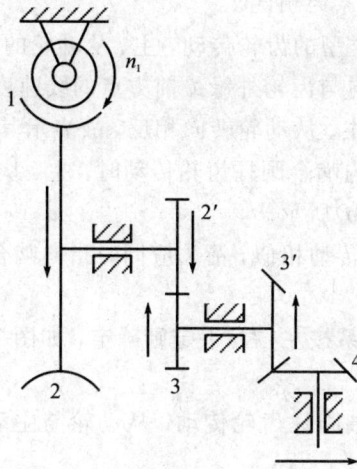

图 7-11　轮系

1. 一对齿轮传动的传动比的计算

一对齿轮传动的主、从动轮转向关系如图 7-12 所示，其中 1 为主动轮，2 为从动轮。

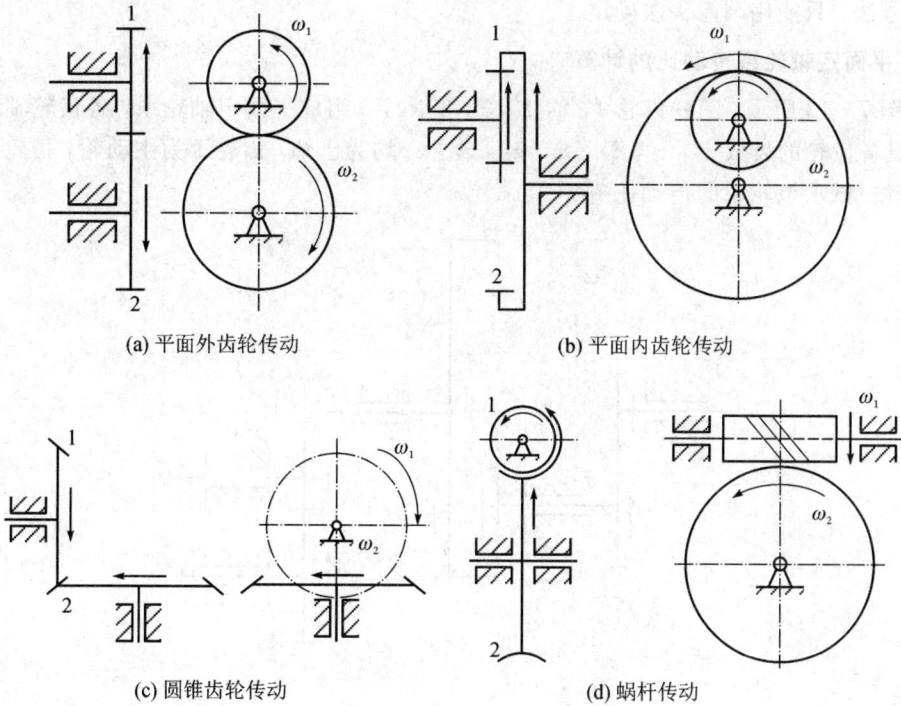

(a) 平面外齿轮传动　　　　　　　　　　(b) 平面内齿轮传动

(c) 圆锥齿轮传动　　　　　　　　　　(d) 蜗杆传动

图 7-12　一对齿轮传动的主、从动轮转向关系

1) 传动比大小

无论是圆柱齿轮、圆锥齿轮还是蜗杆传动，传动比均可用下式表示：

$$i_{12} = \frac{\omega_1}{\omega_2} = \frac{n_1}{n_2} = \frac{z_2}{z_1} \tag{7-7}$$

2) 主、从动轮之间转向关系的确定

(1) 画箭头法。对于各种类型的齿轮传动，主、从动轮的转向关系均可用标注箭头的方法确定。一般约定：箭头的指向与齿轮外缘最前方点的线速度方向一致。

外啮合圆柱齿轮传动时，主、从动轮转向相反，故表示其转向的箭头方向要么相向、要么相背，如图 7 - 12(a)所示；内啮合圆柱齿轮传动时，主、从动轮转向相同，故表示其转向的箭头方向相同，如图 7 - 12(b)所示。

圆锥齿轮传动与圆柱齿轮传动相似，箭头应同时指向啮合点或背离啮合点，如图 7 - 12(c)所示。

蜗杆与蜗轮之间的转向关系按左(右)手定则确定，如图 7 - 12(d) 所示，同样可用画箭头法表示。

(2)"±"号法。对于平行轴圆柱齿轮传动，从动轮与主动轮的转向关系可直接在传动比公式中表示，即

$$i_{12} = \frac{n_1}{n_2} = \pm \frac{z_2}{z_1} \tag{7-8}$$

其中，"+"号表示主、从动轮转向相同，用于内啮合；"-"号表示主、从动轮转向相反，用于外啮合。对于圆锥齿轮传动和蜗杆传动，由于主、从动轮运动不在同一平面内，因此不能用"±"号法，只能用画箭头法确定。

2. 平面定轴轮系传动比的计算

如图 7 - 13 所示，圆柱齿轮 1，2，2′，3，3′，4，5 组成平面定轴轮系，各齿轮轴线互相平行。设各齿轮的齿数 z_1，z_2，$z_{2'}$，z_3，$z_{3'}$，z_4，z_5 均为已知，齿轮 1 为主动轮，齿轮 5 为执行从动轮。试求该轮系的传动比 i_{15}。

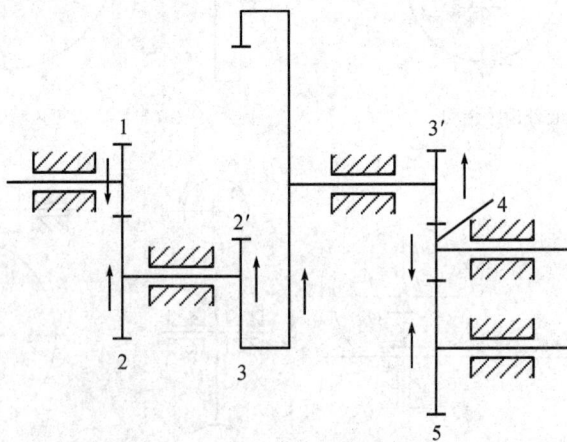

图 7 - 13　平面定轴轮系

各对齿轮传动比为

$$i_{12} = \frac{\omega_1}{\omega_2} = -\frac{z_2}{z_1}, \ i_{2'3} = \frac{\omega_{2'}}{\omega_3} = +\frac{z_3}{z_{2'}}, \ i_{3'4} = \frac{\omega_{3'}}{\omega_4} = -\frac{z_4}{z_{3'}}, \ i_{45} = \frac{\omega_4}{\omega_5} = -\frac{z_5}{z_4} \tag{7-9}$$

将以上各式左右两边按顺序连乘后，可得

$$i_{12}i_{2'3}i_{3'4}i_{45} = \frac{\omega_1\omega_{2'}\omega_{3'}\omega_4}{\omega_2\omega_3\omega_4\omega_5} = (-1)^3\frac{z_2z_3z_4z_5}{z_1z_{2'}z_{3'}z_4}$$

考虑到 $\omega_2 = \omega_{2'}$，$\omega_3 = \omega_{3'}$，于是可得

$$i_{15} = \frac{\omega_1}{\omega_5} = i_{12}i_{2'3}i_{3'4}i_{45} = (-1)^3\frac{z_2z_3z_4z_5}{z_1z_{2'}z_{3'}z_4} = -\frac{z_2z_3z_5}{z_1z_{2'}z_{3'}}$$

上式表明，平面定轴轮系中主动轮与执行从动轮的传动比为各对齿轮传动比的连乘积，其值等于各对齿轮从动轮齿数的乘积与各对齿轮主动轮齿数的乘积之比。上式中计算结果的负号表明齿轮 5 与齿轮 1 的转向相反。

轮系传动比的正负号也可以用画箭头法来确定，如图 7-13 所示。判断的结果也是从动轮 1 与主动轮 5 的转向相反。

在上面的推导中，公式右边分子、分母中的 z_4 互相消去，表明齿轮 4 的齿数不影响传动比的大小。图 7-14 所示的定轴轮系中，运动由齿轮 1 经齿轮 2 传给齿轮 3，总的传动比为

$$i_{13} = \frac{n_1}{n_3} = (-1)^2\frac{z_2z_3}{z_1z_2} = \frac{z_3}{z_1} \tag{7-10}$$

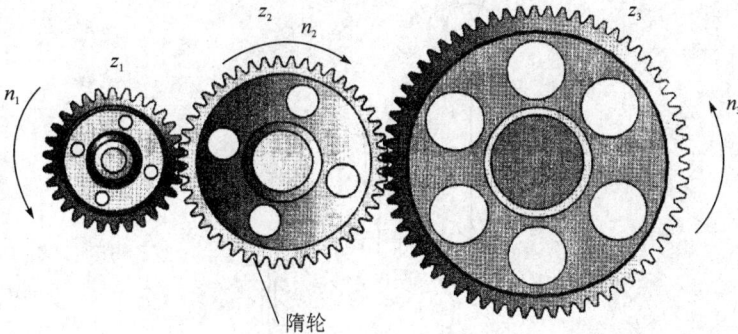

图 7-14　惰轮的应用

可以看出，齿轮 2 既是第一对齿轮的从动轮，又是第二对齿轮的主动轮，对传动比大小没有影响，但使齿轮 1 和齿轮 3 的旋向相同。这种在轮系中起中间过渡作用，不改变传动比大小，只改变从动轮转向也即传动比的正负号的齿轮称为惰轮。

由以上所述可知，一般平面定轴轮系的主动轮 1 与执行从动轮 m 的传动比应为

$$i_{1m} = \frac{\omega_1}{\omega_m} = (-1)^k\frac{z_2z_3\cdots z_m}{z_1z_{2'}z_{3'}\cdots z_{m-1}} = (-1)^k\frac{\text{所有从动轮齿数的连乘积}}{\text{所有主动轮齿数的连乘积}} \tag{7-11}$$

式中，k 表示轮系中外啮合齿轮的对数。当 k 为奇数时传动比为负，表示首、末轮转向相反；当 k 为偶数时传动比为正，表示首、末轮转向相同。

这里首、末轮的相对转向还可以用画箭头法来确定。如图 7-2 所示，若已知首轮 1 的转向，可用标注箭头的方法来确定其他齿轮的转向。

【例 7-1】　如图 7-2 所示定轴轮系，已知 $z_1 = 20$，$z_2 = 30$，$z_{2'} = 20$，$z_3 = 60$，$z_{3'} = 20$，$z_4 = 20$，$z_5 = 30$，$n_1 = 100$ r/min，首轮逆时针方向转动，求末轮的转速和转向。

解　根据定轴轮系传动比公式，并考虑 1 到 5 间有 3 对外啮合，故

$$i_{15} = \frac{n_1}{n_5} = (-1)^3 \frac{z_2 z_3 z_5}{z_1 z_{2'} z_{3'}} = -\frac{30 \times 60 \times 30}{20 \times 20 \times 20} = -6.75$$

末轮 5 的转速为

$$n_5 = \frac{n_1}{i_{15}} = \frac{100}{-6.75} = -14.8 \, (\text{r/min})$$

负号表示末轮 5 的转向与首轮 1 相反，顺时针转动。

3. 空间定轴轮系传动比的计算

空间定轴轮系中除了有圆柱齿轮之外，还有圆锥齿轮、螺旋齿轮、蜗杆蜗轮等空间齿轮。它们的传动比的大小仍可用式(7-11)计算。但在轴线不平行的两传动齿轮的传动比前加上"+"号或"-"号已没有实际意义，所以轮系中每根轴的回转方向应通过画箭头来决定，而不能用 $(-1)^k$ 决定。如图7-3所示的轮系，两轴传动比 i_{16} 的大小仍然用所有从动轮齿数的连乘积和所有主动轮齿数的连乘积的比来表示，各轮的转向如图中箭头所示。

【**例 7-2**】　如图7-15所示的轮系中，已知双头右旋蜗杆的转速 $n=900$ r/min，头数 $z_1=2$，转向如图所示，$z_2=60$，$z_{2'}=25$，$z_3=20$，$z_{3'}=25$，$z_4=20$。求 n_4 的大小与方向。

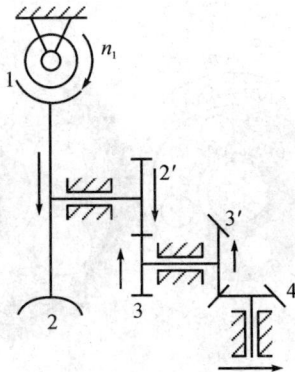

图 7-15　轮系

解　本题属空间定轴轮系，且输出轴和输入轴不平行，故运动方向只能用画箭头的方式来表示。由式(7-11)得

$$i_{14} = \frac{n_1}{n_4} = \frac{z_2 z_3 z_4}{z_1 z_{2'} z_{3'}} = \frac{60 \times 20 \times 20}{2 \times 25 \times 25} = 19.2$$

$$n_4 = \frac{n_1}{i_{14}} = \frac{900}{19.2} = 46.875 \, \text{r/min}$$

输出轴 4 的运动方向如图7-15所示。

二、周转轮系的传动比计算

周转轮系中，由于行星轮既作自转又作公转，而不是绕定轴作简单转动，因此周转轮系的传动比不能直接用定轴轮系的公式计算。周转轮系的传动比计算普遍采用"转化机构"法。这种方法的基本思想是：设想将周转轮系转化成一假想的定轴轮系，借用定轴轮系的传动比计算公式来求解周转轮系中有关构件的转速及传动比。

如图7-16(a)所示，该平面周转轮系中齿轮1、2、3及系杆H的转速分别为 n_1、n_2、

n_3、n_H。在前面讲述连杆机构和凸轮机构时，我们曾根据相对运动原理，对它们的转化机构进行运动分析和设计。根据同一原理，假设对整个周转轮系加上一个与行星架 H 的转速 n_H 大小相等、方向相反的公共转速"$-n_H$"，则各构件间相对运动不变，但这时系杆的转速变为 $n_H+(-n_H)=0$，即系杆变为静止不动，这样，周转轮系便转化为定轴轮系，如图 7-16 (b)所示。这个转化而得的假想定轴轮系，称为原周转轮系的转化机构。

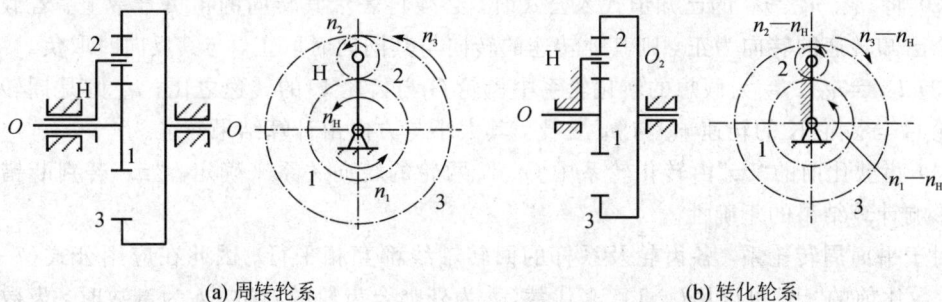

(a) 周转轮系　　　　　　　　　　　　(b) 转化轮系

图 7-16　周转轮系及其转化轮系

当对整个周转轮系加上"$-n_H$"后，与原轮系比较，在转化机构中任意两构件间的相对运动不变，但绝对运动则不同。转化轮系中各构件的转速分别用 n_1^H、n_2^H、n_3^H、n_H^H 表示，各构件转化前后的转速如表 7-1 所示。

表 7-1　各构件转化前后的转速

构 件	原有转速	在转化机构中的转速(即相对系杆的转速)
1	n_1	$n_1^H = n_1 - n_H$
2	n_2	$n_2^H = n_2 - n_H$
3	n_3	$n_3^H = n_3 - n_H$
H	n_H	$n_H^H = n_H - n_H = 0$

在转化轮系中，根据平面定轴轮系传动比的计算公式，齿轮 1 对齿轮 3 的传动比 i_{13}^H 为

$$i_{13}^H = \frac{n_1^H}{n_3^H} = \frac{n_1 - n_H}{n_3 - n_H} = (-1)^1 \frac{z_2 z_3}{z_1 z_2} = -\frac{z_3}{z_1} \tag{7-12}$$

上式虽然求出的是转化轮系的传动比，但它给出了周转轮系中各构件的绝对转速与各轮齿数之间的数量关系。由于齿数是已知的，因此在 n_1、n_3、n_H 三个参数中，若已知任意两个，就可确定第三个，从而构件 1、3 之间的传动比 $i_{13}=n_1/n_3$ 和 1、H 之间的传动比 $i_{1H}=n_1/n_H$ 便也完全确定了。因此，借助于转化轮系传动比的计算式，求出各构件绝对转速之间的关系，是计算行星轮系传动比的关键步骤，这也是处理问题的一种思路。

推广到一般情况，设周转轮系中任意两齿轮 G 和 K 的角速度为 n_G、n_K，行星架的转速为 n_H，则两轮在转化机构中的传动比为

$$i_{GK}^H = \frac{n_G^H}{n_K^H} = \frac{n_G - n_H}{n_K - n_H} = \pm \frac{\text{转化轮系从 G 至 K 所有从动轮齿数的乘积}}{\text{转化轮系从 G 至 K 所有主动轮齿数的乘积}} \tag{7-13}$$

其中，设 G 为首轮，K 为末轮，中间各轮的主从地位按这一假定去判别。判断转化轮系中

齿轮 G、K 的相对转向时，可将 H 视为静止，然后用画箭头的方法进行。转向相同时，齿数比前取"＋"号，转向相反时，齿数比前取"－"号。

应用式(7-13)要注意以下几点：：

(1) 所选择的两个齿轮 G、K 及系杆 H 的回转轴线必须是互相平行的，这样两轴的转速差才能用代数差表示。

(2) 将 n_G、n_K、n_H 的已知值代入公式时，必须将表示其转向的正负号带上。若假定其中一个已知转速的转向为正，则其他转速的转向与其同向时取正，与其反向时取负。

(3) $i_{GK}^H \neq i_{GK}$。i_{GK}^H 为假想的转化轮系中齿轮 G 与齿轮 K 的转速之比，i_{GK} 则是周转轮系中齿轮 G 与齿轮 K 的转速 n_G 与 n_K 之比，其大小与方向由计算结果确定。

(4) 齿数比前的"±"由转化轮系中 G、K 两轮的转向关系来确定。"±"若判断错误将严重影响计算结果的正确性。

对于平面周转轮系，各齿轮及系杆的回转轴线都互相平行。因此在应用公式(7-13)时，齿数比前的"±"可以用 $(-1)^k$ 来代替，k 为外啮合齿轮的对数。k 为奇数时，齿数比前取"－"号；k 为偶数时，齿数比前取"＋"号。

【例 7-3】　图 7-17 所示的轮系是一种具有双联行星轮的行星减速器的机构简图，中心轮 b 是固定的，运动由系杆 H 输入，由中心轮 a 输出。已知各轮齿数 $z_a = 51$，$z_g = 49$，$z_b = 46$，$z_f = 44$，试求传动比 i_{Ha}。

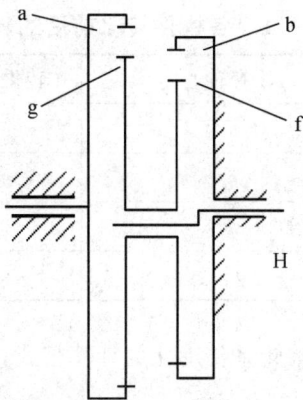

图 7-17　行星减速器

解　由机构反转法，在转化轮系中，从轮 a 至轮 b 的传动比为

$$i_{ab}^H = \frac{\omega_a^H}{\omega_b^H} = \frac{\omega_a - \omega_H}{\omega_b - \omega_H} = \frac{z_g z_b}{z_a z_f}$$

注意到 $\omega_b = 0$，即有

$$\frac{\omega_a - \omega_H}{0 - \omega_H} = \frac{49 \times 46}{51 \times 44}$$

故

$$i_{Ha} = \frac{\omega_H}{\omega_a} = -224.4$$

【例 7 - 4】 在图 7 - 18 所示差动齿轮系中，已知齿数 $z_1 = 60$，$z_2 = 40$，$z_3 = z_4 = 20$，若 $n_1 = n_4 = 120$ r/min，且 n_1 与 n_4 转向相反，求 i_{H1}。

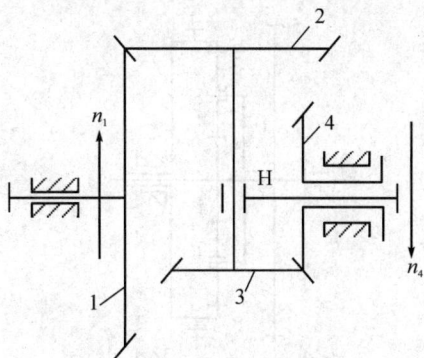

图 7 - 18 差动齿轮系

解 该齿轮系中齿轮 2、3 为行星轮，齿轮 1、4 为太阳轮，H 为行星架，则

$$i_{14}^{H} = \frac{n_1^{H}}{n_4^{H}} = \frac{n_1 - n_H}{n_4 - n_H} = + \frac{z_2 z_4}{z_1 z_3}$$

等式右端的正号是在转化齿轮系中用画箭头法确定的。设 n_1 的转向为正，则 n_4 的转向为负，代入已知数据可得

$$\frac{+120 - n_H}{-120 - n_H} = + \frac{40 \times 20}{60 \times 20}$$

解得

$$n_H = 600 \text{ r/min}$$

计算结果为正，表示 n_H 与 n_1 转向相同，故

$$i_{H1} = \frac{n_H}{n_1} = \frac{600}{120} = 5$$

三、复合轮系的传动比计算

由于复合轮系既不能转化成单一的定轴轮系，又不能转化成单一的动轴轮系，因此不能用一个公式来求其传动比。必须首先分清各个单一的动轴轮系和定轴轮系，然后分别列出计算这些轮系传动比的方程式，最后联立求出复合轮系的传动比。

求解传动比的步骤如下：

(1) 区分复合轮系中的动轴轮系部分和定轴轮系部分。在复合轮系中鉴别出单一的动轴轮系是解决问题的关键。一般的方法是：首先在复合轮系中找到行星轮，再找到支持行星轮的构件即行星架 H，以及与行星轮相啮合的太阳轮，于是，行星轮、行星架和太阳轮就组成一个单一的动轴轮系。若再有动轴轮系也照此法确定，最后剩下的轮系部分即为定轴轮系。这样就把整个轮系划分为几个单一的动轴轮系和定轴轮系。

(2) 分别列出轮系中各部分的传动比计算公式，代入已知数据。

(3) 根据复合轮系中各部分轮系之间的运动联系进行联立求解，可求出复合轮系的传动比。

【例 7-5】 图 7-19 所示的轮系中，已知各轮齿数为：$z_1=z_2=24$，$z_3=72$，$z_4=89$，$z_5=95$，$z_6=24$，$z_7=30$。试求轴 A 与轴 B 之间的传动比 i_{AB}。

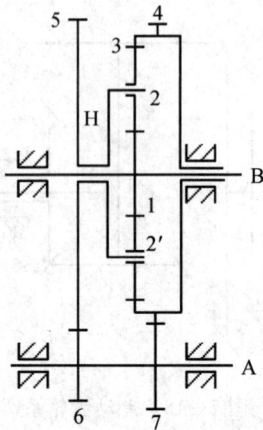

图 7-19　轮系

解　(1) 分析轮系的组成。首先找周转轮系，可以看出齿轮 2、2′为行星轮，行星架为系杆 H，故齿轮 1、2、3 和系杆组成了一个周转轮系(齿轮 2′此处为虚约束，可不予考虑)；其余四个齿轮 4、5、6 和 7 构成了一个定轴轮系。因此此轮系为定轴轮系和周转轮系组成的混合轮系。

(2) 对于由齿轮 1、2、3 和系杆 H 组成的周转轮系，其传动比为

$$i_{13}^H=\frac{\omega_1^H}{\omega_3^H}=\frac{\omega_1-\omega_H}{\omega_3-\omega_H}=-\frac{z_3}{z_1}=-\frac{72}{24}=-3$$

对于由轮 4、5、6 和 7 所组成的定轴轮系：

$$i_{47}=\frac{\omega_4}{\omega_7}=-\frac{z_7}{z_4}=-\frac{30}{89}$$

$$i_{56}=\frac{\omega_5}{\omega_6}=-\frac{z_6}{z_5}=-\frac{24}{95}$$

由轮系的结构特点可知

$$\omega_A=\omega_6=\omega_7,\ \omega_B=\omega_1,\ \omega_3=\omega_4,\ \omega_5=\omega_H$$

由以上各式消去相应未知量，可得

$$\omega_4=-\frac{30}{89}\omega_7=-\frac{30}{89}\omega_A,\ \omega_5=-\frac{24}{95}\omega_6=-\frac{24}{95}\omega_A$$

故

$$\omega_3=-\frac{30}{89}\omega_A,\ \omega_H=-\frac{24}{95}\omega_A$$

将以上两式带入周转轮系传动比的计算式可得

$$\frac{\omega_B-\omega_H}{\omega_3-\omega_H}=\frac{\omega_B-\left(-\frac{24}{95}\omega_A\right)}{-\frac{30}{89}\omega_A-\left(-\frac{24}{95}\omega_A\right)}=-3$$

整理后得

$$i_{AB} = \frac{\omega_A}{\omega_B} = 1409$$

轴 A 与轴 B 转向相同。

【例 7 - 6】 图 7 - 20 所示为滚齿机的差动机构。设已知齿轮 a、g、b 的齿数 $z_a = z_b = z_g = 30$，蜗杆 1 为单头（$z_1 = 1$）右旋，蜗轮 2 的齿数 $z_2 = 30$，当齿轮 a 的转速（分齿运动）$n_a = 100$ r/min，蜗杆转速（附加运动）$n_1 = 2$ r/min 时，试求齿轮 b 的转速。

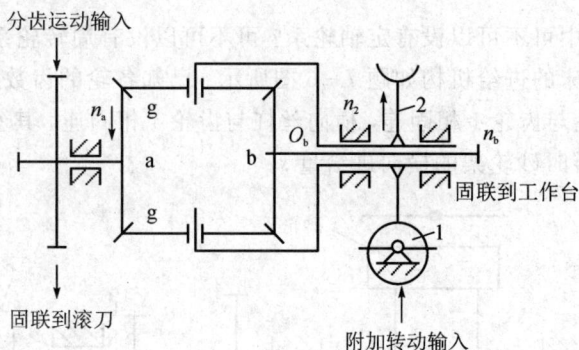

图 7 - 20　滚齿机差动机构

解　(1) 分析轮系的组成。如图 7 - 20 所示，当滚齿机滚切斜齿轮时，滚刀和工件之间除了分齿运动之外，还应加入一个附加转动。圆锥齿轮 g（两个齿轮 g 的运动完全相同，分析该差动机构时只考虑其中一个）除绕自己的轴线转动外，同时又绕轴线 O_b 转动，故齿轮 g 为行星轮，H 为行星架，齿轮 a、b 为太阳轮，所以构件 a、g、b 及 H 组成一个差动轮系。蜗杆 1 和蜗轮 2 的几何轴线是不动的，所以它们组成定轴轮系。

在该差动轮系中，齿轮 a 和行星架 H 是主动件，而齿轮 b 是从动件，表示这个差动轮系将转速 n_a、n_H（由于蜗轮 2 带动行星架 H，因此 $n_H = n_2$）合成为一个转速 n_b。

(2) 由蜗杆传动得

$$n_H = n_2 = \frac{z_1}{z_2} n_1 = \frac{1}{30} \times 2 = \frac{1}{15}\ \text{r/min}（转向如图 7 - 20 所示）$$

又由差动轮系 a、g、b、H 得

$$i_{ab}^H = \frac{n_a - n_H}{n_b - n_H} = -\frac{z_b}{z_a}$$

$$i_{ab}^H = \frac{n_a - (-n_2)}{n_b - (-n_2)} = -\frac{z_b}{z_a}, \quad \frac{n_a + n_2}{n_b + n_2} = -\frac{z_b}{z_a} = -1$$

$$n_b = -2n - n_a = -2 \times \frac{1}{15} - 100 \approx -100.13\ \text{r/min}$$

因在转化机构中齿轮 a 和 b 转向相反，故上式 z_b/z_a 之前加上负号，又因 n_a 和 n_H（即 n_2）转向相反，故 n_a 用正号、n_H 用负号代入上式。上式计算结果为负号，表示齿轮 b 的实际转向与齿轮 a 的转向相反。

思 考 题

7-1 轮系传动比带正负号表示什么意义? 是不是一定要带正负号? 为什么?

7-2 计算周转轮系传动比时,为什么要引出转化机构?

7-3 计算复合轮系传动比时,为什么首先要划分出周转轮系?

7-4 i_{GK}^H 是行星齿轮系中 G、K 两轮间的传动比吗? i_{GK}^H 为负值是否说明 G、K 两轮的转向相反?

7-5 复合轮系中可不可以没有定轴轮系? 可不可以没有周转轮系?

7-6 某外圆磨床的进给机构如题 7-6 图所示。已知各轮的齿数为:$z_1=28$,$z_2=56$,$z_3=38$,$z_4=57$,手轮与齿轮 1 相固连,横向丝杠与齿轮 4 相固连,其丝杠螺距为 3 mm。试求当手轮转动 1/10 转时砂轮架的横向进给量 s。

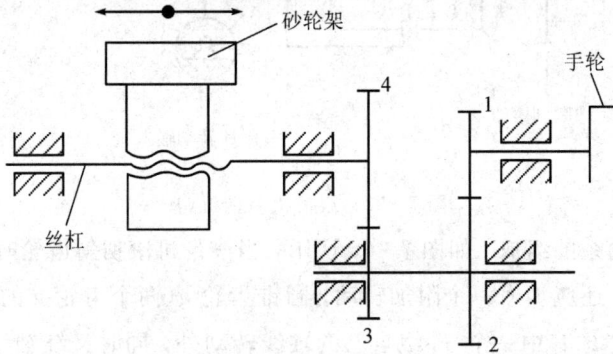

题 7-6 图

7-7 题 7-7 图所示为钟表指针机构,S、M、H 分别为秒、分、时针。已知各轮的齿数 $z_2=50$,$z_3=8$,$z_4=64$,$z_5=28$,$z_6=42$,$z_8=64$,试求 z_1 和 z_7。

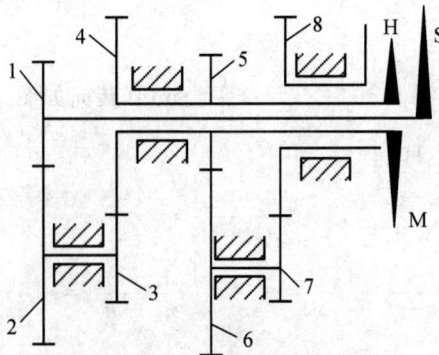

题 7-7 图

7-8 题7-8图所示为一手摇提升装置，其中各轮齿数均为已知，试求传动比 i_{15}，并指出提升重物时手柄的转向。

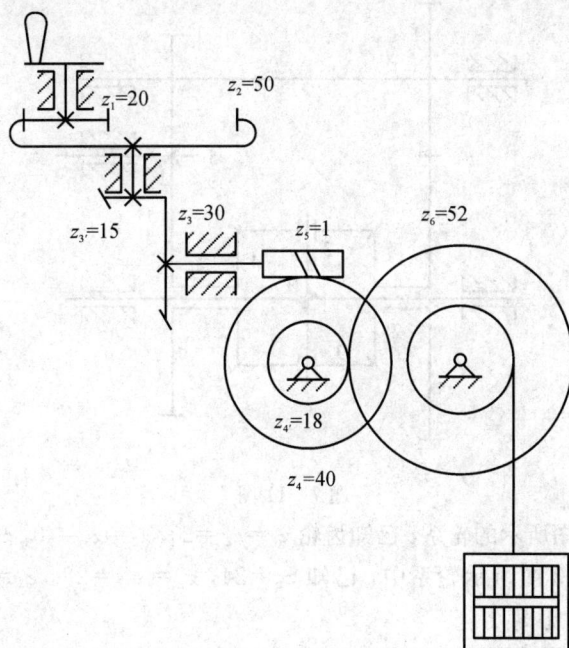

题 7-8 图

7-9 在题7-9图所示轮系中，已知各轮齿数为 $z_1=16$，$z_2=24$，$z_3=64$，轮1和轮3的转速分别为 $n_1=1$ r/min，$n_3=4$ r/min，转向如图所示，求 n_H 和 i_{1H}。

7-10 在题7-10图所示差动轮系中，各轮的齿数为 $z_1=20$，$z_2=30$，$z_{2'}=20$，$z_3=70$，转速 $n_1=200$ r/min（顺时针），$n_H=100$ r/min（逆时针），试求轮3的转速和转向。

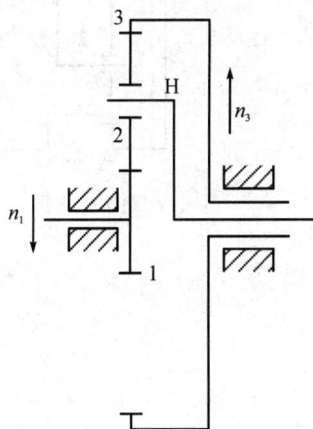

题 7-9 图

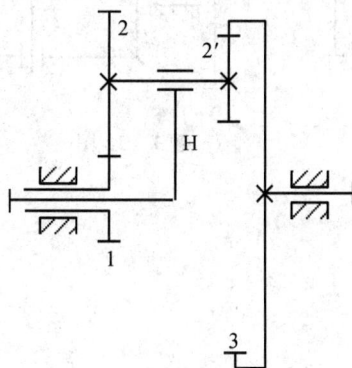

题 7-10 图

7 - 11　题 7 - 11 图所示为一减速器，已知齿轮 $z_1 = 26$，$z_2 = 32$，$z_{1'} = 18$，$z_5 = 14$，$z_{4'} = 24$，$z_4 = z_3 = z_{2'} = 12$。求 i_{1H}。

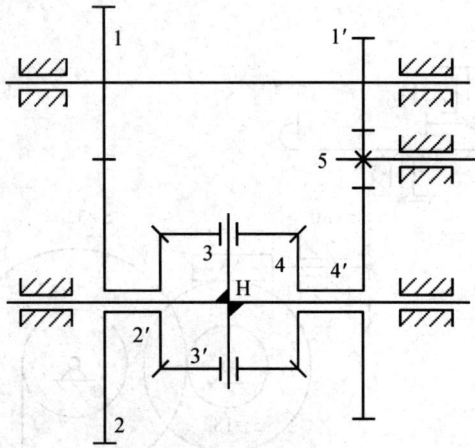

题 7 - 11 图

7 - 12　题 7 - 12 图所示的轮系，已知齿轮 $z_1 = z_{2'} = 20$，$z_2 = z_3 = 40$，$z_4 = z_{4'}$，$z_{3'} = z_5$，求 i_{15}。

7 - 13　在题 7 - 13 图所示轮系中，已知 $z_1 = 24$，$z_2 = z_{2'} = 28$，$z_3 = 80$，$z_4 = 78$，轮 1 输入，轮 4 输出，求传动比 i_{14}。

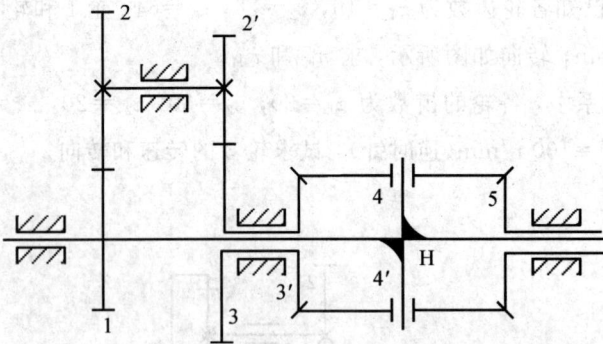

题 7 - 12 图

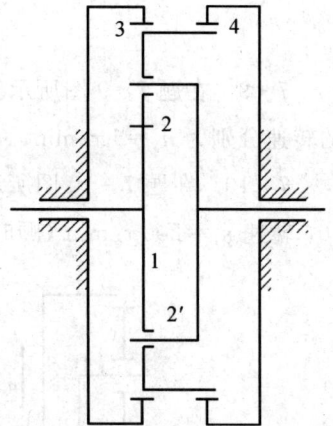

题 7 - 13 图

第八章　挠性传动

　　带传动是一种应用广泛的机械传动形式，它是在两个或多个带轮之间用带作为挠性曳引元件的一种摩擦传动，如图 8-1(a)所示，它的主要作用是传递转矩和改变转速；链传动是在装于平行轴上的链轮之间，以链条作为挠性曳引元件的一种啮合传动，如图 8-1(b)所示。这两种传动都是通过环形曳引元件，在两个或两个以上的传动轮之间传递运动或动力的。

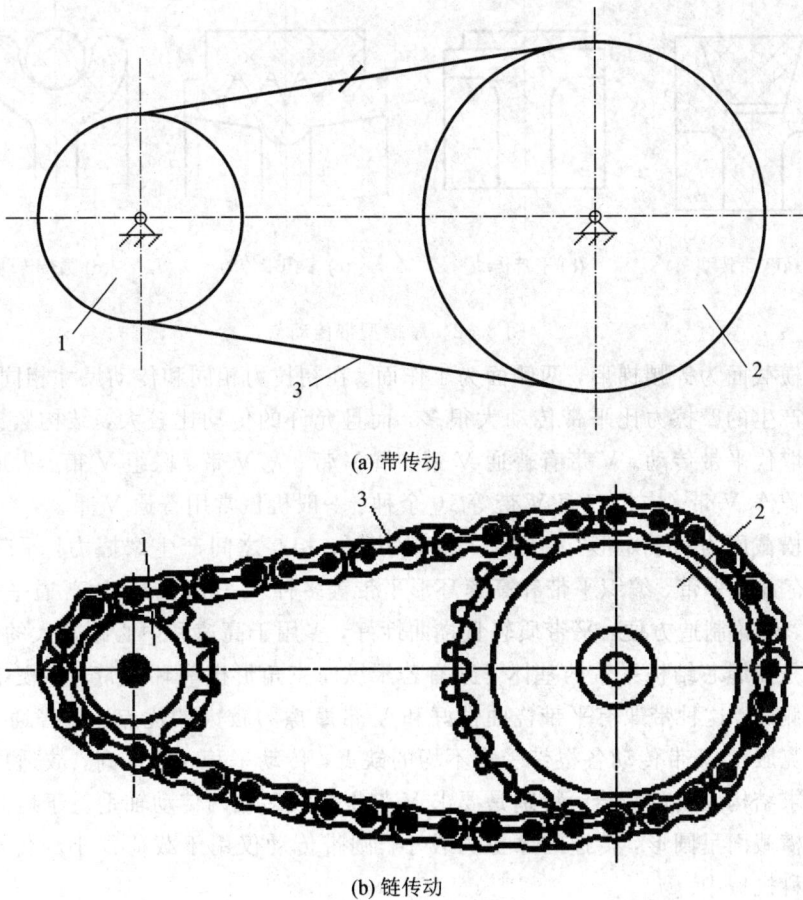

(a) 带传动

(b) 链传动

1—主动轮；2—从动轮；3—传动带(链)

图 8-1　带传动和链传动简图

第一节　带传动设计

一、带传动的类型、特点及应用

1. 带传动的类型

带传动的种类很多，根据工作原理的不同，可分为摩擦型和啮合型两大类。

1）摩擦型带传动

摩擦型带传动利用带与带轮之间的摩擦力传递运动和动力。按带的横截面形状不同可分为 V 带传动、平带传动、多楔带传动、圆带传动等四种，如图 8-2 所示。

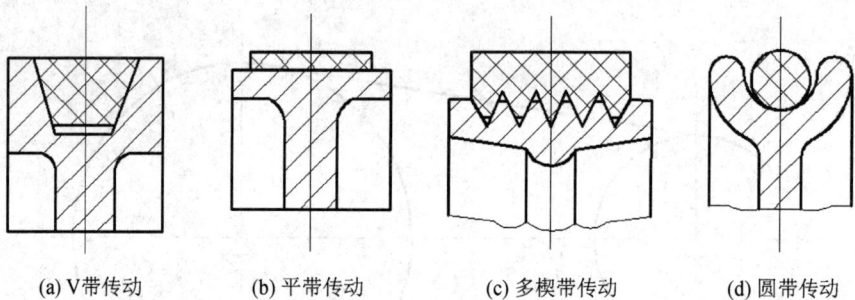

(a) V带传动　　　(b) 平带传动　　　(c) 多楔带传动　　　(d) 圆带传动

图 8-2　摩擦型带传动

V 带的横截面为等腰梯形，两侧面为工作面。在初拉力相同和传动尺寸相同的情况下，V 带传动所产生的摩擦力比平带传动大很多，而且允许的传动比较大，结构紧凑，故在一般机械中已取代平带传动。V 带有普通 V 带、窄 V 带、宽 V 带、联组 V 带、齿形 V 带、大楔角 V 带、汽车 V 带、农机双面 V 带等 10 余种。一般机械常用普通 V 带。

平带的横截面为扁平矩形。带内面与带轮接触，相互之间产生摩擦力，平带内面为工作面。平带有普通平带、编织平带和高速环形平带等多种。一般机械常用普通平带。平带传动结构简单，带轮制造方便，平带质轻且挠曲性好，多用于高速和中心距较大的传动中。

多楔带是在绳芯结构平带的基体下接有若干纵向三角形楔的环形带。多楔带传动的工作面为楔的侧面，这种带兼有平带挠曲性好和 V 带摩擦力较大的优点。与普通 V 带相比，多楔带传动克服了 V 带传动各根带受力不均的缺点，传动平稳，效率高，故适用于传递功率较大且要求结构紧凑的场合，特别是要求 V 带根数较多或两传动轴垂直于地面的传动。

圆带的横截面呈圆形，传递的摩擦力较小。圆带传动仅用于载荷很小的传动，如用于缝纫机和牙科机械中。

2）啮合型带传动

啮合型带传动有同步带传动和齿孔带传动两种类型。

同步带传动是指工作时利用带上内侧凸齿与带轮齿槽的啮合传递运动和动力，亦称同步齿形带传动，如图 8-3 所示。

齿孔带传动是指工作时利用带上的孔与带轮上的齿啮合传递运动和动力，如图 8-4 所示。

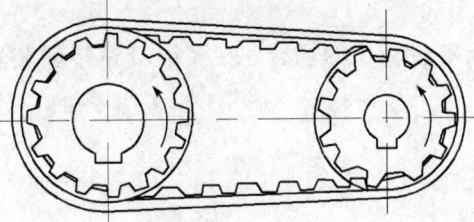

图 8-3　同步带传动　　　　　　　　　　图 8-4　齿孔带传动

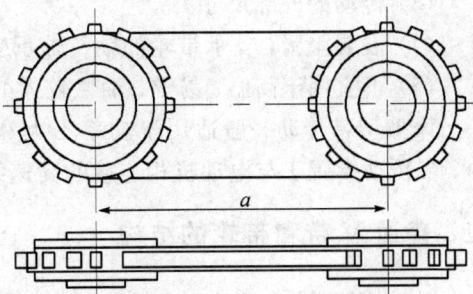

2. 带传动的形式

常见的带传动形式有开口传动、交叉传动和半交叉传动等，如图 8-5 所示。

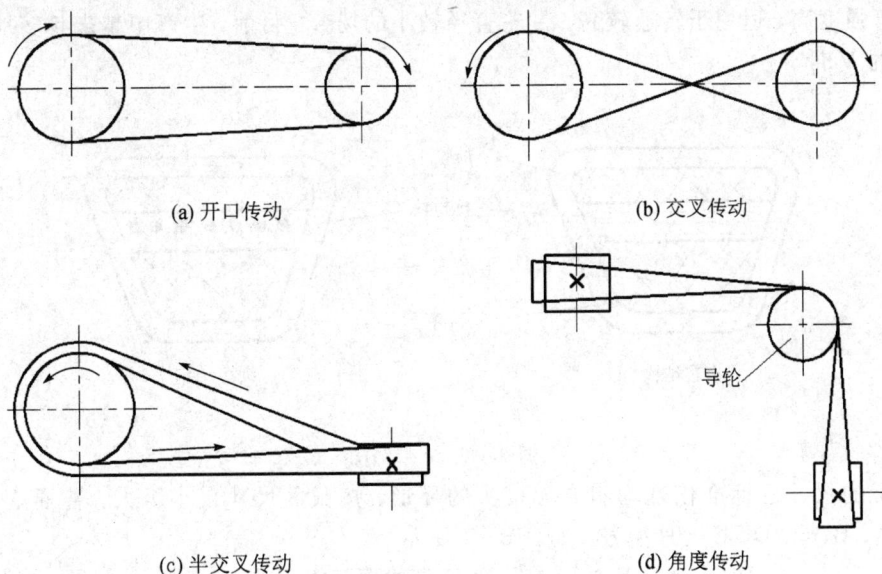

(a) 开口传动　　　　　　　　　　　　(b) 交叉传动

导轮

(c) 半交叉传动　　　　　　　　　　　(d) 角度传动

图 8-5　传动形式

交叉传动用于两平行轴的反向传动；半交叉传动用于两轴空间交错的单向传动。平带可用于交叉传动和半交叉传动，V 带一般不宜用于交叉传动和半交叉传动。

3. 带传动的特点及应用

带传动的主要优点：

(1) 富有弹性，能缓冲吸震，传动平稳，当传递的中心距较小时噪声小；

(2) 过载时带在带轮上打滑，防止其他零部件损坏，起安全保护作用；

(3) 适用于中心距较大的场合，结构简单，成本较低，装拆方便。

带传动的主要缺点：

(1) 带在带轮上有相对滑动，没有恒定传动比；

(2) 传动效率低，带的寿命较短；

（3）传动的外廓尺寸大；

（4）需要张紧，支承带轮的轴及轴承受力较大；

（5）不宜用于高温、易燃、油性较大的场所。

摩擦型带传动一般适用于功率不大和无需准确传动比的场合。在多级减速传动装置中，带传动常置于与电动机相连接的高速级。

二、普通 V 带和带轮的结构

1. 普通 V 带的结构和尺寸标准

普通 V 带的截面为等腰梯形，为无接头的环形带。带两侧工作面的夹角 α 称为带的楔角，一般 $\alpha=40°$。V 带由包布、顶胶、抗拉体和底胶四部分组成，其结构如图 8-6 所示。包布材料为胶帆布，顶胶和底胶材料为橡胶。抗拉体是 V 带工作时的主要承载部分，结构有绳芯和帘布芯两种。帘布芯结构的 V 带抗拉强度较高，制造方便；绳芯结构的 V 带柔韧性好，抗弯强度高，适用于转速较高、带轮直径较小的场合。目前，生产中越来越多地采用绳芯结构的 V 带。

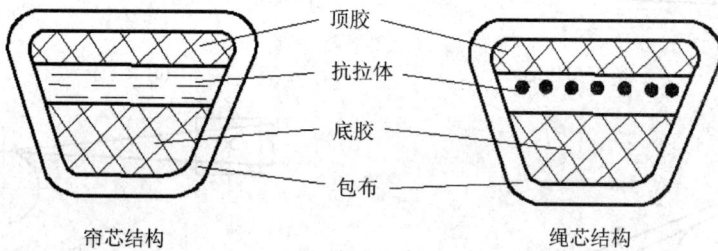

顶胶
抗拉体
底胶
包布

帘芯结构　　　　　　　　　绳芯结构

图 8-6　V 带结构

V 带的尺寸已标准化且均制成无接头的环形，按截面尺寸自小至大，普通 V 带分为 Y、Z、A、B、C、D、E 七种型号，如表 8-1 所示。

表 8-1　普通 V 带截面基本尺寸

型号	Y	Z	A	B	C	D	E
节宽 b_P/mm	5.3	8.5	11	14	19	27	32
顶宽 b/mm	6	10	13	17	22	32	38
高度 h/mm	4	6	8	11	14	19	23
楔角 α	40°						
单位长度质量 q(kg/m)	0.02	0.06	0.10	0.17	0.30	0.62	0.90

V带绕在带轮上产生弯曲,外层受拉伸长,内面受压缩短,中间有一长度和宽度均不变的中性层,中性层表面称为节面,节面的宽度称为节宽 b_P,长度称为基准长度 L_d。在同样条件下,截面尺寸大则传递的功率就大。

在V带轮上,与配用V带节面处于同一位置的槽形轮廓宽度称为基准宽度 b_d。基准宽度处的带轮直径称为基准直径 d_d。在规定的张紧力下,V带位于带轮基准直径上的周线长度作为带的基准长度 L_d。普通V带基准长度 L_d 和带长修正系数分别如表 8-2 和表 8-3 所示。

表8-2 普通V带基准长度

型 号						
Y	Z	A	B	C	D	E
200	405	630	930	1565	2740	4660
224	475	700	1000	1760	3100	5040
250	530	790	1100	1950	3330	5420
280	625	890	1210	2195	3730	6100
315	700	990	1370	2420	4080	6850
355	780	1100	1560	2715	4620	7650
400	920	1250	1760	2880	5400	9150
450	1080	1430	1950	3080	6100	12230
500	1330	1550	2180	3520	6840	13750
	1420	1640	2300	4060	7620	15280
	1540	1750	2500	4600	9140	16800
		1940	2700	5380	10700	
		2050	2870	6100	12200	
		2200	3200	6815	13700	
		2300	3600	7600	15200	
		2480	4060	9100		
		2700	4430	10700		
			4820			
			5370			
			6070			

表 8-3　普通 V 带带长修正系数 K_L

Y L_d	K_L	Z L_d	K_L	A L_d	K_L	B L_d	K_L	C L_d	K_L	D L_d	K_L	E L_d	K_L
200	0.81	405	0.87	630	0.81	930	0.83	1565	0.82	2740	0.82	4660	0.91
224	0.82	475	0.90	700	0.83	1000	0.84	1760	0.86	3100	0.86	5040	0.92
250	0.84	530	0.93	790	0.85	1100	0.86	1950	0.87	3330	0.87	5420	0.94
280	0.87	625	0.96	890	0.87	1210	0.87	2195	0.90	3730	0.90	6100	0.96
315	0.89	700	0.99	990	0.89	1370	0.90	2420	0.92	4080	0.91	6850	0.99
355	0.92	780	1.00	1100	0.91	1560	0.92	2715	0.94	4620	0.94	7650	1.01
400	0.96	920	1.04	1250	0.93	1760	0.94	2880	0.95	5400	0.97	9150	1.05
450	1.00	1080	1.07	1430	0.96	1950	0.97	3080	0.97	6100	0.99	12230	1.11
500	1.02	1330	1.13	1550	0.98	2180	0.99	3520	0.99	6840	1.02	13750	1.15
		1420	1.14	1640	0.99	2300	1.01	4060	1.02	7620	1.05	15280	1.17
		1540	1.54	1750	1.00	2500	1.03	4600	1.05	9140	1.08	16800	1.19
				1940	1.02	2700	1.04	5380	1.08	10700	1.13		
				2050	1.04	2870	1.05	6100	1.11	12200	1.16		
				2200	1.06	3200	1.07	6815	1.14	13700	1.19		
				2300	1.07	3600	1.09	7600	1.17	15200	1.21		
				2480	1.09	4060	1.13	9100	1.21				
				2700	1.10	4430	1.15	10700	1.24				
						4820	1.17						
						5370	1.20						
						6070	1.24						

2. 普通 V 带轮的结构和材料

V 带带轮设计的一般要求为：具有足够的强度和刚度，无过大的铸造内应力；结构制造工艺性好，质量小且分布均匀；各槽的尺寸都应保持适宜的精度和表面质量，以使载荷分布均匀和减少带的磨损；对转速高的带轮，要进行动平衡处理。

带轮常用材料为灰铸铁，当带速 $v \leqslant 30 \text{ m/s}$ 时，一般采用铸铁 HT150 或 HT200；转速较高时可用铸钢或钢板冲压焊接结构；小功率时可用铸铝或塑料。

带轮轮槽的尺寸见表 8-4。表中 b_d 表示带轮轮槽宽度的一个无公差的规定值，称为轮槽的基准宽度。通常它与 V 带的节宽相重合，轮槽基准宽度所在的圆称为基准圆，其直径 d_d 称为带轮的基准直径。基准直径 d_d 按表 8-5 选用。

表 8-4 普通 V 带带轮轮槽尺寸

槽型截面 尺寸	型号						
	Y	Z	A	B	C	D	E
h_{fmin}	4.7	7.0	8.7	10.8	14.3	19.9	23.4
h_{amin}	1.6	2.0	2.75	3.5	4.8	8.1	9.6
e	8±0.3	12±0.3	15±0.3	19±0.4	25.5±0.5	37±0.6	44.5±0.7
f_{min}	6	7	9	11.5	16	23	28
b_d	5.3	8.5	11	14	19	27	32
δ	5	5.5	6	7.5	10	12	15
B	$B=(z-1)e+2f$，z 为带根数						
轮槽数 z 范围	1~3	1~4	1~5	1~6	3~10	3~10	3~10

φ		d_d						
	32°		≤60					
	34°			≤80	≤118	≤190	≤315	
	36°		>60					≤475	≤600
	38°			>80	>118	>190	>315	>475	>600
φ 角偏差	±30′							

注：表中长度尺寸的单位为 mm。

表 8-5　普通 V 带带轮基准直径系列　　　　　　　　mm

带型	Y	Z	A	B	C	D	E
d_{dmin}	20	50	75	125	200	355	500
d_d	20, 22.4, 25, 28, 31.5, 35.5, 40, 45, 50, 56, 63, 71, 75, 80, 85, 90, 95, 100, 106 112, 118, 125, 132, 140, 150, 160, 170, 180, 200, 212, 224, 236, 250, 265, 280, 300 315, 335, 355, 375, 400, 425, 450, 475, 500, 530, 560, 600, 630, 670, 710, 750, 800 900, 1000, 1060, 1120, 1250, 1400, 1500, 1600, 1800, 1900, 2000, 2240, 2500						

铸造带轮的结构如图 8-7 所示。当带轮基准直径 $d_d \leqslant (2.5 \sim 3)d$（$d$ 为带轮轴的直径）时，采用实心式；$d_d \leqslant 400$ mm 时，采用腹板式或孔板式；$d_d > 400$ mm 时，采用椭圆轮辐式。

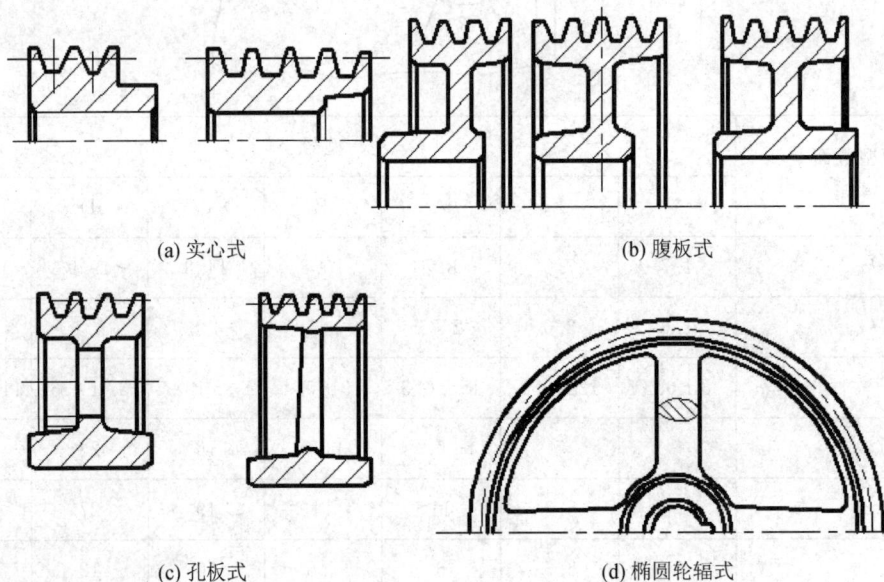

(a) 实心式　　　　　　　　　　　　(b) 腹板式

(c) 孔板式　　　　　　　　　　　　(d) 椭圆轮辐式

图 8-7　带轮的结构

三、带传动的工作能力分析

1. 带传动的受力分析和应力分析

由于 V 带应用最为广泛，因此在进行带传动的工作能力分析时，以 V 带为例作为分析对象。

1) 带传动的受力分析

带传动在尚未转动时，带紧套在带轮上，带在带轮两边所受的初拉力相等，均为 F_0，如图 8-8(a) 所示。

带传动工作时，主动轮作用在带上的摩擦力使带运行，带又通过摩擦力驱动从动轮。由于带在主、从动轮上所受的摩擦力 F_f 方向相反（图 8-8(b)），从而使带在带轮两边的拉

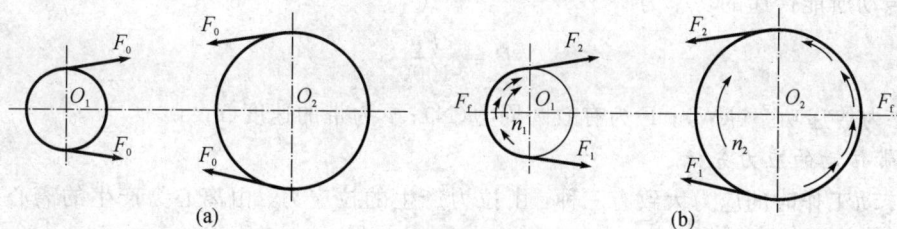

图 8-8　带传动的受力情况

力发生变化：带绕进主动轮一边的拉力增大，拉力由 F_0 增至 F_1，被拉得更紧，称为紧边；绕出主动轮的一边拉力减小，由 F_0 减至 F_2，带有所放松，称为松边。假定环形带总长不变，那么紧边拉力增量 $F_1 - F_0$ 应与松边拉力减量 $F_0 - F_2$ 相等，即

$$F_1 - F_0 = F_0 - F_2$$

或

$$F_0 = \frac{1}{2}(F_1 + F_2) \tag{8-1}$$

显然，当带均匀传动时，紧边、松边的拉力差应等于接触面间的摩擦力的总和 F_f，称为带传动的有效拉力 F_e，即圆周力 F。

$$F = F_1 - F_2 = F_f \tag{8-2}$$

综合上述两式，可知紧边拉力为

$$F_1 = F_0 + \frac{F}{2}$$

松边拉力为

$$F_2 = F_0 - \frac{F}{2} \tag{8-3}$$

当 F_f 达到极限 F_{flim} 时，F_1 与 F_2 的关系可用柔韧体摩擦的欧拉公式表示：

$$\frac{F_1}{F_2} = e^{f\alpha} \tag{8-4}$$

式中：f 为带与带轮间的摩擦系数；α 为带在带轮上的包角。

综上所述可得

$$F_{flim} = 2F_0 \frac{e^{f\alpha} - 1}{e^{f\alpha} + 1} = F_1 \left(1 - \frac{1}{e^{f\alpha}}\right) \tag{8-5}$$

带在正常传动时，须使有效圆周力 $F < F_{flim}$。

由式(8-5)可知，带传动的最大有效圆周力不仅与摩擦系数和小带轮包角有关，而且与初拉力有关。增大摩擦系数、小带轮包角和初拉力，则有效圆周力增大，从而增大传动能力。增大带轮包角使带与带轮接触弧上摩擦力的总和增大；增大初拉力，带与带轮间的正压力增大，则传动时的摩擦力就越大，最大有效圆周力也就越大。但初拉力过大会加剧带的磨损，致使带过快松弛，缩短带的使用寿命，而初拉力过小又会造成带的工作能力不足。因此，需要正确选择和保持带传动的初拉力。

带传动所能传递的功率为

$$P = \frac{Fv}{1000} \tag{8-6}$$

式中：P 为传递功率（kW）；F 为有效圆周力（N）；v 为带的速度（m/s）。

2）带传动的应力分析

带传动工作时的应力大致有三种：由拉力产生的拉应力、由离心力产生的离心拉应力和带绕过带轮时产生的弯曲应力。

（1）拉应力 σ_1、σ_2。

带传动工作时，紧边拉应力和松边拉应力分别为

$$\left. \begin{array}{l} \sigma_1 = \dfrac{F_1}{A} \quad (\text{MPa}) \\[3mm] \sigma_2 = \dfrac{F_2}{A} \quad (\text{MPa}) \end{array} \right\} \tag{8-7}$$

式中，F_1、F_2 为紧、松边拉力（N）；A 为带的横截面积（mm^2）。

由式（8-7）可知，带在绕过主动轮时，拉应力由 σ_1 逐渐降至 σ_2；带在绕过从动轮时，拉应力则由 σ_2 逐渐增加到 σ_1。

（2）离心拉应力 σ_c。

当带沿带轮轮缘作圆周运动时，带上每一质点都受离心力的作用。带的离心力 $F_c = qv^2$。此力作用于整个传动带，因此，它产生的离心拉应力 σ_c 在带的所有横剖面上都是相等的，即

$$\sigma_c = \frac{F_c}{A} = \frac{qv^2}{A} \quad (\text{MPa}) \tag{8-8}$$

式中，q 为传动带单位长度的质量（kg/m），其取值见表 8-1；v 为带速（m/s）；A 为带的横截面积（mm^2）。

（3）弯曲应力 σ_b。

带绕在带轮上时，由于弯曲而产生弯曲应力 σ_b。根据材料力学公式有

$$\sigma_b = \frac{2Ey}{d_d} \approx \frac{Eh}{d_d} \quad (\text{MPa}) \tag{8-9}$$

式中：E 为带的弹性模量（MPa）；d_d 为带轮的基准直径（mm），查表 8-5 可得；y 为带的中性层到最外层的距离（mm）；h 为带的高度（mm）。

由式（8-9）可知，带轮直径愈小，带愈厚，则带的弯曲应力愈大。为了防止产生过大的弯曲应力而影响带的使用寿命，对每种型号带都规定了带轮的最小直径，见表 8-5。

带工作时，传动带中各截面的应力分布如图 8-9 所示，各截面应力的大小用自该处引出的径向线的长短来表示。带中最大应力发生在紧边刚绕入主动轮处，其值为

$$\sigma_{\max} = \sigma_1 + \sigma_c + \sigma_{b1} \tag{8-10}$$

式中：σ_{b1} 为小带轮带上的弯曲应力（MPa）；σ_1、σ_c 意义同上。

带是在变应力状态下工作的，当应力循环次数达到一定值时，会产生疲劳破坏，使带发生裂纹、脱层、松散，直至断裂、破坏。

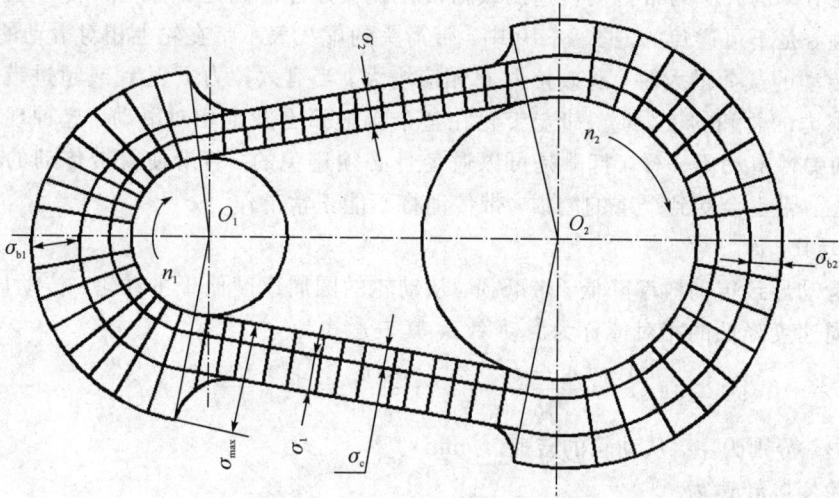

图 8 - 9 传动带的应力分布

2. 带传动的弹性滑动和传动比

1）带的弹性滑动

带传动中的带是弹性体，它在受力情况下会产生弹性变形。由于带在紧边和松边上所受的拉力不相等，因而产生的弹性变形也不相同。如图 8 - 10 所示，带在 a_1 点绕上主动轮，到 c_1 点离开的过程中，带所受的拉力由 F_1 逐渐降到 F_2，拉力减小，使带向后收缩，带在带轮接触面上出现局部微量的向后滑动，造成带的速度逐渐小于主动轮的圆周速度 v_1（即带的速度 $v < v_1$）。当带在 a_2 点绕上从动轮到 c_2 点离开的过程中，带所受的拉力由 F_2 逐渐增加到 F_1，拉力增加，使带向前伸长，带在带轮接触面上出现局部微量的向前滑动，造成带的速度逐渐大于从动轮的圆周速度 v_2（即带的速度 $v > v_2$），这种微量的滑动现象称为弹性

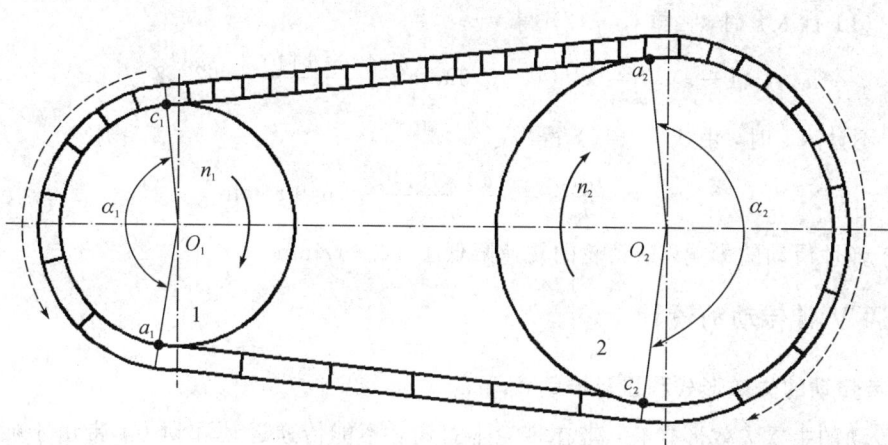

图 8 - 10 带的弹性滑动

滑动。弹性滑动的大小与带传动传递的载荷成正比。弹性滑动是摩擦型带传动正常工作时的固有特性，是不可避免的。图 8-10 中，带箭头的虚线表示带在轮上相对滑动的方向。

当带传动的载荷增大时，有效拉力 F 相应增大。当有效拉力 F 达到或超过带与小带轮之间的摩擦力的总和的极限时，带与带轮在整个接触弧上发生相对滑动，这种现象称为打滑。打滑和弹性滑动不一样，打滑是可以避免且必须避免的。打滑使得带传动的运动处于不稳定状态，带也会受到严重的磨损，带传动将不能正常工作。

2）传动比

弹性滑动导致传动效率降低、带磨损、从动轮的圆周速度低于主动轮、传动比不准确。从动轮圆周速度降低的相对值称为滑动率 ε，其表达式为

$$\varepsilon = \frac{v_1 - v_2}{v_1} = 1 - \frac{d_{d2} n_2}{d_{d1} n_1} = 1 - \frac{d_{d2}}{d_{d1} i} \tag{8-11}$$

式中，n_1、n_2 分别为主、从动轮的转速（r/min）。

从动轮实际转速为

$$n_2 = (1 - \varepsilon) \frac{d_{d1} n_1}{d_{d2}} \tag{8-12}$$

实际传动比为

$$i = \frac{n_1}{n_2} = \frac{d_{d2}}{d_{d1}(1 - \varepsilon)} \tag{8-13}$$

滑动率 ε 与带材料和载荷大小有关。在正常传动中，$\varepsilon = 1\% \sim 2\%$。对于输出转速要求不高的机械，$\varepsilon$ 可略去不计，于是传动比为

$$i = \frac{n_1}{n_2} \approx \frac{d_{d2}}{d_{d1}} \tag{8-14}$$

式中 d_{d1}、d_{d2} 分别为两个带轮的基准直径。

【例 8-1】 已知一普通 V 带传动，主动小带轮的直径 $d_{d1} = 140$ mm，转速 $n_1 = 1440$ r/min，从动轮直径 $d_{d2} = 315$ mm，滑动率 $\varepsilon = 2\%$。计算从动轮的转速 n_2，并与不计入 ε 时的 n_2 作比较。

解 （1）计入 ε 时，由式（8-12）得

$$n_2 = (1 - \varepsilon) \frac{d_{d1} n_1}{d_{d2}} = (1 - 0.02) \times \frac{140 \times 1440}{315} = 627.2 \text{ r/min}$$

（2）不计入 ε 时，由式（8-14）得

$$n_2 = \frac{n_1 d_{d1}}{d_{d2}} = \frac{140 \times 1440}{315} = 640 \text{ r/min}$$

由于弹性滑动的影响，从动轮的转速降低了 12.8 r/min。

四、普通 V 带传动的设计

1. 带传动的失效形式和设计准则

带传动的主要失效形式有：带在带轮上打滑，不能传递运动和动力；带由于疲劳产生脱层、撕裂和拉断；带的工作面磨损。

带传动的设计准则为：在保证不打滑的条件下，使带具有足够的疲劳强度和一定的使用寿命。

2. 单根 V 带的基本额定功率和许用功率

在包角 $\alpha = 180°$、特定带长、工作平稳条件下，单根普通 V 带在实验条件下所能传递的功率称为基本额定功率，用 P_0 表示，其值见表 8-6。

在实际工作条件下，经过修正的单根普通 V 带所能传递的许用功率 $[P_0]$ 可用下式求得

$$[P_0] = (P_0 + \Delta P_0)K_a K_L \tag{8-15}$$

式中：P_0 为单根普通 V 带的基本额定功率(kW)；K_a 为小带轮包角系数，查表 8-7 可得；K_L 为修正系数，查表 8-3 可得；ΔP_0 为单根普通 V 带额定功率的增量(kW)，查表 8-8 可得。

表 8-6　单根普通 V 带的基本额定功率 P_0　　　　　　　　kW

带型	小带轮基准直径 d_{d1}/mm	小带轮转速 n_1/(r·min^{-1})					
		400	730	800	980	1200	1460
Z	50	0.06	0.09	0.10	0.12	0.14	0.16
	63	0.08	0.13	0.15	0.18	0.22	0.25
	71	0.09	0.17	0.20	0.23	0.27	0.31
	80	0.14	0.20	0.22	0.26	0.30	0.36
A	75	0.27	0.42	0.45	0.52	0.60	0.68
	90	0.39	0.63	0.68	0.79	0.93	1.07
	100	0.47	0.77	0.83	0.97	1.14	1.32
	112	0.56	0.93	1.00	1.18	1.39	1.62
	125	0.67	1.11	1.19	1.40	1.66	1.93
B	125	0.84	1.34	1.44	1.67	1.93	2.20
	140	1.05	1.69	1.82	2.13	2.47	2.83
	160	1.32	2.16	2.32	2.72	3.17	3.64
	180	1.59	2.61	2.81	3.30	3.85	4.41
	200	1.85	3.05	3.30	3.86	4.50	5.15
C	200	2.41	3.80	4.07	4.66	5.29	5.86
	224	2.99	4.78	5.12	5.89	6.71	7.47
	250	3.62	5.82	6.23	7.18	8.21	9.06
	280	4.32	6.99	7.52	8.65	9.81	10.74
	315	5.14	8.34	8.92	10.23	11.53	12.48
	400	7.06	11.52	12.10	13.67	15.04	15.51

表 8-7　小带轮包角系数 K_a

包角 α	187°	170°	160°	150°	140°	130°	120°	110°	100°	90°
K_a	1.00	0.98	0.95	0.92	0.89	0.86	0.82	0.78	0.74	0.69

表 8-8　单根普通 V 带额定功率的增量 ΔP_0　　　　kW

带型	小带轮转速 $n_1/(\mathrm{r \cdot min^{-1}})$	传动比 i									
		1.00~1.01	1.02~1.04	1.05~1.08	1.09~1.12	1.13~1.18	1.19~1.24	1.25~1.34	1.35~1.51	1.52~1.99	≥2.0
Z	400	0.00	0.00	0.00	0.00	0.00	0.00	0.00	0.00	0.01	0.01
	730	0.00	0.00	0.00	0.00	0.00	0.00	0.01	0.01	0.01	0.02
	800	0.00	0.00	0.00	0.00	0.00	0.01	0.01	0.01	0.02	0.02
	980	0.00	0.00	0.00	0.01	0.01	0.01	0.01	0.02	0.02	0.02
	1200	0.00	0.00	0.01	0.01	0.01	0.01	0.02	0.02	0.02	0.03
	1460	0.00	0.00	0.01	0.01	0.01	0.02	0.02	0.02	0.02	0.03
	2800	0.00	0.01	0.02	0.02	0.03	0.03	0.03	0.04	0.04	0.04
A	400	0.00	0.01	0.01	0.02	0.02	0.03	0.03	0.04	0.04	0.05
	730	0.00	0.01	0.02	0.03	0.04	0.05	0.06	0.07	0.08	0.09
	800	0.00	0.01	0.02	0.03	0.04	0.05	0.06	0.08	0.09	0.10
	980	0.00	0.01	0.03	0.04	0.05	0.06	0.07	0.08	0.10	0.11
	1200	0.00	0.02	0.03	0.05	0.07	0.08	0.10	0.11	0.13	0.15
	1460	0.00	0.02	0.04	0.06	0.08	0.09	0.11	0.13	0.15	0.17
	2800	0.00	0.04	0.08	0.11	0.15	0.19	0.23	0.26	0.30	0.34
B	400	0.00	0.01	0.03	0.04	0.06	0.07	0.08	0.10	0.11	0.13
	730	0.00	0.02	0.05	0.07	0.10	0.12	0.15	0.17	0.20	0.22
	800	0.00	0.03	0.06	0.08	0.11	0.14	0.17	0.20	0.23	0.25
	980	0.00	0.03	0.07	0.10	0.13	0.17	0.20	0.23	0.26	0.30
	1200	0.00	0.04	0.08	0.13	0.17	0.21	0.25	0.30	0.34	0.38
	1460	0.00	0.05	0.10	0.15	0.20	0.25	0.31	0.36	0.40	0.46
	2800	0.00	0.10	0.20	0.29	0.39	0.49	0.59	0.69	0.79	0.89
C	400	0.00	0.04	0.08	0.12	0.16	0.20	0.23	0.27	0.31	0.35
	730	0.00	0.07	0.14	0.21	0.27	0.34	0.41	0.48	0.55	0.62
	800	0.00	0.08	0.16	0.23	0.31	0.39	0.47	0.55	0.63	0.71
	980	0.00	0.09	0.19	0.27	0.37	0.47	0.56	0.65	0.74	0.83
	1200	0.00	0.12	0.24	0.35	0.47	0.59	0.70	0.82	0.94	1.06
	1460	0.00	0.14	0.28	0.42	0.58	0.71	0.85	0.99	1.14	1.27
	2800	0.00	0.27	0.55	0.82	1.10	1.37	1.64	1.92	2.19	2.47

3. V 带传动的设计步骤和传动参数选择

设计 V 带传动的条件一般是：已知传递的功率、传动的用途、带轮的转速、传动位置及对传动外廓尺寸的要求等。

设计计算的内容包括：选择合理的传动参数，确定 V 带的截型、长度和根数；确定带轮的材料、结构和尺寸。

普通 V 带传动设计的步骤和方法如下。

1）选择 V 带型号

V 带的型号根据传动的设计功率 P_d 和小带轮的转速 n_1，按类型查选型图选取。普通 V 带的选型图如图 8-11 所示。

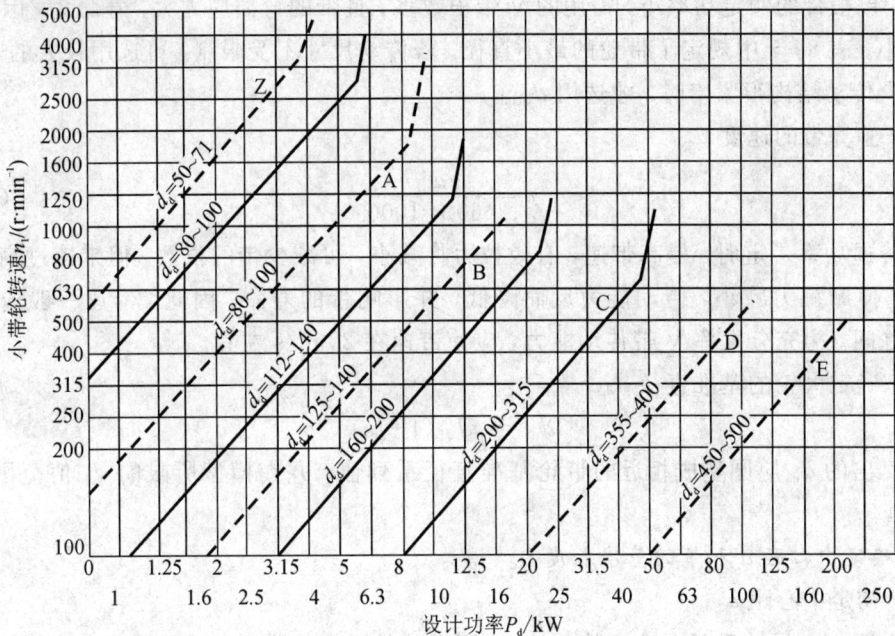

图 8-11 普通 V 带选型图

设计功率 P_d 为

$$P_d = K_A P \tag{8-16}$$

式中，P 为所需传递的功率（kW）；K_A 为工况系数，由表 8-9 查取。

表 8-9 工况系数 K_A

工 况		K_A					
		空、轻载启动			重载启动		
载荷性质	工作机	每天工作小时数/h					
		<10	10~16	>16	<10	10~16	>16
载荷变动最小	液体搅拌机、通风机和鼓风机（≤7.5 kW）、离心式水泵和压缩机轻负荷输送机	1.0	1.1	1.2	1.1	1.2	1.3
载荷变动小	带式输送机、通风机（>7.5 kW）、旋转式水泵和压缩机（非离心式）、发电机、金属切削机床、印刷机等	1.1	1.2	1.3	1.2	1.3	1.4
载荷变动较大	斗式提升机、往复式水泵和压缩机、起重机、冲剪机床、橡胶机械、纺织机械等	1.2	1.3	1.4	1.4	1.5	1.6

注：在反复启动、正反转频繁等场合，应将查出的系数 K_A 乘以 1.2。

2）确定带轮的基准直径 d_{d1}、d_{d2}

（1）选择小带轮的基准直径 d_{d1}

小带轮基准直径 d_{d1} 是最重要的自选参数。小带轮直径较小时，传动装置结构紧凑，但带速低，单根带的额定功率小，需用的 V 带根数多，且带的弯曲应力大，寿命短，因此，d_{d1} 不能太小。表 8－5 中规定了带轮的最小直径。若传动尺寸不受限制，可选用较大的 d_{d1}。只有在要求传动结构很紧凑时，才选用 d_{d1min}。

（2）验算带的速度 v。

$$v = \frac{\pi d_{d1} n_1}{60 \times 1000} \tag{8-17}$$

当传递功率一定时，提高带速，有效拉力将减小，可减少带的根数。但带速过高，离心力过大，使摩擦力减小，传动能力反而降低，并影响带的寿命。因此，带速一般应在 5～25 m/s 之间。为充分发挥 V 带传动能力，应使带速在 20 m/s 左右。

（3）确定大轮的基准直径 d_{d2}。

$$d_{d2} = i d_{d1}(1 - \varepsilon)$$

计算出的 d_{d2} 应圆整成相近的带轮基准直径系列值，并在槽型所限的 d_d 值范围内（见表 8－5）。

3）确定中心距 a 和带的基准长度 L_d

（1）初定中心距 a_0。

中心距 a 为另一重要自选参数。a 太小则带的长度短，带应力循环频率高，寿命短，而且包角也小，传动能力低。a 过大时将引起带的抖动，传动结构也不紧凑。初定中心距时，若无安装尺寸要求，a_0 可在如下范围内选取：

$$0.7(d_{d1} + d_{d2}) \leqslant a_0 \leqslant 2(d_{d1} + d_{d2})$$

（2）确定带的基准长度 L_d。

根据已定的带轮基准直径和初定的中心距 a_0，可按下式初步计算带传动所需的长度 L_{d0}：

$$L_{d0} = 2a_0 + \frac{\pi}{2}(d_{d1} + d_{d2}) + \frac{(d_{d2} - d_{d1})^2}{4a_0} \tag{8-18}$$

据 L_{d0} 由表 8－2 选取带的基准长度 L_d。

确定实际中心距 a：

$$a \approx a_0 + \frac{L_d - L_{d0}}{2} \tag{8-19}$$

中心距 a 要能够调整，以便于安装和调节带的初拉力。

安装时所需的最小中心距 $a_{min} = a - 0.015 L_d$，张紧或补偿 V 带伸长所需的最大中心距 $a_{max} = a + 0.03 L_d$。

（3）验算小带轮包角 α_1。

小带轮包角可按下式计算：

$$\alpha_1 = 180° - \frac{d_{d2} - d_{d1}}{a} \times 57.3° \geqslant 120° \tag{8-20}$$

若 α_1 太小，可增大中心距 a，或设置张紧轮。

4）确定 V 带的根数 z

V 带的根数可用下式计算：

$$z = \frac{P_d}{[P_0]} = \frac{P_d}{(P_0 + \Delta P_0)K_a K_L} \tag{8-21}$$

式中各符号的意义如前所述。将 z 圆整取整数。为了使各根带间受力均匀，带的根数不能过多，一般 z 取 2～5 为宜，最多不超过 8～10。若 z 超出允许范围，应加大带轮直径或选较大截面的带型，重新计算。

5）计算单根 V 带的初拉力 F_0。

保证传动正常工作的单根 V 带合适的初拉力 F_0 为

$$F_0 = 500 \times \frac{(2.5 - K_a)P_d}{K_a z v} + qv^2 \tag{8-22}$$

6）计算带作用于轴上的力 F_Q

为了计算轴和轴承，需要确定带作用在带轮上的径向力 F_Q（见图 8-12）。F_Q 近似按下式计算：

$$F_Q = 2zF_0 \sin\frac{\alpha_1}{2} \tag{8-23}$$

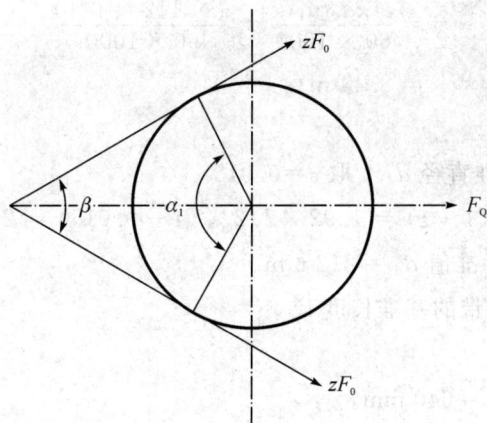

图 8-12 带传动作用于轴上的力

7）带轮的结构设计

普通 V 带带轮一般由轮缘、轮毂和轮辐三部分组成。

带轮的结构设计包括：根据带轮的基准直径选择结构形式；根据带的型号确定轮槽尺寸；根据经验公式确定带轮的腹板、轮毂等结构尺寸；绘出带轮工作图，并注明技术要求等。

带轮的技术要求主要有：带轮工作面不应有砂眼、气孔，腹板及轮毂不应有缩孔和较大的凹陷；带轮外缘棱角要倒圆或倒钝；轮槽间距的累积误差不得超过 ±0.8 mm；带轮基准直径公差是其基本尺寸的 0.8%，轮毂孔公差为 H7 或 H8；带轮槽侧面和轮毂孔的表面

粗糙度 $R_a = 3.2\ \mu m$；当 $d_d = 120 \sim 250\ mm$ 时，取圆跳动公差 $t = 0.3\ mm$；当 $d_d = 250 \sim 500\ mm$ 时，取圆跳动公差 $t = 0.4\ mm$。此外，带轮一般要进行静平衡，高速时要进行动平衡。

【例 8-2】 试设计某机床用的普通 V 带传动，已知电动机功率 $P = 5.5\ kW$，转速 $n_1 = 1440\ r/min$，传动比 $i = 1.92$，要求两带轮轴中心距不大于 $800\ mm$，每天工作 $16\ h$。

解 (1) 选择 V 带型号。

查表 8-9，选取工况系数 $K_A = 1.2$。

由式(8-16)得

$$P_d = K_A P = 1.2 \times 5.5 = 6.6\ kW$$

根据 P_d 和 n_1 查图 8-11，选 A 型带。

(2) 确定带轮的基准直径 d_{d1} 和 d_{d2}。

① 选取小带轮的基准直径 d_{d1}。

由于 $P_d \sim n_1$ 坐标的交点落在图 8-11 中 A 型带区域内虚线的下方，且靠近虚线，故选取小带轮的基准直径 $d_{d1} = 112\ mm$。

② 验算带的速度 v。

由式(8-17)得

$$v = \frac{\pi d_{d1} n_1}{60 \times 1000} = \frac{\pi \times 112 \times 1440}{60 \times 1000}$$
$$= 8.44\ m/s$$

速度没有超出范围。

③ 确定大带轮的基准直径 d_{d2}，取 $\varepsilon = 0.015$。

$$d_{d2} = i d_{d1} (1 - \varepsilon) = 1.92 \times 112 \times (1 - 0.015) = 211.81\ mm$$

查表 8-5，圆整取标准值 $d_{d2} = 212\ mm$。

(3) 确定中心距 a 和带的基准长度 L_d。

① 初定中心距 a_0。

根据题意要求，取 $a_0 = 640\ mm$。

据式(8-18)初步计算 L_{d0}：

$$L_{d0} = 2a_0 + \frac{\pi}{2}(d_{d1} + d_{d2}) + \frac{(d_{d2} - d_{d1})^2}{4a_0}$$
$$= 2 \times 640 + \frac{\pi}{2}(112 + 212) + \frac{(212 - 112)^2}{4 \times 640}$$
$$= 1912.5\ mm$$

由表 8-2，取基准长度 $L_d = 2000\ mm$。

② 确定中心距 a。

由式(8-19)得

$$a \approx a_0 + \frac{L_d - L_{d0}}{2} \approx 640 + \frac{2000 - 1912.5}{2} \approx 683.5\ mm$$

取 $a = 684$ mm。

安装时所需的最小中心距为

$$a_{min} = a - 0.015 L_d = 684 - 0.015 \times 2000 = 654 \text{ mm}$$

张紧或补偿带伸长所需的最大中心距为

$$a_{max} = a + 0.03 L_d = 684 + 0.03 \times 2000 = 744 \text{ mm}$$

③ 验算小带轮包角 α_1。

由式(8 - 20)得

$$\alpha_1 = 180° - 57.3° \times \frac{d_{d2} - d_{d1}}{a} = 180° - 57.3° \times \frac{212 - 112}{744}$$

$$= 172.3° > 120°$$

小带轮包角取值合适。

(4) 确定 V 带的根数 z。

查表 8 - 6 和表 8 - 8 得 $P_0 = 1.60$ kW，$\Delta P_0 = 0.15$ kW；查表 8 - 7，用插值法得 $K_a = 0.985$；查表 8 - 3 得 $K_L = 1.03$。将各数值代入式(8 - 21)得

$$z = \frac{P_d}{[P_0]} = \frac{P_d}{(P_0 + \Delta P_0) K_a K_L} = \frac{6.6}{(1.60 + 0.15) \times 0.985 \times 1.03}$$

$$= 3.72$$

取 $z = 4$。

(5) 计算初拉力 F_0。

查表 8 - 1 知 A 型带 $q = 0.10$ kg/m，由式(8 - 22)得

$$F_0 = 500 \times \frac{(2.5 - K_a) P_d}{K_a z v} + q v^2$$

$$= 500 \times \frac{(2.5 - 0.985) \times 6.6}{0.985 \times 4 \times 8.44} + 0.1 \times 8.44^2$$

$$= 157 \text{ N}$$

(6) 计算带作用在轴上的力 F_Q。

由式(8 - 23)得

$$F_Q = 2 z F_0 \sin \frac{\alpha_1}{2} = 2 \times 4 \times 157 \times \sin \frac{172.3°}{2}$$

$$= 1253 \text{ N}$$

(7) 带轮结构设计。

小带轮 $d_{d1} = 112$ mm，采用实心式(结构设计略)；大带轮 $d_{d2} = 212$ mm，采用孔板式。取轮缘宽度 $B = 65$ mm，轮毂长度 $L = 60$ mm。大带轮拟采用 P - Ⅳ 型结构形式。取轴孔径 $d = 40$ mm。按表 8 - 1 和图 8 - 11 确定结构尺寸。$h_{amin} = 2.75$ mm，取 $h_{amin} = 3$ mm，轮缘外径 $d_{a2} = d_{d2} + 2 h_a = 212 + 2 \times 3 = 218$ mm。取基准直线至槽底深 $h_f = 9$ mm；取轮缘厚度 $\delta = 12$ mm；基准宽度 $b_d = 11.0$，槽楔角 $\varphi = 38°$。腹板厚度 $S = 18$ mm。大带轮的工作图如图 8 - 13 所示。

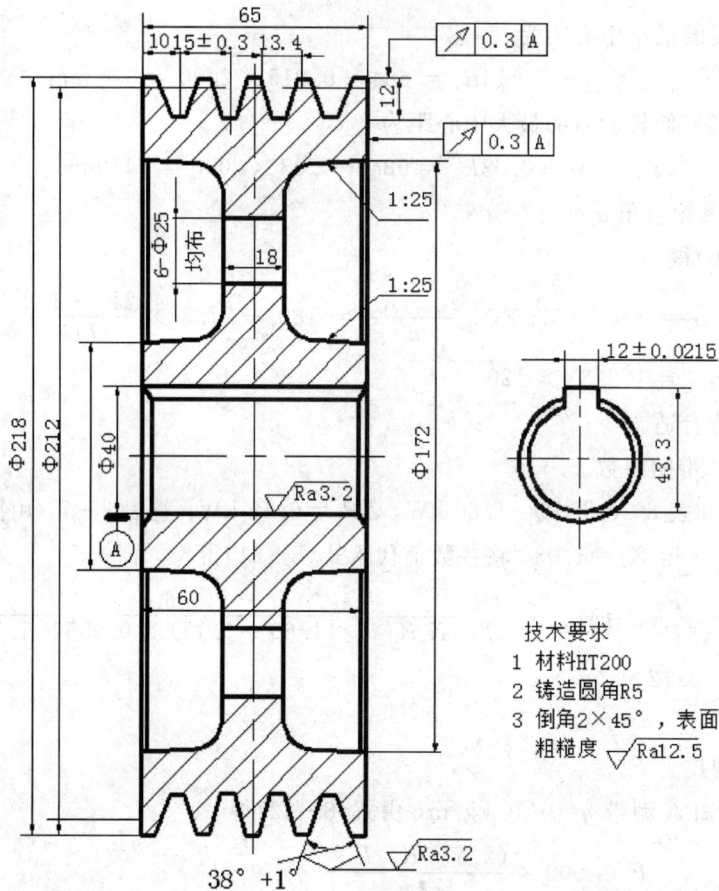

图 8-13　大带轮工作图

五、带传动的张紧、安装与维护

1. 带传动的张紧方法

V 带在张紧状态下工作一段时间后会产生塑性变形，使初拉力减小，造成传动能力下降。为了保证带传动的工常工作，应定期检查初拉力 F_0，当发现初拉力小于允许范围时，须重新张紧。常见的张紧装置有三类：

（1）定期张紧装置。该装置可定期调整中心距以恢复初拉力。常见的有滑道式（图 8-14(a)）和摆架式（图 8-14(b)）两种，均靠调节螺钉来调节带的张紧程度。滑道式适用于水平传动或倾斜不大的传动场合。

（2）自动张紧装置（图 8-14(c)）。该装置将装有带轮的电动机安装在浮动的摆架上，利用电动机自重，使带始终在一定的张紧力下工作。

（3）张紧轮张紧装置（图 8-14(d)）。当中心距不可调节时，采用张紧轮张紧装置。张紧轮一般应设置在松边内侧，并尽量靠近大带轮。张紧轮的轮槽尺寸与带轮相同，直径应小于小带轮的直径。若设置在外侧时，则应使其靠近小轮，这样可以增加小带轮的包角。

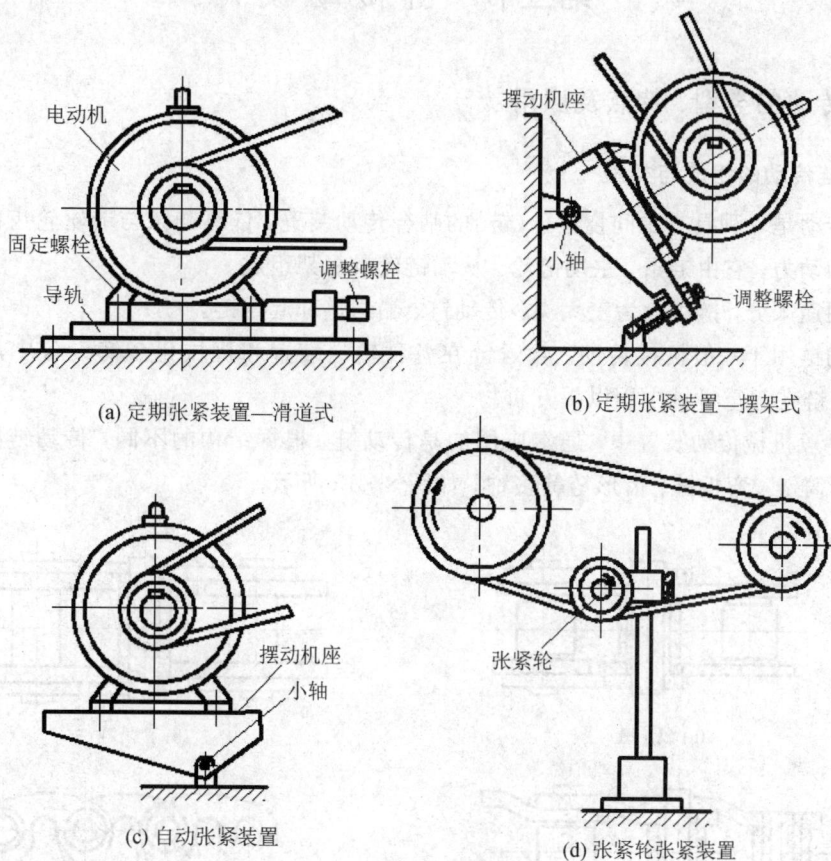

(a) 定期张紧装置—滑道式

(b) 定期张紧装置—摆架式

(c) 自动张紧装置

(d) 张紧轮张紧装置

图 8-14 带传动的张紧装置

2. 带传动的安装与维护

V 带传动的安装与维护需要注意以下几点：

（1）两轮的轴线必须安装平行，两轮轮槽应对齐，否则将加剧带的磨损，甚至使带从带轮上脱落。

（2）应通过调整中心距的方法来安装带和张紧，带套上带轮后慢慢地拉紧至规定的初拉力。新带使用前，最好预先拉紧一段时间后再使用。同组使用的 V 带应型号相同、长度相等。

（3）应定期检查胶带，若发现有的胶带过度松弛或已疲劳损坏时，应全部更换新带，不能新旧并用。若一些旧带尚可使用，应测量长度，选长度相同的胶带组合使用。

（4）带传动装置外面应加防护罩，以保证安全；防止带与酸、碱或油接触而腐蚀传动带，带传动的工作温度不应超过 60℃。

（5）如果带传动装置需闲置一段时间后再用，应将传动带放松。

第二节 链传动设计

一、链传动的类型、特点及应用

1. 链传动的组成与类型

链传动是一种具有中间挠性件（链）的啮合传动装置，依靠链条与链轮轮齿的啮合来传递运动和动力。它由链条、主动链轮、从动链轮及机架组成。

按用途来分，链可分为三大类：传动链、输送链和起重链。

传动链用于一般机械传动。输送链在各种输送装置和机械化装卸设备中用以输送物品。起重链在起重机械中用以提升重物。

在一般机械传动装置中，通常应用的是传动链。根据结构的不同，传动链又可分为滚子链、套筒链、弯板链、齿形链等多种，如图 8-15 所示。

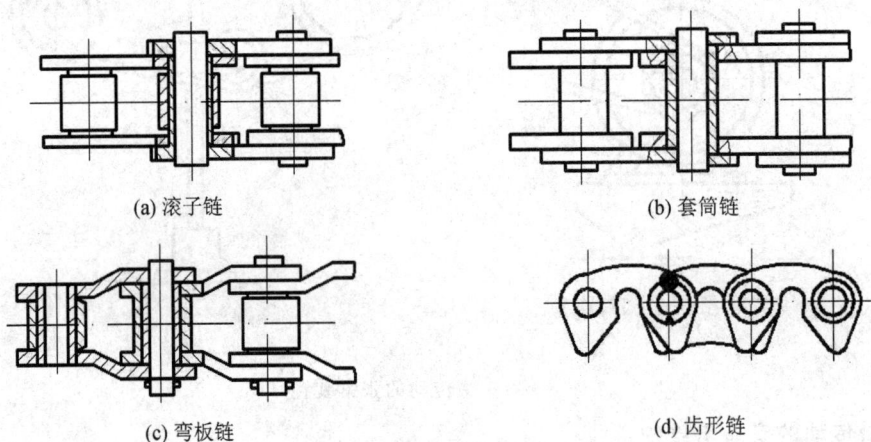

(a) 滚子链   (b) 套筒链

(c) 弯板链   (d) 齿形链

图 8-15　传动链的类型

2. 链传动的特点及应用

链传动兼有带传动和齿轮传动的特点。

链传动的主要优点：与摩擦型带传动相比，无弹性滑动和打滑现象，平均传动比准确，工作可靠，效率较高（封闭式链传动的传动效率 $\eta = 0.95 \sim 0.98$）；传动功率大，过载能力强，相同工况下的传动尺寸小；所需张紧力小，作用于轴上的压力小；能在高温、多尘、潮湿、有污染等恶劣环境中工作。与齿轮传动相比，制造和安装精度要求较低，成本低，易于实现较大中心距的传动或多轴传动。

链传动的主要缺点：瞬时的链速和传动比不恒定，传动平稳性较差，有噪声。

链传动适用于中心距较大又要求平均传动比准确的传动、环境恶劣的开式传动、低速重载传动、润滑良好的高速传动场合，不宜用于载荷变化很大和急速反向的传动中。

通常，链传动传递的功率 $P \leqslant 100$ kW，链速 $v \leqslant 15$ m/s，传动比 $i < 8$，传动中心距 $a \leqslant$ 5～6 m。目前，链传动最大的传递功率可达 5000 kW，链速可达 40 m/s，传动比可达 15，中心距可达 8 m。

二、滚子链及其链轮

1. 滚子链的结构和规格

1) 滚子链的结构

在链传动中，滚子链的应用最为广泛。滚子链由内链板 1、外链板 2、销轴 3、套筒 4 和滚子 5 组成，如图 8－16(a)所示。两片外链板与销轴采用过盈配合连接，构成外链节，如图 8－16(b)所示。两片内链板与套筒也为过盈配合连接，构成内链节，如图 8－16(c)所示。销轴穿过套筒，将内、外链节交替连接成链条。套筒、销轴间为间隙配合，因而内、外链节可相对转动。滚子与套筒间亦为间隙配合，使链条与链轮啮合时形成滚动摩擦，以减轻磨损。链板制成 8 字形，使链板各截面强度大致相等，并减轻重量。

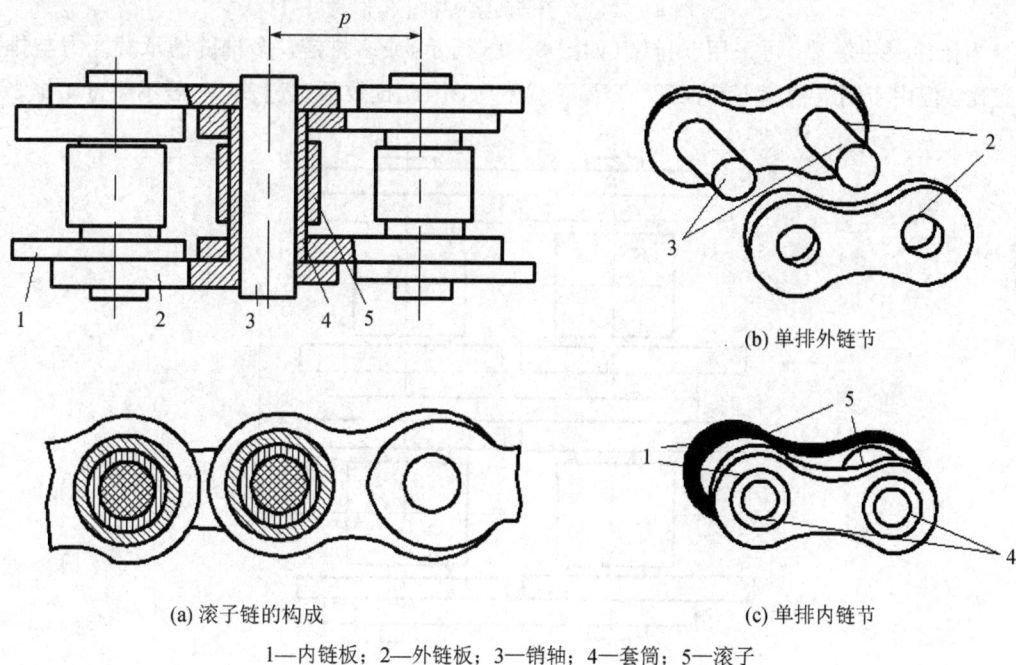

(a) 滚子链的构成

(b) 单排外链节

(c) 单排内链节

1—内链板；2—外链板；3—销轴；4—套筒；5—滚子

图 8－16 滚子链的结构

2) 链节数与滚子链的接头形式

滚子链的接头和止锁形式如图 8－17 所示。当链节数为偶数时，内外链板正好相接，可直接采用连接链节，如图 8－17(a)所示。当节距较小时，常采用弹性锁片锁住连接链板；节距较大时，止锁件多用钢丝锁销(图 8－17(b))或开口销(8－17(c))。一般推荐用弹性锁片和钢丝锁销。当链节数为奇数时，接头可用过渡链节，如图 8－17(d)所示。过渡链节的链板为了兼作内外链板,形成弯链板,工作时受附加弯曲作用,使承载能力降低20%。因此,应尽量采用偶数链节。

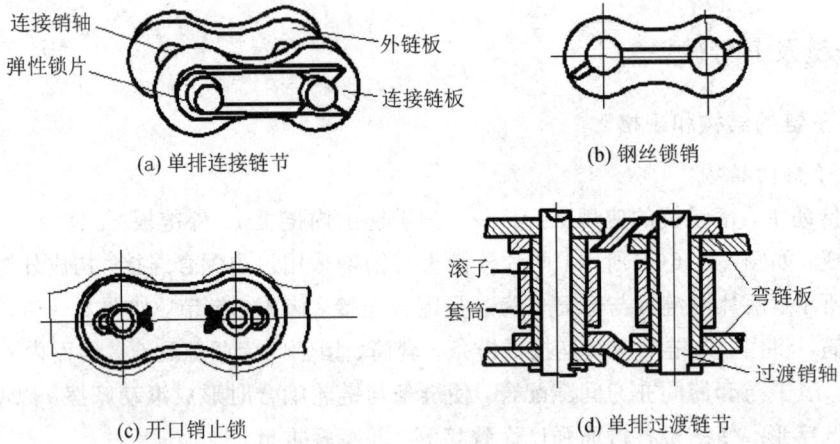

(a) 单排连接链节

(b) 钢丝锁销

(c) 开口销止锁

(d) 单排过渡链节

图 8-17 滚子链的接头和止锁形式

当传递大功率时,可采用双排链(如图 8-18 所示)或多排链。多排链的承载能力与排数成正比。但由于制造精度不易保证,容易受载不均,因此排数不宜过多,一般不超过 4 排。

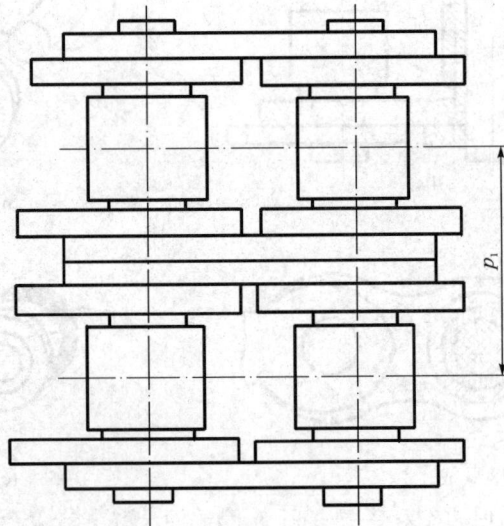

图 8-18 双排滚子链

3) 滚子链的标准规格

两相邻销轴中心间的距离称为节距。节距 p 为链条的基本参数。节距越大,链条各零件的尺寸越大,其承载能力也越大。滚子链已标准化(GB/T 1243—2006),按极限拉伸载荷的大小分为 A、B 两个系列。部分滚子链规格、主要参数和尺寸见表 8-10。链号数乘以 25.4/16 即为节距。

表 8-10　滚子链规格和主要参数　　　　　　　　　　　　　　mm

链号	节距 p	排距 p_1	滚子外径 d_1	内链节内宽 b_1	销轴直径 d_2	内链节外宽 b_2	销轴长度		内链板高度 h_2	极限拉伸载荷 F_{Qmin}(N)		单排质量 $q/(\text{kg}\cdot\text{m}^{-1})$
							单排 b_4	双排 b_t		单排	双排	
05B	8.00	5.64	5.00	3.00	2.31	4.77	8.6	14.3	7.11	4400	7800	0.18
06B	9.525	10.24	6.35	5.72	3.28	8.53	13.5	23.8	8.26	8900	16900	0.40
08B	12.7	13.92	8.51	7.75	4.45	11.30	17.01	31.0	11.81	17800	31100	0.70
08A	12.7	14.38	7.95	7.85	3.96	11.18	17.8	32.3	12.07	13800	27600	0.6
10A	15.875	18.11	10.16	9.40	5.08	13.84	21.8	39.9	15.09	21800	43600	1.0
12A	19.05	22.78	11.91	12.57	5.94	17.75	26.9	49.8	18.08	31100	62300	1.5
16A	25.4	29.29	15.88	15.75	7.92	22.61	33.5	62.7	24.13	55600	112100	2.6
20A	31.75	35.76	19.05	18.9	9.53	27.46	41.1	77.0	30.18	86700	173500	3.8
24A	38.10	45.44	22.23	25.22	11.10	35.46	50.8	96.3	36.20	124600	249100	5.6
28A	44.45	48.87	25.4	25.22	12.70	37.19	54.9	103.6	42.24	169000	338100	7.5
32A	50.8	58.55	28.58	31.55	14.27	45.21	65.5	124.2	48.26	222400	444800	10.1
40A	63.5	71.55	39.68	37.85	19.54	54.89	80.3	151.9	60.33	347000	693900	16.1
48A	76.2	87.83	47.63	47.35	23.80	67.82	95.5	183.4	72.39	500400	1000800	22.6

注：① 极限拉伸载荷也可用 kgf 表示，取 1 kgf=9.8 N；

　　② 过渡链节的极限拉伸载荷按表列数值的 80% 计算。

　　③ 滚子链的标记方法：链号－排数×链节数 标准代号。

2. 滚子链链轮

1）链轮齿形

GB/T 1243—2006 规定的齿槽形状为双圆弧齿形，如图 8-19 所示。该标准规定了最大和最小齿槽形状，凡在两者之间的各标准齿形均可采用。另外，亦可采用"三圆弧一直线"齿形，如图 8-20 所示。链轮的轴向齿廓有圆弧（A 型）和直线（B 型）两种，圆弧形齿廓有利于链节的啮入和退出。

当链轮轮齿采用标准齿形且用标准刀具加工时，在链轮工作图上无需绘出端面齿形，只需在图右上角列表注明链轮的基本参数和"齿形按 GB/T 1243—2006 制造"即可，而链轮的轴向齿廓则需在工作图上绘出，以便车削链轮毛坯。

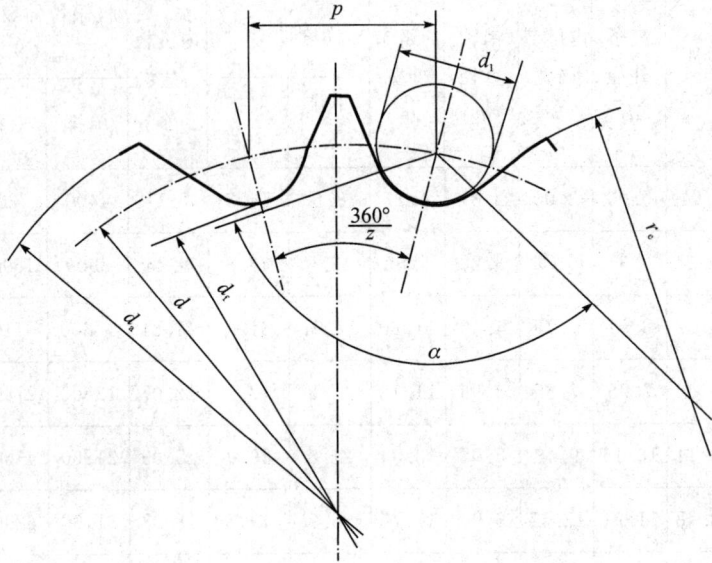

图 8-19　双圆弧齿形

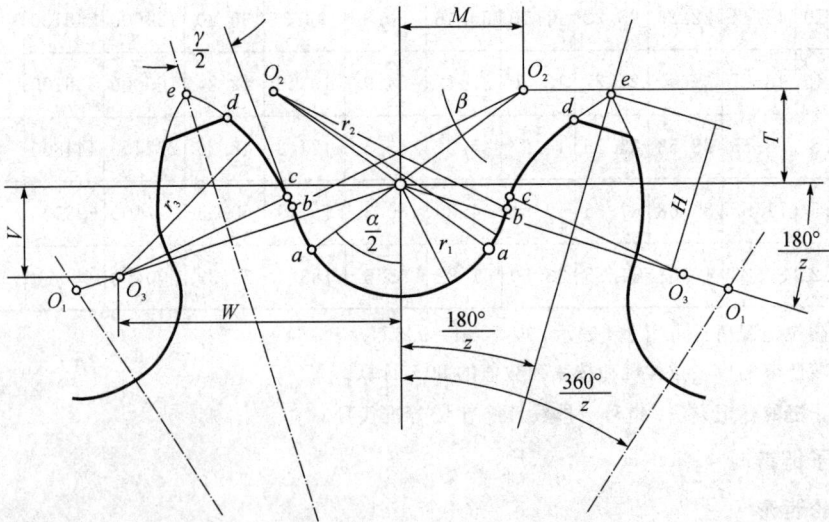

图 8-20　三圆弧一直线齿形

2）链轮的尺寸参数

滚子链链轮的形状如表 8-11 中的图所示。已知节距 p、滚子外径 d_1 和齿数 z 时，链轮的主要尺寸按表 8-11 中公式计算。

表 8 – 11 滚子链链轮主要尺寸

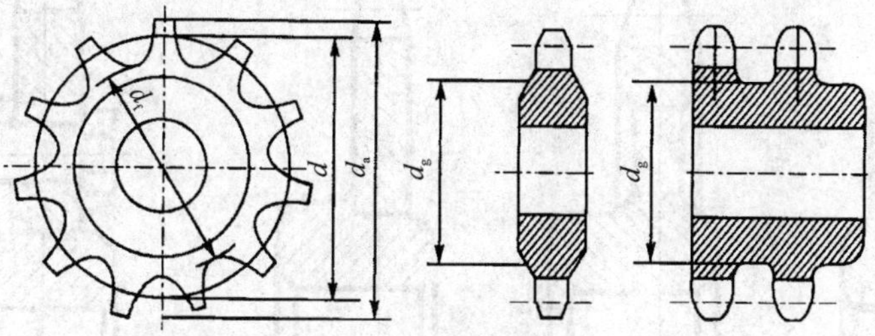

名　称	符　号	计算公式	备　注
分度圆直径	d	$d=\dfrac{p}{\sin\left(\dfrac{180°}{z}\right)}$	
齿顶圆直径	d_a	$d_{amax}=d+1.25p-d_1$ $d_{amin}=d+\left(1-\dfrac{1.6}{z}\right)p-d_1$ 若为三圆弧一直线齿形，则 $d_a=p\left[0.54+\cot\left(\dfrac{180°}{z}\right)\right]$	可在 d_{amax} 和 d_{amin} 范围内任意选取，但选用 d_{amax} 时，若采用展成法加工，可能顶切
齿根圆直径	d_f	$d_f=d-d_1$	
齿侧凸缘（或排间槽）直径	d_g	$d_g=p\cot\dfrac{180°}{z}-1.0h_2-0.76$	h_2 为内链板高度

注：d_a、d_g 计算值舍小数取整数，其他尺寸精确到 0.01。

3）链轮材料

链轮轮齿应具有足够的疲劳强度、耐磨性和耐冲击性，故链轮材料多采用渗碳钢和合金钢，如 15、20、20Cr 等经渗碳淬火热处理后齿面硬度均在 46HRC 以上。高速轻载时，可采用夹布胶木材料，以保证传动的平稳性，减少噪声。

由于小链轮轮齿的啮合次数比大链轮多，所受冲击和磨损也较严重，故应采用较好的材料。

4）链轮结构

链轮的结构如图 8 – 21 所示。直径小的链轮制成实心式（见图 8 – 21(a)）；中等尺寸的链轮制成孔板式（见图 8 – 21(b)）；直径较大的链轮可采用组合式结构，可将齿圈焊接在轮心上(图 8-21(c));也可将齿圈用螺栓连接在轮心上(图 8-21(d)),以便更换磨损的齿圈。

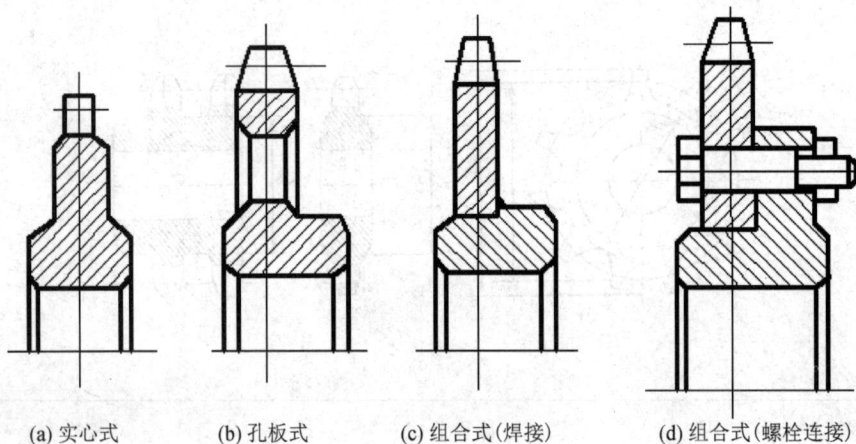

　(a) 实心式　　　　(b) 孔板式　　　(c) 组合式(焊接)　　(d) 组合式(螺栓连接)

图 8-21　链轮的结构

三、链传动的运动特性

1. 链传动的平均速度与平均传动比

由于链绕在链轮上,链节与相应的轮齿啮合后这一段链条曲折成正多边形的一部分,如图 8-22 所示。完整的正多边形的边长为链条的节距 p,边数等于链轮齿数 z。链轮每转一圈,随之转过的链长为 zp,故链的平均速度 v 为

$$v = \frac{z_1 n_1 p}{60 \times 1000} = \frac{z_2 n_2 p}{60 \times 1000} \ (\text{m/s}) \qquad (8-24)$$

式中,z_1、z_2 分别为主、从动轮齿数;n_1、n_2 分别为主、从动轮的转速(r/min);p 为链的节距(mm)。

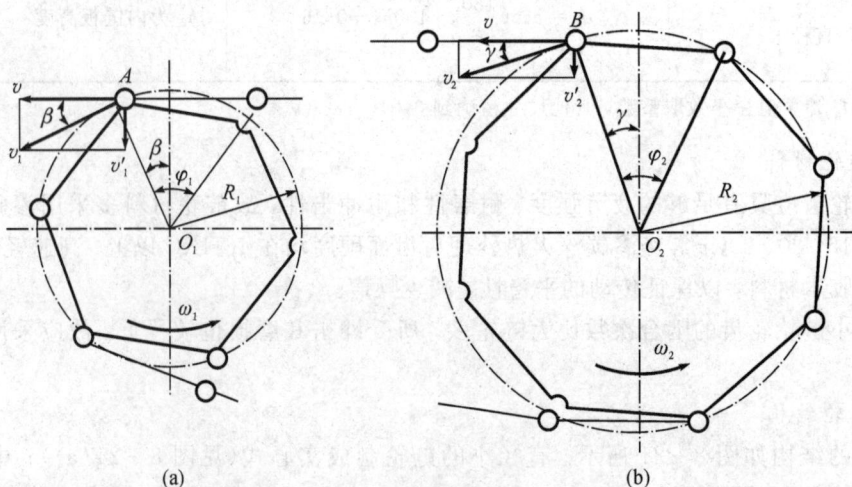

　　　　　(a)　　　　　　　　　　　　　　　　(b)

图 8-22　链传动的速度分析

链传动的平均传动比为

$$i \approx \frac{n_1}{n_2} \approx \frac{z_2}{z_1}$$

2. 链传动的瞬时速度与瞬时传动比

如图 8-22(a) 所示，链轮转动时，绕在其上的链条的销轴轴心沿链轮节圆（直径为 d_1）运动，而链节其余部分的运动轨迹基本不在节圆上。设链轮以角速度 ω_1 转动时，该链轮的销轴轴心 A 作等速圆周运动，其圆周速度 $v_1 = R_1\omega_1$。

为便于分析，设链在转动时主动边始终处于水平位置。v_1 可分解为沿链条前进方向的水平分速度 v 和上下垂直运动的分速度 v_1'，其值分别为

$$v = v_1\cos\beta = R_1\omega_1\cos\beta$$
$$v_1' = v_1\sin\beta = R_1\omega_1\sin\beta$$

式中，β 为 A 点处圆周速度与水平线的夹角。

由图 8-22(a) 可知，链条的每一链节在主动链轮上对应的中心角为 φ_1（$\varphi_1 = 360°/z_1$），则 β 角的变化范围为 $-\varphi_1/2 \sim +\varphi_1/2$。显然，当 $\beta = \pm\varphi_1/2$ 时，链速最小，$v_{min} = R_1\omega_1\cos(\varphi_1/2)$；当 $\beta = 0$ 时，链速最大，$v_{max} = R_1\omega_1$。所以，主动链轮作等速回转时，链条前进的瞬时速度 v 周期性地由小变大，又由大变小，每转过一个节距就变化一次。与此同时，v_1' 的大小也在周期性地变化，使链节以减速上升，然后以加速下降。

设从动轮角速度为 ω_2，圆周速度为 v_2，由图 8-22(b) 可知

$$v_2 = \frac{v}{\cos\gamma} = \frac{v_1\cos\beta}{\cos\gamma} = R_2\omega_2 \tag{8-25}$$

又因 $v_1 = R_1\omega_1$，所以有

$$\frac{R_1\omega_1\cos\beta}{\cos\gamma} = R_2\omega_2$$

故瞬时传动比为

$$i_1 \approx \frac{\omega_1}{\omega_2} = \frac{R_2\cos\gamma}{R_1\cos\beta} \tag{8-26}$$

随着 β 角和 γ 角的不断变化，链传动的瞬时传动比也是不断变化的。当主动链轮以等角速度回转时，从动链轮的角速度将周期性地变化。只有在 $z_1 = z_2$，且传动的中心距恰为节距 p 的整数倍时，传动比才可能在啮合过程中保持不变，恒为 1。

由上面分析可知，链轮齿数 z 越小，链条节距 p 越大，链传动的运动不均匀性越严重。

3. 链传动的动载荷

链传动中的动载荷主要由以下因素产生：

(1) 链速 v 的周期性变化产生的加速度 a 对动载荷的影响。链条加速度为

$$a = \frac{\mathrm{d}v}{\mathrm{d}t} = -R_1\omega_1^2\sin\beta \tag{8-27}$$

当销轴位于 $\beta = \pm\varphi_1/2$ 时，加速度达到最大值，即

$$a_{max} = \pm R_1\omega_1^2\sin\frac{\varphi_1}{2} = \pm R_1\omega_1^2\sin\frac{180°}{z} = \pm\frac{\omega_1^2 p}{2} \tag{8-28}$$

式中：$R_1 = \dfrac{p}{2\sin(180°/z)}$。

由上式可知，当链的质量相同时，链轮转速越高，节距越大，则链的动载荷就越大。

（2）链在垂直方向分速度 v' 的周期性变化会导致链传动的横向振动，它也是链传动载荷中很重要的一部分。

（3）当链条的铰链啮入链轮齿间时，链条铰链作直线运动而链轮轮齿作圆周运动，两者之间的相对速度会造成啮合冲击和动载荷。

以上分析的几种主要原因造成了链传动有不平稳现象、冲击和动载荷，这是链传动的固有特性，称为链传动的多边形效应。

另外，链和链轮的制造误差和安装误差，以及由于链条的松弛在起动、制动、反转、突然超载或卸载情况下出现的惯性冲击，也都将增大链传动的动载荷。

4. 链传动的受力分析

1）作用在链条上的力

链在工作过程中，作用在链条上的力有圆周力、离心拉力和悬垂拉力，如图 8-23 所示。

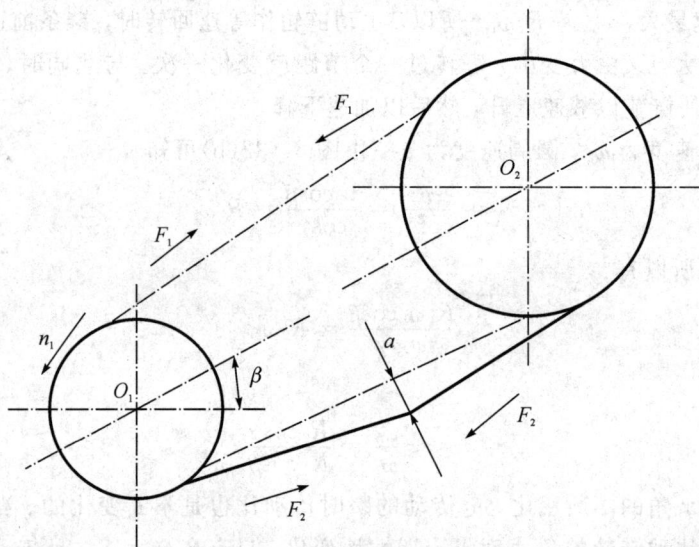

图 8-23　作用在链条上的力

圆周力 F（链的有效拉力 F_e）为

$$F = \frac{1000P}{v} \quad (\text{N}) \tag{8-29}$$

式中：P 为传递的功率（kW）；v 为链速（m/s）。

离心拉力 F_c 为

$$F_c = qv^2 \quad (\text{N}) \tag{8-30}$$

式中：q 为单位长度链条的质量，单位 kg/m。

悬垂拉力 F_y 为

$$F_y = K_y qga \tag{8-31}$$

式中：K_y 为下垂度为 $y = 0.02a$ 时的垂度系数，其值见表 8 - 12；g 为重力加速度，$g = 9.81 \text{ m/s}^2$；a 为中心距，单位为毫米。

表 8 - 12　垂度系数 K_y

		K_y	
水平布置		7	
倾斜布置	$\beta = 30°$	6	
	$\beta = 60°$	4	
	$\beta = 75°$	2.5	
垂直布置		1	

2）紧边拉力 F_1 和松边拉力 F_2

紧边拉力由三部分组成：

$$F_1 = F + F_c + F_y \tag{8 - 32}$$

松边拉力由两部分组成：

$$F_2 = F_c + F_y \tag{8 - 33}$$

作用在轴上的压力 F_Q 可近似取为

$$F_Q \approx 1.2 K_A F \tag{8 - 34}$$

其中 K_A 为工作情况系数。

四、链传动的设计计算

1. 链传动的失效形式

链传动的失效多为链条失效。主要表现在以下几个方面：

（1）链条疲劳破坏。链传动时，由于链条在松边和紧边所受拉力不同，故其在运行中受变应力作用。经多次循环后，链板将发生疲劳断裂，或套筒、滚子表面出现疲劳点蚀。在润滑良好时，疲劳强度是决定链传动能力的主要因素。

（2）销轴磨损与脱链。链传动时，销轴与套筒间的压力较大，又有相对运动，若再润滑不良就会导致销轴、套筒严重磨损，链条平均节距增大。达到一定程度后，将破坏链条与链轮的正确啮合，发生跳齿而脱链。这是常见的失效形式之一。开式传动极易引起铰链磨损，急剧降低链寿命。

（3）销轴和套筒的胶合。在高速重载时，链节所受冲击载荷、振动较大，销轴与接触表面间难以形成中间油膜层，导致摩擦严重且产生高温，在重载作用下发生胶合。胶合限定了链传动的极限转速。

（4）滚子和套筒的冲击破坏。链传动时不可避免地产生冲击和振动，以至滚子、套筒因受冲击而破坏。

（5）链条的过载拉断。低速重载的链传动在过载时，链条易因静强度不足而被拉断。

2. 额定功率曲线

链传动的承载能力受到不同失效形式的限制。试验研究表明，对于中等速度、润滑良好的传动，承载能力主要受链板疲劳断裂的限制；当小链轮转速较高时，承载能力主要取决于滚子和套筒的冲击疲劳强度；转速再高时，则要受到销轴和套筒抗胶合能力的限制。图 8-24 所示为 A 系列滚子链的额定功率曲线。可以看出，每种链所允许传递的功率均随转速升高而增大，达到一定转速后反而降低。折线以下为其安全区。

额定功率曲线是在规定试验条件下试验并考虑安全裕量后得到的。试验条件为：① 两链轮安装在水平轴上并共面；② 小链轮齿数 $z=19$；③ 链节数 $L_p=100$ 节；④ 单排链，载荷平稳；⑤ 采用推荐的润滑方式；⑥ 满载荷运转 15 000 h；⑦ 链条因磨损而引起的相对伸长量不超过 3%；⑧ 链速 $v > 0.6$ m/s。

若链传动的润滑方式与荐用的润滑方式不符，额定功率 P_0 值应予降低；润滑不良且 $v \leqslant 1.5$ m/s 时，降至 $(0.3 \sim 0.6)P_0$；润滑不良且 1.5 m/s $\leqslant v \leqslant 7$ m/s 时，降至 $(0.15 \sim 0.3)P_0$。

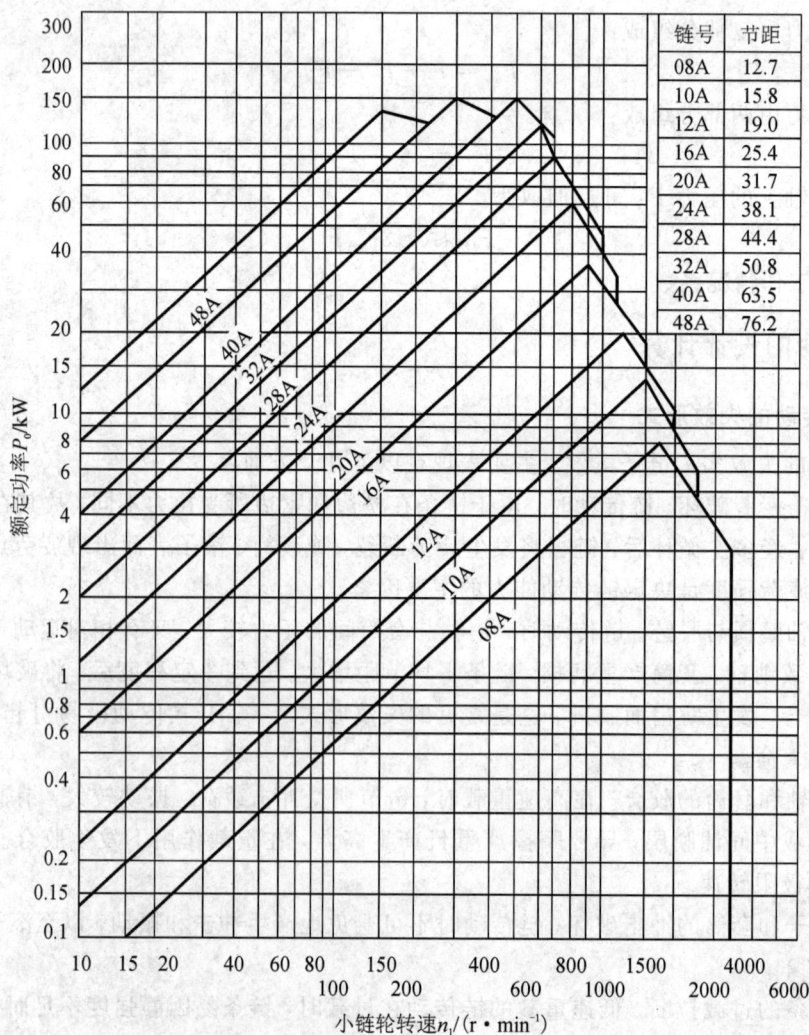

链号	节距
08A	12.7
10A	15.8
12A	19.0
16A	25.4
20A	31.7
24A	38.1
28A	44.4
32A	50.8
40A	63.5
48A	76.2

图 8-24　A 系列滚子链（$v > 0.6$ m/s）的额定功率曲线

3. 滚子链传动的设计计算

设计链传动时，一般已知传递的功率 P、小链轮转速 n_1、大链轮转速 n_2 或传动比 i、载荷情况和使用条件等。须确定链号(节距)、链轮的齿数 z_1 和 z_2、链节数 L_p、中心距 a 以及链轮的结构尺寸和传动润滑方式等。

(1) 确定齿数 z_1、z_2 和传动比 i。

小链轮齿数 z_1 过少时，动载荷增大，传动平稳性差，链条会很快磨损，因此要限制小链轮的最少齿数 z_{min}，一般 $z_{min} > 17$。链速很低时，z_1 可少至 9。z_1 亦不可过大，否则传动尺寸太大。推荐 z_1 按 $z_1 \approx 29 - 2i$ 选取。可按链速由表 8-13 选取 z_1。

表 8-13 链轮的齿数选择

链速/(m/s)	0.6~3	3~8	>8
z_1	≥17	≥21	>25

小链轮齿数确定后可计算大链轮齿数，即 $z_2 = iz_1$，应使 $z_2 \leqslant z_{max} = 120$。$z_2$ 过大时，磨损后的链条易从轮上脱落。

通常限制链传动的传动比 $i \leqslant 6$。推荐 $i = 2 \sim 3.5$。

由于链节数常为偶数，为使磨损均匀，链轮齿数一般应取与链节数互为质数的奇数，并优先选用数列 17、19、21、23、25、38、57、76、85、114 中的数。

(2) 计算中心距 a 和链节数 L_p。

① 初定中心距 a_0。

中心距大时，单位时间内链节应力循环次数少，磨损慢，链的使用寿命长，而且小链轮上包角较大，同时啮合齿数较多，对传动有利。但中心距过大时，链条的松边易上下颤动。最大中心距 $a_{max} = 80p$。最小中心距应保证小链轮上包角不小于 $120°$。初定中心距 a_0 时，可在 $(30 \sim 50)p$ 之间选取。

② 计算链节数 L_p。

链条的长度常用链节数 L_p 表示，链条总长为 $L = pL_p$。

$$L_p = 2\frac{a_0}{p} + \frac{z_1 + z_2}{2} + \left(\frac{z_2 - z_1}{2\pi}\right)^2 \frac{p}{a_0} \tag{8-35}$$

计算出的 L_p 应圆整成相近的偶数。

③ 计算理论中心距 a。

$$a = \frac{p}{4}\left[\left(L_p - \frac{z_1 + z_2}{2}\right) + \sqrt{\left(L_p - \frac{z_1 + z_2}{2}\right)^2 - 8\left(\frac{z_2 - z_1}{2\pi}\right)^2}\right] \tag{8-36}$$

为保证链条松边有合适的垂度，即 $y = (0.01 \sim 0.02)a$，实际中心距 a' 要比理论中心距 a 小 $2 \sim 3$ mm，以便张紧。缩小量 $\Delta a = a - a'$，通常 $\Delta a = (0.002 \sim 0.004)a$。中心距可调时，$\Delta a$ 取较大值；不可调时，则取较小值。

(3) 计算额定功率 P_0。

对于一般 $v > 0.6$ m/s 的链传动，主要失效形式为疲劳破坏，按许用功率进行计算。链传动的实际工作条件往往与规定的试验条件不同，必须对 P_0 进行修正。实际条件下链条所能传递的功率即许用功率 $[P]$ 应不小于设计功率 P_d，即

$$[P] \geqslant P_d$$

即

$$P_0 K_z K_L K_m \geqslant K_A P \qquad (8-37)$$

设计时，先计算出所需的额定功率 P_0：

$$P_0 = \frac{K_A P}{K_z K_L K_m} \qquad (8-38)$$

式中，P 为链传动的名义功率(kW)；K_A 为工况系数(见表 8-14)；K_z 为小链轮齿数系数 (见表 8-15)，当链轮转速使工作处于额定功率曲线(图 8-24)凸锋左侧时(受链板疲劳限制)，查取 K_z 值，当工作处于曲线凸锋右侧(受滚子、套筒冲击疲劳限制)时，查取 K_z'；K_L 为链长系数(见表 8-16)，K_L、K_L' 的查法同 K_z；K_m 为多排链系数，当链排数 $m=1$ 时，$K_m=1.0$；$m=2$ 时，$K_m=1.7$；$m=3$ 时，$K_m=2.5$；$m=4$ 时，$K_m=3.3$。

表 8-14　工况系数 K_A

载荷种类	工　作　机	动力机		
		内燃机—液力传动	电动机或汽轮机	内燃机—机械传动
平稳载荷	液体搅拌机、中小型离心式鼓风机、离心式压缩机、轻型输送机、离心泵、均匀荷的一般机械	1.0	1.0	1.2
中等冲击	大型或不均匀载荷的输送机、中型起重机和提升机、农业机械、食品机械、木工机械、干燥机、粉碎机	1.2	1.3	1.4
较大冲击	工程机械、矿山机械、石油机械、石油钻井机械、锻压机械、冲床、剪床、重型起重机械、振动机械	1.4	1.5	1.7

表 8-15　小链轮齿数系数 $K_z(K_z')$

z_1	9	11	13	15	17	19	21	23	25	27
K_z	0.446	0.554	0.664	0.775	0.887	1.00	1.11	1.23	1.34	1.46
K_z'	0.326	0.441	0.566	0.701	0.846	1.00	1.16	1.33	1.51	1.60

表 8-16　链长系数 $K_L(K_L')$

链节数 L_P	50	60	70	80	90	100	110	120	130	140	150	180	200	220
K_L	0.835	0.87	0.92	0.945	0.97	1.00	1.03	1.055	1.07	1.10	1.135	1.175	1.215	1.265
K_L'	0.70	0.76	0.83	0.90	0.95	1.00	1.055	1.10	1.15	1.175	1.26	1.34	1.415	1.50

注：L_P 为其他数值时，用插值法求 K_L 和 K_L'。

（4）选择链条型号，确定链的节距 p。

根据 P_0 和小链轮的转速 n_1，查图 8-24 可确定滚子链的型号和节距。

节距 p 是链传动最主要的参数，决定链传动的承载能力。在一定条件下，p 越大，承载能力越高，但引起的冲击、振动和噪声也越大。为使传动平稳和结构紧凑，尽量使用节距较小的单排链。在高速、大功率时，可选用小节距多排链。

（5）验算链速 v。

$$v = \frac{z_1 n_1 p}{60 \times 1000}$$

当 $v < 0.6$ m/s 时，需进行链的静强度计算。

（6）计算作用在链条上的圆周力 F（链的有效拉力 F_e）：

$$F = \frac{1000P}{v} \tag{8-39}$$

（7）计算作用在轴上的压力 F_r：

$$F_r \approx 1.2 K_A F \tag{8-40}$$

（8）确定润滑方式。

根据链节距 p 和链速 v，查图 8-25，确定润滑方式。

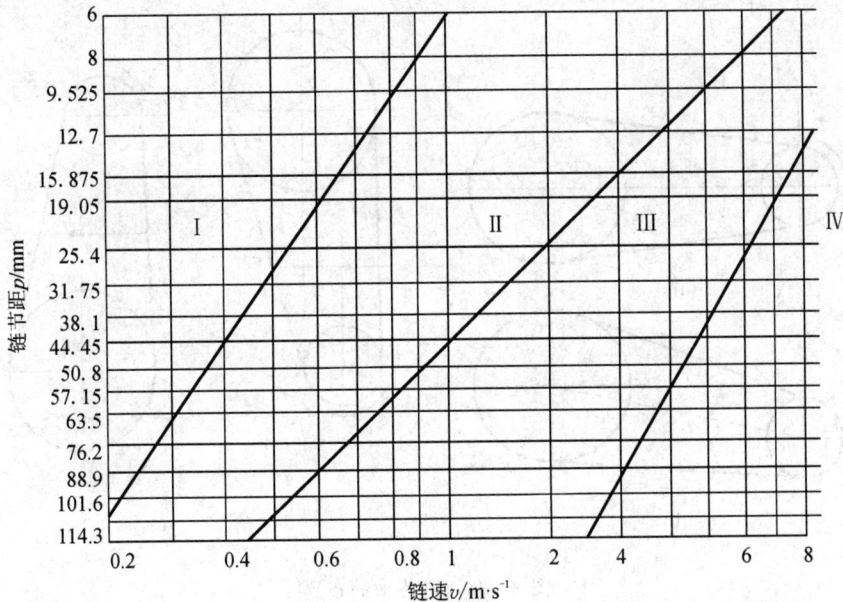

I—人工润滑；II—滴油润滑；III—油浴或飞溅润滑；IV—油泵压力喷油润滑

图 8-25 建议使用的润滑方式

（9）链轮结构设计。

根据大小链轮的直径分别选择相应的结构形式。

（10）静强度计算。

对于 $v<0.6\,\mathrm{m/s}$ 的链传动，其主要失效形式为过载拉断，需进行链的静强度计算。

$$\frac{F_Q \cdot m}{K_A \cdot F_e} \leqslant S \tag{8-41}$$

式中：F_Q 为单排链条的极限拉伸载荷，见表 8-10；m 为链条的排数；K_A 为工况系数，见表 8-14；F_e 为有效拉力；S 为静强度安全系数，$S=4\sim8$，多排链取大值。

五、链传动的布置、张紧与润滑

1. 链传动的布置

布置链传动时应注意以下几点：

（1）最好两轮轴线布置在同一水平面内（参见图 8-26(a)），或两轮中心连线与水平面成 45°以下的倾斜角（参见图 8-26(b)）。

（2）应尽量避免垂直传动。两轮轴线在同一铅垂面内时，链条因磨损而垂度增大，使与下链轮啮合的齿数减少或松脱。若必须采用垂直传动，可采用如下措施：① 中心距可调；② 设张紧装置；③ 上下两轮错开，使两轮轴线不在同一铅垂面内（参见图 8-26(c)）。

（3）主动链轮的转向应使传动的紧边在上（参见图 8-26(a)、(b)）。若松边在上方，会由于垂度增大，链条与链轮齿相干扰，破坏正常啮合，或者引起松边与紧边相碰。

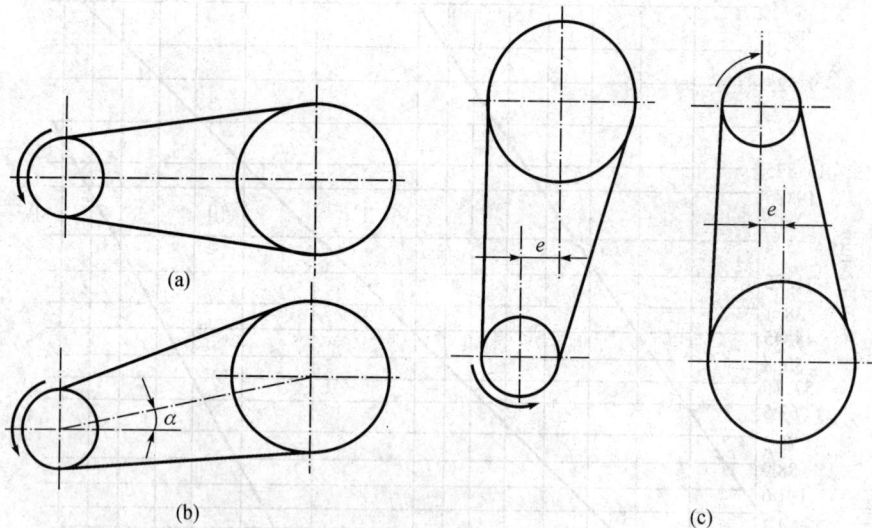

图 8-26　链传动的布置

2. 链传动的安装与张紧

1）链传动的安装

两链轮的轴线应平行。安装时应使两轮轮宽中心平面的轴向位置误差 $\Delta e\leqslant0.002a$（a 为中心距），两轮的旋转平面间的夹角 $\Delta\theta\leqslant0.006\,\mathrm{rad}$，如图 8-27 所示。若误差过大，易脱链和增加磨损。

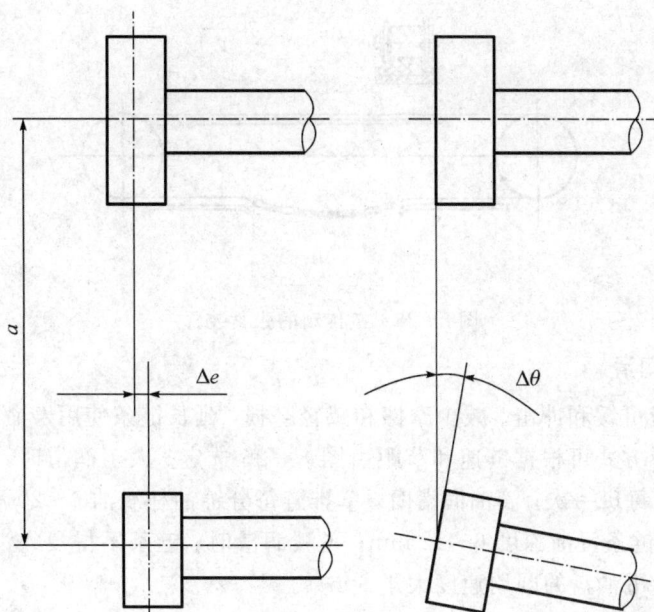

图 8-27 链传动的安装误差

2) 链传动的张紧

链传动正常工作时，应保持一定的张紧程度，链传动的张紧程度可以用测量松边垂度的方法来衡量。松边垂度可近似认为是两轮公切线与松边最远点的距离。合适的松边垂度推荐为 $y=(0.01\sim0.02)a$，a 为中心距。对于重载，经常制动、启动和反转的链传动，以及接近垂直的链传动，松边垂度应适当减少。

张紧的目的主要是为了避免链条在垂度过大时产生啮合不良和链条的振动，同时也可增大包角。链传动的张紧可采用下列方法：

(1) 调整中心距。增大中心距可使链张紧。对于滚子链传动，中心距的可调整量为 $2p$。

(2) 缩短链长。对于因磨损而变长的链条，可去掉 1～2 个链节，使链缩短而张紧。

(3) 采用张紧装置。图 8-28(a)、(b)中采用张紧轮。张紧轮一般置于松边靠近小链轮处外侧，图 8-28(c)、(d)采用压板或托板，适宜于中心距较大的链传动。

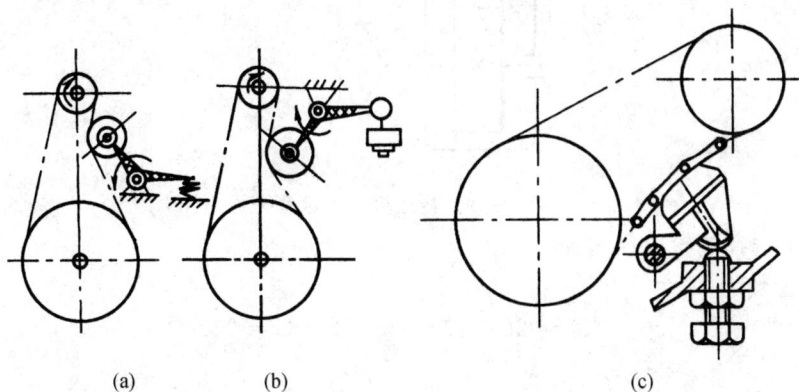

(a)   (b)   (c)

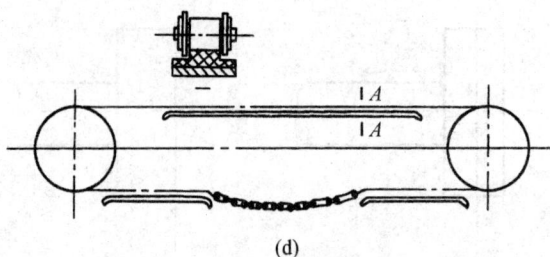

(d)

图 8 - 28　链传动的张紧装置

3. 链传动的润滑

链传动的润滑可缓和冲击、减少摩擦和减轻磨损，延长链条使用寿命。

链传动的润滑方式可根据链速和节距由图 8 - 25 选定。人工润滑时，在链条松边内外链板间隙中注油，每班一次；滴油润滑时，单排链每分钟油杯滴油 5～20 滴，链速高时取大值；油浴润滑时，链条浸油深度 6～12 mm；飞溅润滑时，链条不得浸入油池，甩油盘浸油深度 12～15 mm。甩油盘的圆周速度大于 3 m/s。

链传动的润滑油推荐用全损耗系统用油，牌号为 L - AN32、L - AN46、L - AN68。温度较低时用前者，对于开式及重载低速传动，可在润滑油中加入 MoS2、WS2 等添加剂。对于不便使用润滑油的场合，可用润滑脂定期清洗和涂抹。

为了安全和清洁，链传动常加防护罩或链条箱。

【例 8 - 3】　设计一小型带式输送机传动系统低速级的链传动，运动简图如图 8 - 29 所示。已知小链轮传动功率 $P = 5.1\,\mathrm{kW}$，$n_1 = 320\ \mathrm{r/min}$，传动比 $i = 3$，载荷平稳，链传动中心距可调，两轮中心边线与水平面夹角不超过 $30°$。

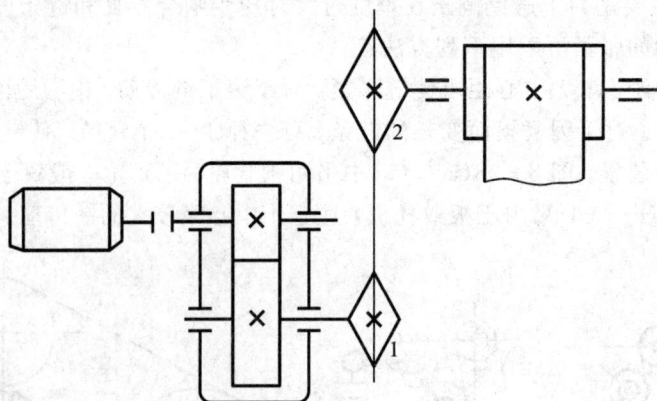

图 8 - 29　输送机的传送系统

解　（1）选择链轮齿数 z_1、z_2。

小链轮齿数为

$$z_1 = 29 - 2i = 29 - 2 \times 3 = 23$$

大链轮齿数为

$$z_2 = iz_1 = 3 \times 23 = 69$$

(2) 确定链节数 L_P。

初定中心距 $a_0 = 40p$，由式(8-35)可得

$$L_P = 2\frac{a_0}{p} + \frac{z_1 + z_2}{2} + \left(\frac{z_2 - z_1}{2\pi}\right)^2 \frac{p}{a_0}$$

$$= \frac{2 \times 40p}{p} + \frac{23 + 69}{2} + \left(\frac{69 - 23}{2\pi}\right)^2 \frac{p}{40p} = 127.34$$

取 $L_P = 128$ 节。

(3) 计算所需的额定功率 P_0。

由表 8-13 查得 $K_A = 1.0$；已知 $n_1 = 320$ r/min，由图 8-24 可知，小链轮转速使工作处于额定功率曲线凸锋左侧，由表 8-15 查得 $K_z = 1.23$；由表 8-16 插值得 $K_L = 1.066$；采用单排链 $K_m = 1.0$。据式(8-38)得

$$P_0 = \frac{K_A P}{K_z K_L K_m} = \frac{1.0 \times 5.1}{1.23 \times 1.066 \times 1.0} = 3.89 \text{ kW}$$

(4) 确定链节距 p。

据 $P_0 = 3.89$ kW 和小链轮转速 $n_1 = 320$ r/min，查图 8-24 可知选用 12A 滚子链，节距 $p = 19.05$ mm。

(5) 验算链速 v。

$$v = \frac{z_1 n_1 p}{60 \times 1000} = \frac{23 \times 320 \times 19.05}{60 \times 1000} = 2.34 \text{ m/s} > 0.6 \text{ m/s}$$

(6) 计算链条长度 L。

$$L = \frac{L_P p}{1000} = \frac{128 \times 19.05}{1000} = 2.44 \text{ m}$$

(7) 确定中心距 a。

由式(8-36)计算理论中心距为

$$a = \frac{p}{4}\left[\left(L_P - \frac{z_1 + z_2}{2}\right) + \sqrt{\left(L_P - \frac{z_1 + z_2}{2}\right)^2 - 8\left(\frac{z_2 - z_1}{2\pi}\right)^2}\right] = 768.4 \text{ mm}$$

实际中心距为

$$a' = a - \Delta a = 768.4 - 0.004 \times 768.4 = 765 \text{ mm}$$

(8) 计算有效拉力 F_e。

$$F_e = \frac{1000P}{v} = \frac{1000 \times 5.1}{2.34} = 2180 \text{ N}$$

(9) 计算作用于轴上的力 F_r。

$$F_r \approx 1.2 K_A F_e = 1.2 \times 1.0 \times 2180 = 2616 \text{ N}$$

(10) 确定润滑方式。根据 $p = 19.05$ mm 和 $v = 2.34$ m/s，查图 8-25 可知，选 Ⅱ 区滴油润滑。

(11) 链轮结构设计(略)。

思 考 题

8-1 带传动有哪些类型？各有什么特点？试分析摩擦型带传动的工作原理。

8-2 带传动工作时，紧边和松边是如何产生的？怎样理解紧边和松边的拉力差即为带传动的有效圆周力？

8-3 带传动为什么要限制其最小中心距和最大传动比？

8-4 试从产生原因、对带传动的影响、能否避免等几个方面说明弹性滑动与打滑的区别。

8-5 为了避免带的打滑，将带轮上与带接触的表面加工得粗糙些，以增大摩擦，这样做是否可行和是否合理？为什么？

8-6 普通 V 带的楔角与带轮轮槽角是否相等？为什么？

8-7 影响链传动速度不均匀性的主要参数是什么？为什么？

8-8 链传动的合理布置有哪些要求？

8-9 如何确定链传动的润滑方式？常用的润滑装置和润滑油有哪些？

8-10 链传动与带传动的张紧目的有何区别？

8-11 已知 V 带传递的实际功率 $P=7$ kW，带速 $v=10$ m/s，紧边拉力是松边拉力的 2 倍。试求有效拉力(圆周力) F 和紧边拉力 F_1 的值。

8-12 某工厂所用小型离心通风机采用 V 带传动，电动机为 Y132S-4，已知额定功率 $P_0=5.5$ kW，转速 $n_1=1440$ r/min，测得 V 带的顶宽 $b=13$ mm，小带轮的外径 $d_{a1}=146$ mm，$d_{a2}=321$ mm，$a=600$ mm。试求：(1) V 带型号；(2) 带轮的基准直径 d_{d1}、d_{d2}；(3) V 带的基准长度 L_d；(4) 带速 v；(5) 小带轮包角 α_1；⑥ 单根 V 带的许用功率 $[P_0]$。

8-13 某机床的电动机与主轴之间采用普通 V 带传动，已知电动机额定功率 $P_0=7.5$ kW，转速 $n_1=1440$ r/min，传动比 $i=2.1$，两班制工作。根据机床结构要求，带传动的中心距不大于 800 mm。试设计此 V 带传动，并绘出大带轮的工作图。

8-14 一滚子链传动，已知：链节距 $p=15.875$ mm，小链轮齿数 $z_1=18$，大链轮齿数 $z_2=60$，中心距 $a=700$ mm，小链轮转速 $n_1=730$ r/min，载荷平衡。试计算链节数、链所能传递的最大功率及链的工作拉力。

第九章 连接设计

连接是一个工业术语，指用螺钉、螺栓和铆钉等紧固件将两种分离型材或零件连接成一个复杂零件或部件的过程。常用的机械紧固件主要有螺栓、螺钉和铆钉等。

第一节 螺纹连接设计

一、螺纹连接的基础知识

螺纹连接是应用极为广泛的一种可拆连接，其结构简单，装拆方便，连接可靠。螺纹零件的用途有两种：一种是把需要相对固定的零件连接起来，称为螺纹连接；另一种是利用螺纹把回转运动转换为直线运动，称为螺旋传动。虽然用途不同，但有一个共同的特点，它们都是利用具有螺纹的零件进行工作的。

图 9-1 所示为铰制孔用螺栓的连接。这种螺栓连接的特点是螺杆与被连接件的孔（铰制孔）采用基孔制的过渡配合。螺母不必拧得很紧（预紧力可不考虑）。这种连接依靠螺杆部分承受剪切和挤压来抵抗横向外载荷 R，因此，应分别按挤压及剪切强度条件进行计算。

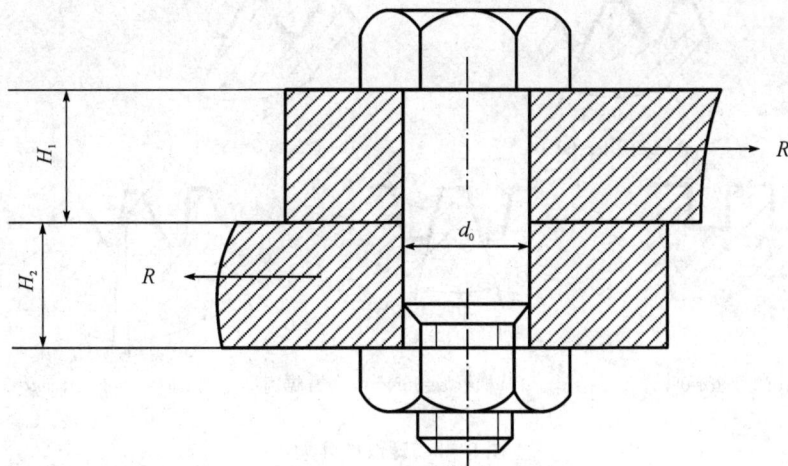

图 9-1 铰制孔用螺栓的连接

1. 螺纹的形成和分类

1）螺纹的形成

如图 9-2 所示，直角三角形的斜边从起点 A 开始在圆柱体柱面上包绕，且一直角边与圆柱体轴线平行，则斜边在圆柱体柱面上就形成一条螺旋线，称为单线螺纹。三角形的斜边与底边的夹角 ψ 称为螺纹升角。如果在圆柱体起点位置 A 点的对称点 B 点作为一新的起点位置，又会得到一条新的螺旋线，称为双线螺纹。同理，可得到更多线数的螺纹，称为多线螺纹。为便于制造，一般不采用四线以上的螺纹。单线螺纹主要用于连接，多线螺纹主要用于传动。

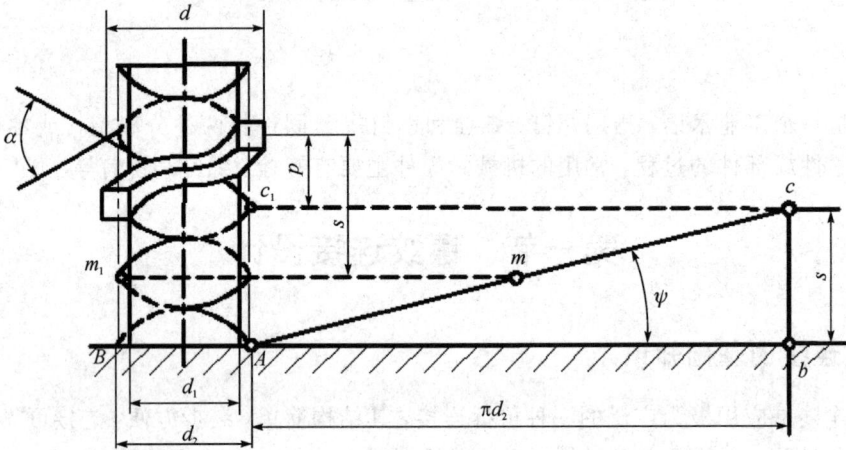

图 9-2　螺纹的形成

2）螺纹的分类

（1）根据轴向剖面的形状（牙型），螺纹可分为三角形螺纹、矩形螺纹、梯形螺纹和锯齿形螺纹等，如图 9-3 所示。

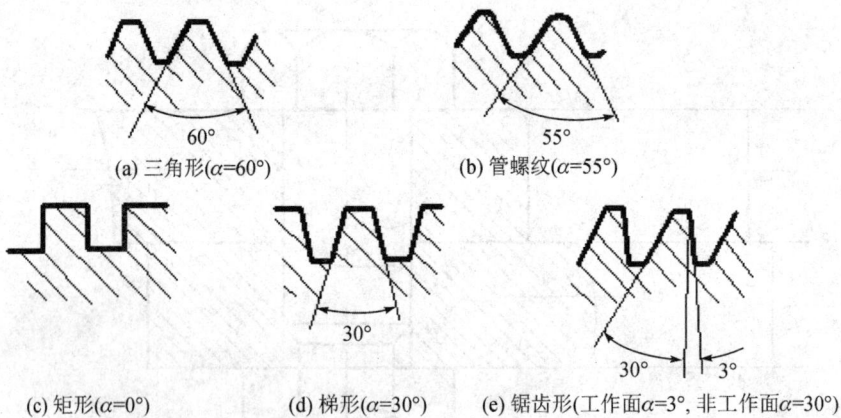

(a) 三角形（$\alpha=60°$）　　　　　(b) 管螺纹（$\alpha=55°$）

(c) 矩形（$\alpha=0°$）　　(d) 梯形（$\alpha=30°$）　　(e) 锯齿形（工作面$\alpha=3°$，非工作面$\alpha=30°$）

图 9-3　螺纹的牙型

（2）根据用途，螺纹可分为连接螺纹和传动螺纹。

常见的连接螺纹有两种：一种是普通螺纹，另一种是管螺纹。

普通螺纹主要用于各种紧固连接，分为公制和英制，一般使用的都是公制螺纹。普通螺纹牙型为三角形，牙型角为 60°。普通螺纹的当量摩擦系数大，自锁性能好，螺纹牙的强度高。普通螺纹又分为粗牙和细牙两种，一般连接多用粗牙螺纹。粗牙普通螺纹的基本尺寸见表 9-1。细牙螺纹的螺距小，自锁性能好，对连接零件的强度削弱小，一般适用于薄壁零件的连接。但细牙螺纹不耐磨，易滑扣，不宜于经常装拆。

管螺纹用于各种管道连接，属于英制螺纹。管螺纹牙型角为 55°。一般密封英制管螺纹分为两种：圆柱管螺纹和圆锥管螺纹。圆锥管螺纹多用于要求密封性好而且耐高温、高压的场合。

表 9-1　粗牙普通螺纹的基本尺寸

公称尺寸(大径)d	螺距 p	中径 D_1	小径 d_1
6	1	5.350	4.918
8	1.25	7.188	6.647
10	1.5	9.026	8.376
12	1.75	10.863	10.106
16	2	14.701	13.835
20	2.5	18.376	17.294
24	3	22.052	20.752
30	3.5	27.727	26.211

注：粗牙普通螺纹的代号用"M"及"公称尺寸"表示，例如，M20 即 $d=20$ mm 的粗牙普通螺纹。

传动螺纹应用比较广泛的有矩形螺纹、梯形螺纹、锯齿形螺纹，其牙型角分别为 0°、30° 和 33°。

矩形螺纹传动效率高，但牙根强度低，而且螺旋副后的间隙不能补偿，降低了传动精度。矩形螺纹属非标准螺纹，其应用受到了一定的限制。梯形螺纹加工工艺性好，牙根强度高，螺旋副对中性好，可调整间隙，被广泛应用于传力或螺旋传动中，如机床的丝杠等。锯齿形螺纹综合了矩形螺纹效率高和梯形螺纹牙根强度高的特点，但仅用于单向受力的传力螺旋。

（3）根据螺纹所处的表面，螺纹可分为外螺纹和内螺纹。在圆柱体表面上形成的螺纹称为外螺纹，如螺栓的螺纹；在圆柱孔内壁上形成的螺纹称为内螺纹，如螺母的螺纹。

（4）根据螺旋线的绕行方向，螺纹可分为左旋螺纹和右旋螺纹，如图 9-4 所示。

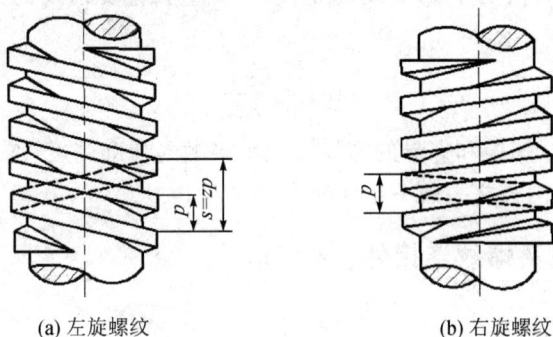

(a) 左旋螺纹　　　(b) 右旋螺纹

图 9-4　螺纹的旋向

2. 螺纹的主要参数

现以圆柱螺纹为例介绍螺纹的主要参数,如图 9 - 2 和图 9 - 5 所示。

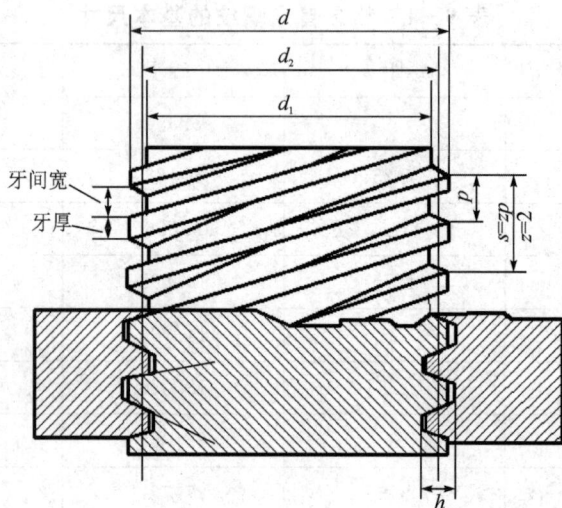

图 9 - 5　螺纹的主要参数

外螺纹用 d 表示,内螺纹用 D 表示。

大径 $d(D)$:螺纹的公称尺寸,外螺纹牙顶(内螺纹牙根)处圆柱直径。

小径 $d_1(D_1)$:螺纹的最小直径,外螺纹牙根(内螺纹牙顶)处圆柱直径。

中径 $d_2(D_2)$:轴向剖面内牙厚等于牙间宽处的圆柱直径。

螺距 p:相邻两螺纹牙对应点间的轴向距离。

牙形角 α:轴向剖面内螺纹牙两侧面的夹角。

导程 s:沿同一条螺旋线,相邻两螺纹牙对应点间的轴向距离。单线螺纹 $s=p$,多线螺纹 $s=zp$。

螺旋线数 z:形成螺纹的螺旋线数目。

螺纹升角 ψ:中径圆柱面上螺旋线的切线与垂直于螺纹轴线的平面间的夹角,参见图9 - 2。

$$\tan\psi = \frac{zp}{\pi d_2}$$

牙廓的工作高度 h:螺栓和螺母的螺纹圈发生接触的牙廓高度,它是沿径向测量的,等于外螺纹外径和内螺纹内径之差的一半。

二、螺纹连接的类型及螺纹连接件

1. 螺纹连接的类型

螺纹连接的基本类型主要有螺栓连接、双头螺柱连接、螺钉连接和紧定螺钉连接,见表 9 - 2。

1) 螺栓连接

螺栓连接的结构特点是被连接件的预制孔为通孔,孔中不切制螺纹。螺栓连接按螺栓受力情况可分为普通螺栓连接和铰制孔螺栓连接。普通螺栓连接指螺栓与孔中有间隙,被连接件通过螺栓与螺母的旋合而连接在一起,工作载荷使螺栓受拉伸。在铰制孔螺栓连接中,被连接件的预制孔孔壁光滑,尺寸精度高,孔与螺栓多采用基孔制过渡配合,工作载荷使螺栓受剪切和挤压。

螺栓连接的优点是构造简单,装拆方便,成本低,使用时不受被连接件材料的限制,应用广泛。

2) 双头螺柱连接

双头螺柱连接的结构特点是被连接件之一为盲孔,孔中切制螺纹。双头螺柱的两端均有螺纹,螺柱的一端旋入有螺纹的盲孔中,另一端穿过另一被连接件的预制孔并用螺母旋合实现连接。双头螺柱连接的优点是对于需要经常拆装而且被连接件之一较厚的连接,拆卸时只需旋下螺母,保护了盲孔中的螺纹不至于过早失效。

3) 螺钉连接

螺钉连接省去了螺母,螺钉直接旋入被连接件之一的螺纹孔中实现连接,用于不需要经常拆卸的连接,结构比较简单。

4) 紧定螺钉连接

紧定螺钉连接指将紧定螺钉旋入被连接件之一的螺纹孔中,其末端顶住另一被连接件的表面的凹坑中,用以固定两零件之间的相对位置,实现轴与轴上零件的连接,这种连接一般不传递力和力矩。

表 9-2 螺纹连接的主要类型

类型	构造	特点及应用	尺寸关系
螺栓连接		用于被连接件为通孔的情况,装拆方便,损坏后容易更换,不受被连接件材料的限制,成本低	(1) 螺纹余留长度 l_1 的确定: 对于普通螺栓: 静载荷下:$l_1 \geqslant (0.3 \sim 0.5)d$ 冲击载荷或弯曲载荷下:$l_1 \geqslant d$ 变载荷下:$l_1 \geqslant 0.75d$ 对于铰制孔用螺栓,l_1 应稍大于螺纹收尾部分长度 (2) 螺纹伸出长度 $l_2 \approx (0.2 \sim 0.3)d$ (3) 螺栓轴线到被连接件边缘的距离 $e = d + (3 \sim 6)$ mm (4) 通孔直径 $d_0 \approx 1.1d$

类型	构　造	特点及应用	尺寸关系
双头螺柱连接		用于被连接件为盲孔，被连接件需要经常拆卸的情况	(1) 盲孔拧入深度 l_3 视材料而定 钢或青铜：$l_3 = d$ 铸铁：$l_3 = (1.25 \sim 1.5)d$ 铝合金：$l_3 = (1.5 \sim 2.5)d$ (2) 螺纹孔的深度 $l_4 = l_3 + (2 \sim 2.5)d$ (3) 钻孔深度 $l_5 = l_4 + (0.5 \sim 1)d$ l_1、l_2、e 同螺栓连接
螺钉连接		用于被连接件为盲孔，被连接件很少拆卸的情况	
紧定螺钉连接		用以固定两零件间的相互位置，一般不传递力和转矩	

　　除了上述基本螺纹连接形式外，还有一些特殊结构的螺纹连接，如专门用于将机座或机架固定在地基上的地脚螺栓连接，装在机器或大型零、部件的顶盖或外壳上便于起吊用的吊环螺栓连接，用于工装设备中的 T 形槽螺栓连接，见表 9-3。

表 9-3　特殊结构的螺纹连接

地脚螺栓连接	吊环螺栓连接	T 形槽螺栓连接

2. 螺纹连接件

螺纹连接件的种类很多，大多已标准化。常见的螺纹连接件有螺栓、双头螺柱、螺钉、螺母和垫圈，可根据有关标准选用。

表9-4列出了常用标准螺纹连接件的图例、结构特点及应用。

表9-4　常用标准螺纹连接件

名称	图例	结构特点及应用
六角头螺栓		种类多，应用广，螺纹精度分为 A、B、C 三级，C 级使用较多，螺栓杆部分可制出一段螺纹或全部螺纹
双头螺柱		两端均有螺纹，两端螺纹可相同或不同，有 A 型、B 型两种结构。一端旋入厚度大、不便穿透的被连接件，另一端用螺母旋紧
螺钉		头部形状有圆头、扁圆头、内六角头、圆柱头、沉头，起子槽有一字槽、十字槽、内六角孔形状。十字槽强度高，操作方便，便于自动装配。内六角孔连接强度高，可代替六角头螺栓
自攻螺钉		头部形状有圆头、平头、半沉头和沉头，起子槽有一字槽、十字槽等形式。末端形状有锥端、平端两种。自攻螺钉用于连接金属薄板、塑料等。使用时在预孔或无孔处自攻出螺纹
紧定螺钉		常用的末端形状有锥端、平端、圆柱端，被紧定件硬度低或不常拆卸时用锥端，被紧定件硬度高或经常拆卸时用平端。圆柱端压入被紧定件凹坑，用于紧定空心轴上的零件

名称	图　例	结构特点及应用
六角螺母	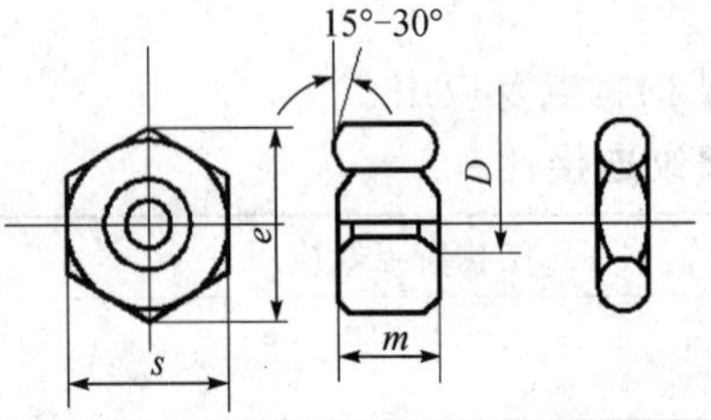	有标准型、薄型两种螺母与螺栓的制造精度对应，分为 A、B、C 三级，分别与同级别的螺栓配用
圆螺母	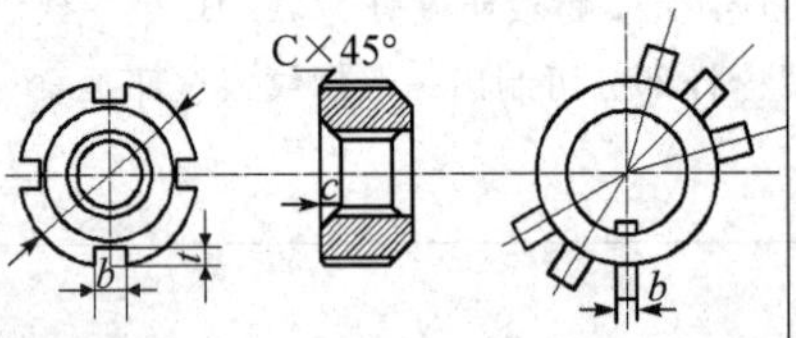	圆螺母与止退垫圈配用，装配时垫圈外舌嵌入螺母槽内，内舌嵌入轴槽内，可防螺母松脱，常用作滚动轴承轴向固定
垫圈		垫圈是螺纹连接中常用的附件，用于螺母与被连接件之间，保护支撑面。平垫圈按加工精度不同分为 A、C 两种，用于同一螺纹直径的垫圈又分为特大、大、普通、小四种规格，特大的主要用于铁木结构，斜垫圈用于倾斜的支承面

三、螺纹连接的预紧与防松

1. 螺纹连接的预紧

在使用螺纹连接进行装配时，多数情况下都要拧紧到一定程度，防止被连接件受工作载荷以后，结合面产生缝隙和相对移动，以增强连接的可靠性、紧密性与防松能力，这个过程称为预紧。

预紧使螺栓受轴向拉力，称为预紧力 Q_0。预紧力的大小会直接影响到螺栓连接的安全性。

为了充分发挥螺栓的工作能力和保证预紧的可靠性，螺栓的预紧力一般达到材料屈服极限的 $50\%\sim70\%$。对于一般的连接，可凭据经验来控制预紧力 Q_0 的大小。对于重要的连接，可以按照要求的预紧力数值，使用测力矩扳手或定力矩扳手，如图 9-6 所示。测力矩扳手在拧紧螺栓时可以指示数值；定力矩扳手在达到需要的力矩后即可自行打滑。

对批量产品的装配可使用电动扳手，利用电机的转矩控制拧紧力矩。连接螺栓在工作时所需的预紧力 Q_0 产生的拧紧力矩 T 由两部分组成：一部分用以克服螺纹中的阻力矩 T_1，另一部分用以克服螺母支承面上的摩擦阻力矩 T_2，即 $T=T_1+T_2$。实际应用中对 M16 $\sim$M64 的粗牙普通螺纹，无润滑时可取

$$T = 0.2Q_0 d$$

式中，d 为螺栓直径，一般情况下凭经验拧紧螺母预紧力难以准确控制，有时可能使螺栓拧得过紧，甚至将螺栓拧断，故对于重要的连接不宜用小于 M12～M16 的螺栓。

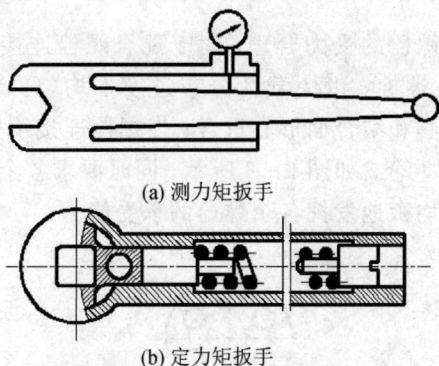

(a) 测力矩扳手

(b) 定力矩扳手

图 9 - 6　测力矩扳手和定力矩扳手

2. 螺纹连接的防松

连接螺栓在静载荷和温度变化不大的工作场合，由于满足自锁条件，因此不会自动松脱，但是在冲击、振动、变载荷或温度变化很大时连接可能自动松脱，影响连接的牢固性和紧密性，甚至造成严重事故。

螺纹连接防松的根本问题在于要防止螺纹副的相对转动。防松的方法很多，按其工作原理可分为三类：摩擦防松、机械防松和其他防松。

四、螺栓组连接的结构设计

机器设备中螺栓常常成组使用，因此，必须根据其用途和被连接件的结构设计螺栓组。螺栓组连接结构设计的主要目的在于合理地确定连接结合面的几何形状和螺栓的布置形式，基本原则是：力求使各螺栓或连接结合面间受力均匀，便于加工和装配。为此，进行螺栓组连接设计时应综合考虑以下几个方面的问题。

1. 连接结合面的设计

连接结合面的形状和机器的结构形状相适应，一般将结合面形状设计成轴对称的简单几何形状，螺栓组的对称中心和结合面的形心重合，使结合面受力均匀，如图 9 - 7 所示。

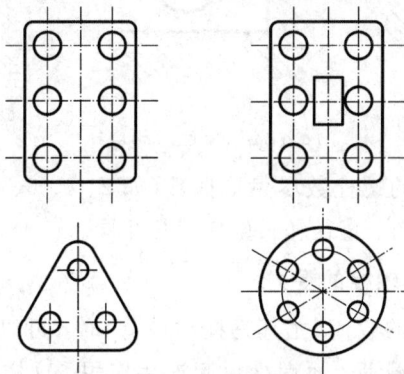

图 9 - 7　结合面的形状设计

2．螺栓的数目及布置

（1）螺栓布置时应使各螺栓的受力合理。对于配合螺栓连接，不要在平行于工作载荷方向上成排地布置八个以上螺栓，以免载荷分布过度不均匀。当螺栓组连接承受扭矩 T 时，应保证螺栓组的对称中心和结合面形心重合；当螺栓连接承受弯矩 M 时，应保证螺栓组的对称轴与结合面中性轴重合，如图 9-8 所示。同时要求各个螺栓尽可能离形心和中性轴远一些，这样可以充分和均衡地发挥各个螺栓的承受能力。

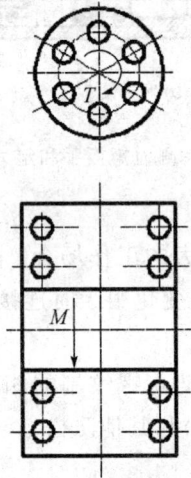

图 9-8　结合面受弯矩或扭矩时螺栓的布置

（2）螺栓的布置应有合理的间距和边距，以便保证连接的紧密性和装配时所需的扳手操作空间，如图 9-9 所示。

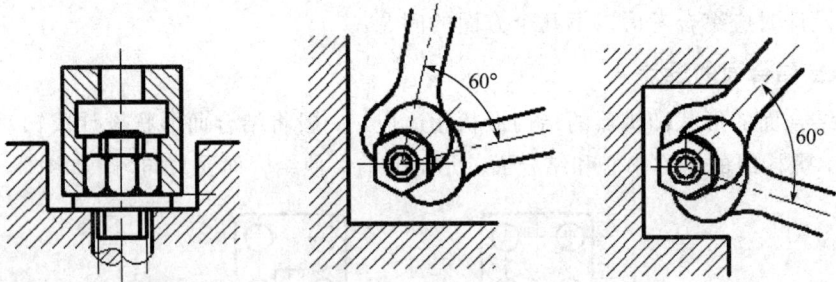

图 9-9　扳手空间尺寸

（3）分布在同一圆周上的螺栓数尽量取偶数（如 2、4、6、8、12 等），以方便分度和画线。同一螺栓组中螺栓的材料、直径和长度应尽量相同。

3．采用减载装置来减小螺栓的受力

当螺栓组同时承受较大的载荷（尤其是横向载荷）时，可以采用减载销、减载套筒、减载键等卸荷装置来分担工作载荷，而螺栓仅起连接作用。这样不仅预紧力小，而且结构紧凑，如图 9-10 所示。

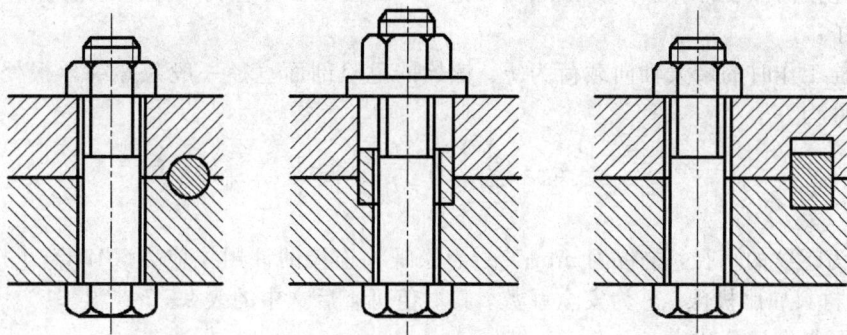

图 9-10 减载装置

五、单个螺栓连接的强度计算

螺栓连接在应用时常采用多个螺栓成组使用的形式。根据对螺栓组的受力分析，可求出螺栓组中受力最大的螺栓，从而使整个螺栓组的强度计算简化成受力最大的单个螺栓的强度计算。

当螺栓的材料确定以后，螺栓强度的计算实质上是确定螺栓的直径或核算其危险截面的强度。螺母、垫圈不必进行强度计算，可直接按公称尺寸选择合适的标准件。

根据螺栓连接的工作情况，螺栓受力形式分为受拉螺栓和受剪螺栓。受拉螺栓主要的失效形式为螺纹部分的塑性变形和断裂。为了简化计算，取螺纹的小径为危险截面的直径，从而建立相应的强度条件。

1. 松螺栓连接

松螺栓连接在承受工作载荷前不拧紧，只在承受工作载荷时螺栓才受到拉力的作用。图 9-11 所示的起重吊钩上的螺纹连接属于松螺栓连接。

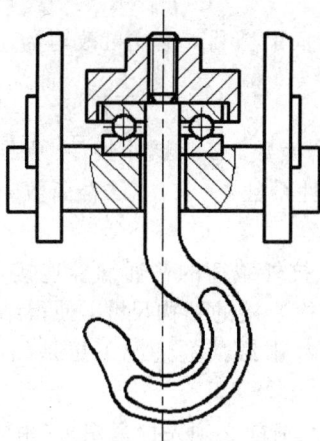

图 9-11 起重机吊钩

这种连接的强度计算只要保证螺栓的危险剖面上的工作应力不超过螺栓材料的许用应力就可以了。

设螺栓工作时的最大轴向载荷为 F，螺栓的危险剖面直径一般为螺纹牙根处直径 d_1，其强度条件为

$$\sigma = \frac{F}{\frac{\pi d_1^2}{4}} = \frac{4F}{\pi d_1^2} \leqslant [\sigma] \tag{9-1}$$

式中：d_1 为螺纹的小径，单位为 mm；$[\sigma]$ 为松螺栓连接的许用拉应力（MPa），$[\sigma] = \sigma_s/S$，其中 σ_s 为材料屈服极限，S 为安全系数，其取值可查后文中的表 9-7 获得。

因此可得设计公式为

$$d_1 \geqslant \sqrt{\frac{4F}{\pi[\sigma]}} \tag{9-2}$$

计算出 d_1 后，可根据螺纹尺寸表确定螺纹的公称尺寸 d。

2. 受横向外载荷的紧螺栓连接

1）采用普通螺栓连接

图 9-12 所示为普通螺栓连接，被连接件承受垂直于轴线的横向载荷 R。因螺栓杆与螺栓孔之间有间隙，故螺栓杆不直接承受横向载荷 R，而是先拧紧螺栓，使被连接零件表面产生压力 Q_0，从而使被连接件结合面间产生的摩擦力来承受横向载荷。如摩擦力之总和大于或等于横向载荷 R，则被连接件之间不会相互滑移，故可达到连接的目的。

由于预紧力的存在，被连接件结合面在横向外载荷 R 的作用下产生摩擦力 $Q_0 f$（f 为摩擦系数），工作时应满足

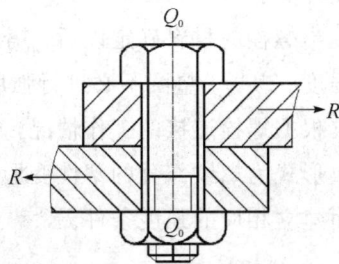

图 9-12 普通螺栓连接

$$Q_0 f \geqslant R$$

若考虑连接的可靠性和结合面的数目，上式可改写为

$$Q_0 = \frac{cR}{Zmf} \tag{9-3}$$

式中，c 为可靠性系数，m 为结合面数，Z 为螺栓数，f 为结合面间的摩擦系数。

若摩擦系数 $f = 0.15$，可靠性系数 $c = 1.2$，结合面数 $m = 1$，螺栓数 $Z = 1$，则

$$Q_0 \approx 8R$$

这种靠结合面产生摩擦力抵抗外载荷的普通螺栓连接，其螺栓所受的预紧力为横向外载荷的 8 倍，从而大大增加了螺栓连接的结构尺寸，使得结构笨重，不经济。靠摩擦力来承受外载荷不十分可靠，特别是在冲击载荷的情况下更是如此。即便如此，普通螺栓连接在实际生产中还是经常采用。

由于紧螺栓连接在承受工作载荷前必须先拧紧螺母（预紧），拧紧螺母时螺栓一方面受到拉伸，另一方面又因螺纹中的阻力矩的作用而受到扭转，因此危险截面上既有拉应力 σ，又有扭转剪应力 τ，使螺栓螺纹部分处于拉伸与扭转的复合应力状态。为了简化计算，将紧螺栓连接的强度计算按纯拉伸计算，考虑螺纹中阻力矩的影响，不过要将预紧力增大 30%。

螺栓危险截面处的强度条件为

$$\sigma = \frac{1.3Q_0}{\frac{\pi d_1^2}{4}} = \frac{5.2Q_0}{\pi d_1^2} \leqslant [\sigma] \tag{9-4}$$

式中：$[\sigma]$ 为螺栓材料的许用拉应力(MPa)，见表 9-7；Q_0 为螺栓的预紧力。

由式(9-4)可得螺栓小径 d_1 的设计公式为

$$d_1 \geqslant \sqrt{\frac{5.2Q_0}{\pi[\sigma]}} \tag{9-5}$$

2) 采用铰制孔用螺栓连接

图 9-13 所示为铰制孔用螺栓连接。这种螺栓连接的特点是螺杆与被连接件的孔(铰制孔)采用基孔制的过渡配合。螺母不必拧得很紧(预紧力可不考虑)。这种连接依靠螺杆部分承受剪切和挤压来抵抗横向外载荷 R，因此，应分别按挤压及剪切强度条件进行计算。其强度条件为

挤压时：

$$\left. \begin{array}{l} \sigma_{\mathrm{p}} = \dfrac{R}{d_0 H Z} \leqslant [\sigma_{\mathrm{p}}] \\[4mm] d_0 \geqslant \dfrac{R}{H Z [\sigma_{\mathrm{p}}]} \end{array} \right\} \tag{9-6}$$

剪切时：

$$\left. \begin{array}{l} \tau = \dfrac{4R}{\pi d_0^2 N Z} \leqslant [\tau] \\[4mm] d_0 = \sqrt{\dfrac{4R}{\pi N Z [\tau]}} \end{array} \right\} \tag{9-7}$$

式中：R 为横向外载荷(N)；Z 为螺栓数目；H 为挤压面长度(mm)，图 9-13 中 H_1 与 H_2 取较小值；N 为剪切面数；d_0 为螺栓与孔配合处直径(mm)；$[\tau]$ 为螺栓的许用应力(MPa)，见表 9-7；$[\sigma_{\mathrm{P}}]$ 为螺栓与孔壁的许用挤压应力(MPa)，见表 9-9。

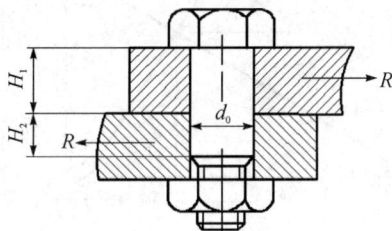

图 9-13 铰制孔用螺栓连接

3. 受轴向外载荷的紧螺栓连接

图 9-14 所示为汽缸盖与缸体的螺栓连接，工作载荷方向与螺栓轴线方向一致。当工作载荷作用时，汽缸盖与汽缸体的结合面上必须保持一定程度的压紧，连接中的各个螺栓受力程度相同，则每个螺栓的平均轴向工作载荷为

$$Q_{\mathrm{W}} = \frac{p \pi D^2}{4Z} \tag{9-8}$$

式中：p 为汽缸内气压；D 为缸径；Z 为螺栓数。

图 9-15 为单个螺栓连接的受力变形图。其中图(a)为螺母未拧紧；图(b)为已拧紧螺母，由于预紧力 Q_0 的作用使螺栓伸长 δ_1，被连接件受预紧力 Q_0 的作用被压缩 δ_2；图(c)为承受工作载荷 Q_W 以后螺栓又伸长了 $\Delta\delta$，而被连接件的压缩量也减少了 $\Delta\delta$，因此螺栓的伸长量为 $\delta_1+\Delta\delta$，螺栓所受到的拉力由 Q_0 增至 Q，被连接件的压缩量为 $\delta_2-\Delta\delta$，被连接件所受的压力也相应地减少，压力由 Q_0 减至 Q_0'，Q_0' 称为残余预紧力，这时螺栓所受的拉力 Q 应为工作载荷 Q_W 与残余预紧力 Q_0' 之和，即

$$Q = Q_W + Q_0' \tag{9-9}$$

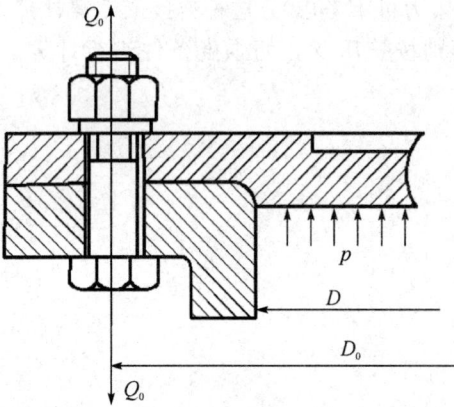

图 9-14　汽缸盖与缸体的螺栓连接

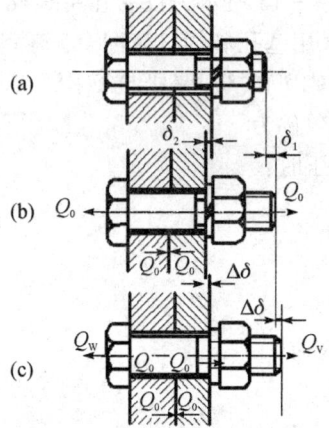

图 9-15　单个螺栓连接的受力变形图

图 9-16 为螺栓和被连接件的受力-变形关系图。图中，直线 OA 为螺栓的受力-变形关系线，O_1B 为被连接件的受力-变形关系线。

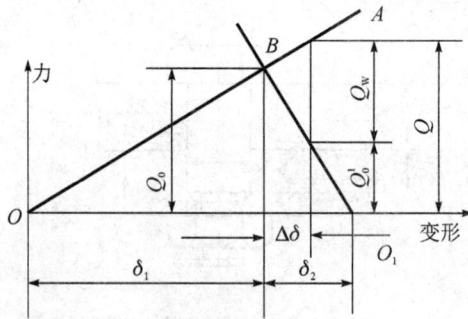

图 9-16　螺栓和被连接件的受力-变形图

拧紧前螺栓和被连接件的变形量为零，所以直线 OA 及 O_1B 上的对应点的纵坐标为零，此时螺栓和被连接件均不受力。预紧后螺栓伸长量为 δ_1，被连接件压缩量为 δ_2，直线 OA 及 O_1B 上对应点的纵坐标为 Q_0，表示螺栓受预紧力 Q_0。

当工作载荷 Q_W 加上以后螺栓的伸长量变为 $\delta_1+\Delta\delta$，被连接件的压缩量变为 $\delta_2-\Delta\delta$，此时直线 O_1B 上对应点的纵坐标为 Q_0'，即被连接件所受残余预紧力 Q_0'，直线 OA 上对应

点的纵坐标为 Q，即螺栓所受拉力 Q。

由此可见

$$Q = Q_w + Q'。$$

因此，受轴向外载荷的紧螺栓连接的设计公式为

$$d_1 = \sqrt{\frac{4 \times 1.3Q}{\pi[\sigma]}} = \sqrt{\frac{5.2Q}{\pi[\sigma]}} \qquad (9-10)$$

强度校核公式则为

$$\sigma = \frac{1.3Q}{\pi d_1^2/4} = \frac{5.2Q}{\pi d_1^2} \leqslant [\sigma] \qquad (9-11)$$

残余预紧力对有紧密要求的螺纹连接（如汽缸盖与缸体的螺栓连接）很重要，被连接件结合面必须保持一定的残余预紧力 Q'。Q' 的大小可按工作条件根据经验选定。

对于工作载荷稳定的一般连接，$Q' = (0.2 \sim 0.6)Q_w$；当工作载荷有变动时，$Q' = (0.6 \sim 1.0)Q_w$；对于有紧密性要求的螺栓连接，$Q' = (1.5 \sim 1.8)Q_w$。

工作中为了保证有紧密性要求的螺栓连接的可靠性，螺栓的间距必须适当。对于图 9-14 所示的汽缸盖与缸体的螺栓连接，若螺栓分布圆的直径为 D_0，螺栓间距为 L_0，则螺栓数目为

$$Z = \frac{\pi D_0}{L_0}$$

式中，L_0 可根据汽缸内的工作压强 p 由表 9-5 确定，并且注意螺栓数在等径圆上应便于分度。

表 9-5　工作压强和螺栓间距

工作压强 p/MPa	螺栓间距 L_0/mm
0.5~1.0	≤150
1.5~2.5	≤120
2.5~5.0	≤100

六、螺纹连接件的材料及许用应力

螺纹连接件的常用材料为低碳钢和中碳钢，如 Q215、Q235、35 和 45 钢等，对于承受冲击、振动和变载荷的螺纹连接件，可采用合金钢，如 15Cr、20Cr、40Cr、30CrMnSi 等，对有特殊使用要求（防蚀/耐高温/导电）的螺纹连接件可采用特种钢及合金材料。螺纹连接件的常用材料及力学性能见表 9-6。

表 9-6　螺纹连接件的常用材料及力学性能

钢　号	强度极限 σ_b/MPa	屈服极限 σ_s/MPa	试件尺寸/mm
Q215	335~410	215	$d \leqslant 16$
Q235	375~460	235	
35	530	315	$d \leqslant 25$
45	600	355	
40Cr	981	785	

注：螺栓直径 d 小时，取偏高值。

螺栓连接的许用应力$[\sigma]$和安全系数S见表9-7和表9-8。

表9-7　螺栓连接的许用应力和安全系数

螺栓受载情况	连接情况	许用应力及安全系数		
受拉螺栓	静载荷松连接	$[\sigma]=\sigma_s/S$	$S=1.2\sim1.7$ （未淬火钢取小值）	
	静载荷紧连接		控制预紧力时 $S=1.2\sim1.5$	不控制预紧力时 S值查表9-8
	变载荷紧连接		控制预紧力时 $S=1.25\sim2.5$	
受剪螺栓	静载荷	$[\tau]=\sigma_s/2.5$ 被连接件为钢时$[\sigma]_p=\sigma_s/1.25$ 被连接件为铸铁时$[\sigma]_p=\sigma_b/(2\sim2.5)$		
	变载荷	$[\tau]=\sigma_s/(3.5\sim5)$ $[\sigma]_p$：按静载荷的$[\sigma]_p$值降低20%～30%		

表9-8　紧螺栓连接的安全系数S(不控制预紧力)

材　料	静载荷		变载荷	
	M6～M16	M16～M30	M6～M16	M16～M30
碳素钢	4～3	3～2	10～6.5	6.5
合金钢	5～4	4～2.5	7.5～5	5

结合面材料的许用挤压应力见表9-9。

表9-9　结合面材料的许用挤压应力$[\sigma_p]$

材　料	钢	铸铁	混凝土	木材
$[\sigma_p]$	$0.8\sigma_s$	$(0.4\sim0.5)\sigma_s$	$2.0\sim3.0$	$2.0\sim4.0$

注：(1) 当结合面材料不同时，应按材料强度较弱者选取；

　　(2) 静载荷时取较大值，变载荷时取较小值。

【例9-1】　图9-17所示为一凸缘联轴器，用8个普通螺栓连接，螺栓均布在$D_1=195$ mm的直径上，需要联轴器传递的转矩$T=1.1$ kN·m，试确定螺栓的直径d。

解　(1) 分析螺栓组的受力。

转矩通过螺栓连接传递，并且作用在连接结合面的螺栓上，单个螺栓所受的圆周力为

$$R=\frac{\left(\dfrac{2T}{D_1}\right)}{8}=\frac{T}{4D_1}=\frac{1.1\times1000}{4\times0.195}=1410\ \text{N}$$

用普通螺栓连接，螺栓与孔之间有间隙，需靠结合面之间的摩擦力传递转矩，因此螺栓装配时要拧紧，属于受横向载荷的紧螺栓连接预紧力，对单个螺栓而言，其大小为

$$Q_0 = \frac{cR}{Zmf} = \frac{1.2 \times 1410}{1 \times 1 \times 0.16} = 10575 \text{ N}$$

式中，可靠性系数 c（通常可取 $1.1 \sim 1.3$）取为 1.2，摩擦系数 f 取为 0.16，结合面数 m 取为 1。

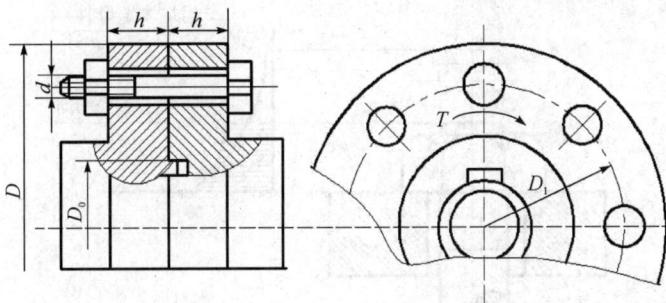

图 9 - 17　凸缘联轴器螺栓组连接

（2）选择螺栓材料。

选螺栓的材料为 45 钢，$\sigma_s = 355$ MPa（查表 9 - 6 得）。按试算法，假定螺栓直径 $d = 6 \sim 16$ m，设装配时不控制预紧力，由表 9 - 8 取安全系数 $S = 3$，由表 9 - 7 得螺栓的许用应力为

$$[\sigma] = \frac{\sigma_s}{3} = \frac{355}{3} = 118.33 \text{ MPa}$$

（3）计算螺栓直径。

由式（9 - 5）得螺栓内径为

$$d_1 = \sqrt{\frac{5.2Q_0}{\pi[\sigma]}} = \sqrt{\frac{5.2 \times 10575}{3.14 \times 118.33}} = 12.17 \text{ mm}$$

按 GB/T 196—2003 查得 M16 螺栓 $d = 16$ mm，$d_1 = 13.83$ mm > 12.17 mm，可满足强度要求，故说明选择 M16 的螺栓是合适的。

七、提高螺栓连接强度的措施

螺栓连接的可靠性主要取决于螺栓的强度。螺栓的失效形式多为螺杆部分的疲劳断裂，通常发生在应力集中较严重的部位，即螺栓头螺杆的根部、螺杆上螺纹牙的根部、螺母的支承平面螺杆螺纹部位。下面介绍一些常用的提高普通螺栓强度的措施。

1. 改善螺纹牙间载荷分配不均现象

由于螺母与螺栓受力后变形不一样，因此螺纹牙的受力也是不均匀的。从螺母支承面算起，第一圈受载最大，以后各圈递减。旋合圈数越多，螺纹牙间载荷分配不均匀的现象越严重，到第 8 圈以后的螺纹基本不受力，因此采用螺纹圈数多的厚螺母并不能提高连接的强度。

为了使螺纹牙间的受力比较均匀，可采用以下方法：

（1）悬置螺母。这种螺母的旋合部分全部受拉，其变形性质与螺栓相同，从而可以减少两者的螺距变化差，使螺纹牙上的载荷分布趋于均匀，如图 9 - 18(a) 所示。

（2）环槽螺母。这种结构可使螺母内缘下端（螺栓旋入端）局部受拉，其作用和悬置螺母相似，但载荷均布的效果不及悬置螺母，如图 9 - 18(b) 所示。

（3）内斜螺母。这种螺母支承端受力大的几圈螺纹处制成 $10°\sim15°$ 的斜角，使螺栓螺纹牙的受力面由上而下逐渐转移，这样可使各圈螺纹牙的受力趋于均匀，如图 $9-18(c)$ 所示。

（4）兼有环槽螺母和内斜螺母作用的螺母结构，如图 $9-18(d)$ 所示。

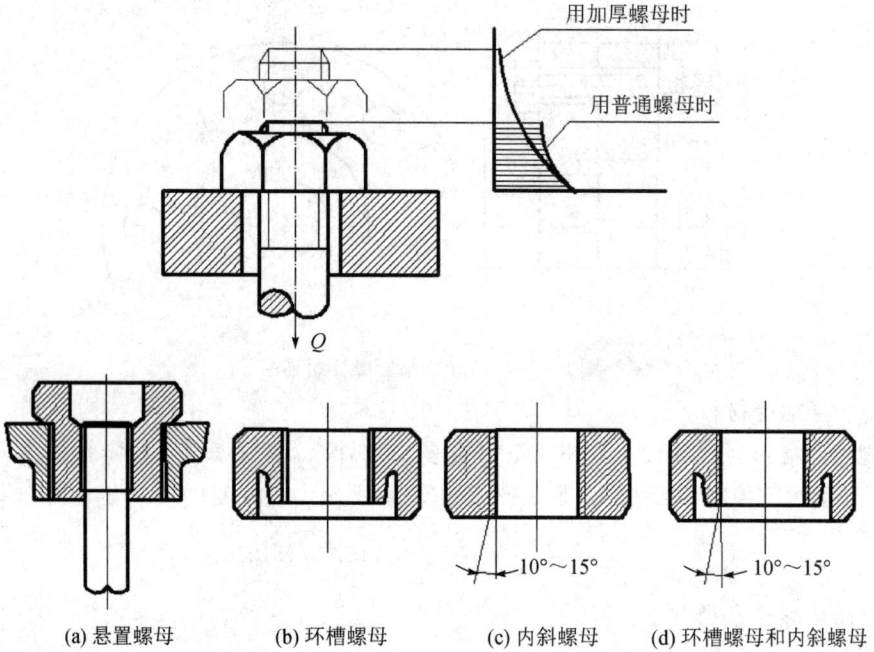

| (a) 悬置螺母 | (b) 环槽螺母 | (c) 内斜螺母 | (d) 环槽螺母和内斜螺母 |

图 $9-18$　均载螺母结构

2. 减小螺栓的应力变化幅度

螺栓应力变化的幅度直接影响其疲劳强度，应力变化幅度越小，疲劳强度越高。增加被连接件的刚度或减小螺栓的刚度均可以使应力变化幅度减小。

为了减小螺栓的刚度，可适当增加螺栓的长度，或采用腰杆状螺栓和空心螺栓，如图 $9-19$ 所示，也可在连接螺母下安装弹性元件，适当降低螺栓刚度，如图 $9-20$ 所示。

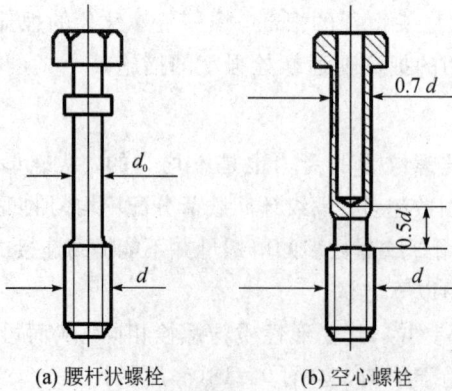

| (a) 腰杆状螺栓 | (b) 空心螺栓 |

图 $9-19$　腰杆状螺栓和空心螺栓

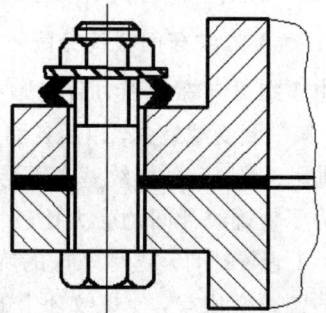

图 $9-20$　螺母下安装弹性元件

为了增大被连接件的刚度，可以适当增大被连接件部位的尺寸，甚至不用垫片或采用刚度较大的金属垫片。对具有密封性要求的汽缸螺栓连接，采用较软的汽缸垫片并不合适，采用刚度较大的金属垫片或密封环较好，如图 9-21 所示。

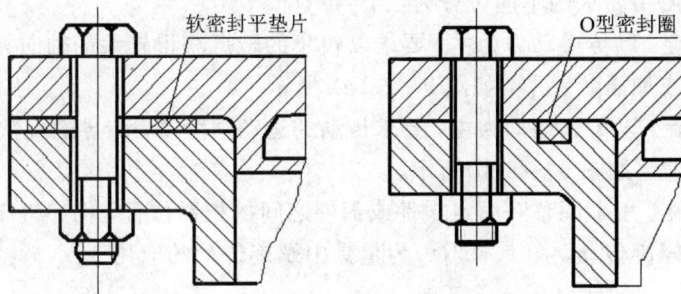

图 9-21　汽缸盖密封方案

3. 减小应力集中

在连接螺栓上通常应力集中情况比较严重的部位，可从结构上加以改进，例如：通过适当增加螺纹牙根圆角半径、螺栓头与螺杆结合部位圆角半径，在螺杆上螺纹牙的根部加工退刀槽等措施来减小应力集中，提高螺栓的疲劳强度。

4. 避免或减小附加弯曲应力

螺母支承面歪斜、装配不良、设计结构不合理等，都会使连接螺栓承受偏心载荷。螺栓杆除受拉伸外还要受附加弯曲应力，这对螺栓疲劳强度的影响很大。对此，采用斜垫圈或球面垫圈，在结合面不太平整的连接件表面采用凸台或沉孔等结构，均可减小附加弯曲应力的影响，如图 9-22 所示。

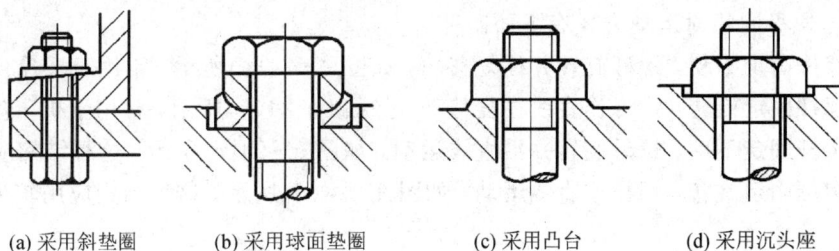

(a) 采用斜垫圈　　　(b) 采用球面垫圈　　　(c) 采用凸台　　　(d) 采用沉头座

图 9-22　避免或减小附加弯曲应力的措施

5. 改进螺栓的制造工艺

在螺栓的制造工艺上采取冷镦螺栓头部、碾压螺纹的方法，可使螺栓的疲劳强度比车削螺纹提高 30%。另外，氰化、氮化等表面硬化处理也能提高螺栓的疲劳强度。

第二节　螺　旋　传　动

螺旋传动是利用螺杆和螺母组成的螺旋副，将回转运动转变为直线运动，可用于传递运动和动力。

一、螺旋传动的类型及应用

1. 按用途分类

螺旋传动按使用要求的不同可分为三类：

（1）传力螺旋：以传递动力为主，要求以较小的转矩获得较大的轴向力。传力螺旋广泛应用于各种起重或加压装置中，如图 9-23(a) 所示。

（2）传导螺旋：以传递运动为主，要求传动的运动精度高。传导螺旋常用于机床刀架或工作台的移动控制，如图 9-23(b) 所示。

（3）调整螺旋：用来调整并固定零件或部件之间的相对位置，例如机床、仪器和测量装置中微调机构的螺旋传动，图 9-23(c) 为量具中螺旋传动的应用。

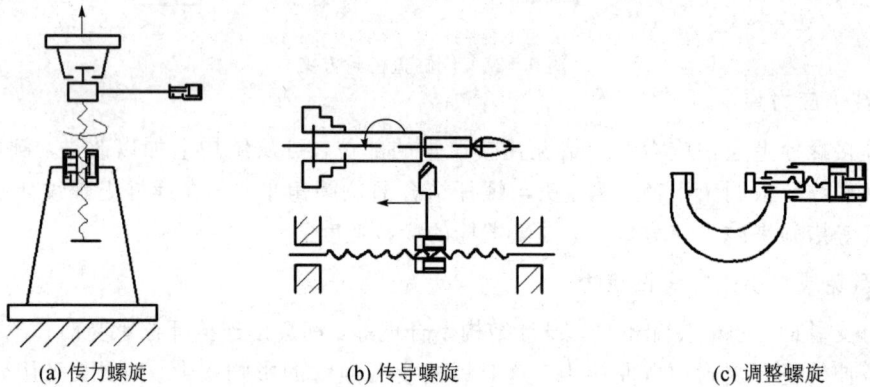

(a) 传力螺旋　　　　　　　　(b) 传导螺旋　　　　　　　　(c) 调整螺旋

图 9-23　螺旋传动的类型

2. 按螺杆与螺母相对运动方式分类

螺杆与螺母的相对运动方式有下面四种：

（1）螺母固定不动，螺杆旋转并往复移动，如图 9-24(a) 所示，常用于千斤顶等；

（2）螺杆固定旋转，螺母作直线往复移动，如图 9-24(b) 所示，常用于机床丝杠等；

（3）螺杆固定不动，螺母旋转并沿直线运动，如图 9-24(c) 所示，这种结构应用较少；

（4）螺母固定旋转，螺杆作直线运动，如图 9-24(d) 所示，这种结构应用较少。

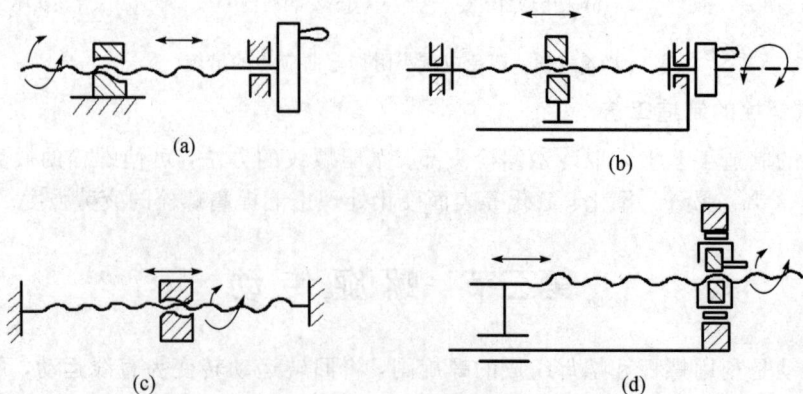

(a)　　　　　　　　　　　　　　(b)

(c)　　　　　　　　　　　　　　(d)

图 9-24　螺旋传动的运动方式

3. 按摩擦性质分类

螺旋传动根据螺纹之间的摩擦性质不同，可以分为滑动螺旋、滚动螺旋和静压螺旋。滑动螺旋结构简单，制造成本低，被广泛应用。

二、滑动螺旋传动简介

滑动螺旋结构简单，由螺母与螺杆组成，由于螺母和螺杆的啮合是连续的，所以工作平稳无噪声。因为啮合时接触面积大，故承载能力强。当选择合适的参数时还可以使传动实现自锁(即反向锁止)，尤其对起重机以及调整装置有很重要的意义。

滑动螺旋在工作时，螺旋面上承受很大的压力并且产生相当大的滑动，磨损是其主要失效形式。由于摩擦力的影响，螺旋传动效率低(一般为 0.25~0.70)，具备自锁的条件下，效率低于 50%。为了降低磨损，螺母的材料通常选用耐磨性较好的青铜和铸铁。耐磨性要求较高时，可选用铸锡青铜 ZQSn10-1、ZQSn6-6-3；重载时可采用强度较高的铸铝青铜 ZQAl9-4；轻载时可采用耐磨铸铁或灰铸铁。螺杆的材料通常采用具有一定硬度的钢，硬度要求不太高时可采用 45、50 钢；硬度要求比较高的重要螺杆可采用 40Cr、65Mn、T10、T12 钢。

滑动螺旋磨损后螺旋副产生间隙，运动精度受到直接影响。静压螺旋属于滑动螺旋，是滑动螺旋的升级版，其工作原理是在螺母与螺杆的螺纹牙之间注入压力油，利用油压来平衡外载荷，隔开螺母和螺杆螺纹牙的接触面。静压螺旋传动摩擦损失小、寿命长、效率高(可达 0.99)、传动精度高，但其结构复杂，并且需要附加供油系统。

三、滚动螺旋传动简介

滚动螺旋传动是在螺母和螺杆之间的螺纹滚道内充填有滚珠，滚道为封闭循环式。当螺母和螺杆相对转动时，滚珠沿滚道滚动。滚动螺旋传动以滚动摩擦代替了滑动摩擦，摩擦阻力小，效率提高到 0.90 以上，调试中还可以利用预紧消除螺母和螺杆之间的轴向间隙，使传动精度和轴向刚度得到提高。滚动螺旋传动具有运动可逆性，为了防止机构逆转，需有防逆装置，由于滚珠与滚道为点接触，因此其承受载荷和抗冲击的能力差，且结构复杂，制造较困难，成本也高。滚动螺旋传动主要应用在对传动精度和效率要求高的重要传动中，例如飞机起落架和机翼的控制机构、精密机床的传动机构等。

滚动螺旋传动按滚珠循环方式分为内循环和外循环两类。

内循环滚动螺旋如图 9-25 所示，钢珠在整个循环过程中始终不脱离螺旋表面。内循环螺母上开有侧孔，孔内镶有反向器将相邻两螺纹滚道连通起来，钢珠越过螺纹顶部进入相邻滚道，形成一个循环回路。因此，一个循环回路里只有一圈钢珠，设有一个反向器。一个螺母常配 2~4 个反向器。

外循环滚动螺旋如图 9-26 所示，钢珠在回路过程中离开螺旋表面称为外循环。外循环螺母前后各设一个反向器，但为了缩短回路滚道的长度，也可在一个螺母中分为两个或三个回路。

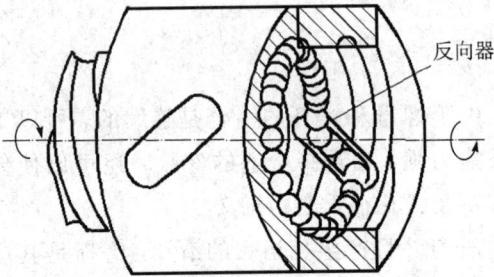

图 9-25　内循环滚动螺旋

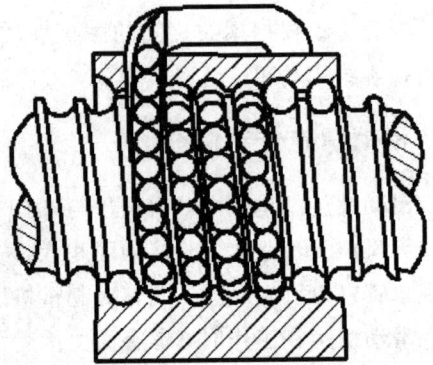

图 9-26　外循环滚动螺旋

第三节　其 他 连 接

键连接是通过键实现轴和轴上零件间的周向固定以传递运动和转矩。键连接的主要类型有平键、半圆键、楔键、切向键等。键是标准件，其特点是结构简单、装拆方便、工作可靠。

一、键连接

1. 键连接的类型

1）平键连接

平键连接如图 9-27 所示。平键的两侧面是工作面，上表面与轮毂上的键槽底部之间留有间隙，键的上、下表面为非工作面。工作时靠键与键槽侧面的挤压来传递扭矩。使用时不能实现轴向固定。根据用途平键又可分为普通平键、导向平键和滑键。

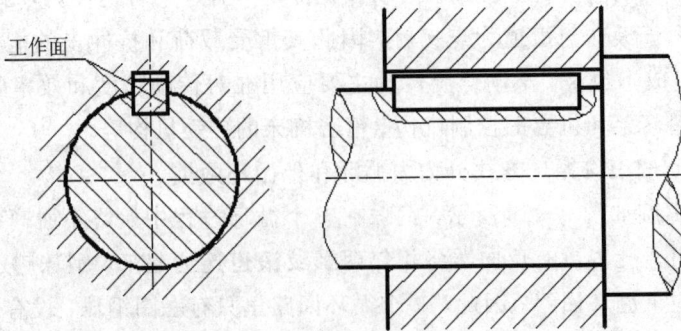

图 9-27　平键连接

普通平键与轮毂上键槽的配合较紧，属静连接；导向平键和滑键与轮毂的键槽配合较松，属动连接。

普通平键按其端部结构形状的不同又分为圆头普通平键（A型）、方头普通平键（B型）和单圆头普通平键（C型）。

圆头平键用于指状铣刀加工的轴槽，键在槽中固定良好，但轴上槽引起的应力集中较大；方头平键用于盘形铣刀加工的轴槽，轴的应力集中较小，多用螺钉固定；单圆头平键常用于轴端。

导向平键和滑键都应用于轴上零件轴向移动的场合，如图9-28所示。导向平键使用时，用螺钉固定在轴上的键槽中，轴上零件沿键做轴向移动。滑键使用时，通常固定在轮毂上，轴上零件和键一起在轴上的键槽中做轴向移动。

当轴向移动距离较大时，导向平键的长度过大，制造困难，宜选用滑键。

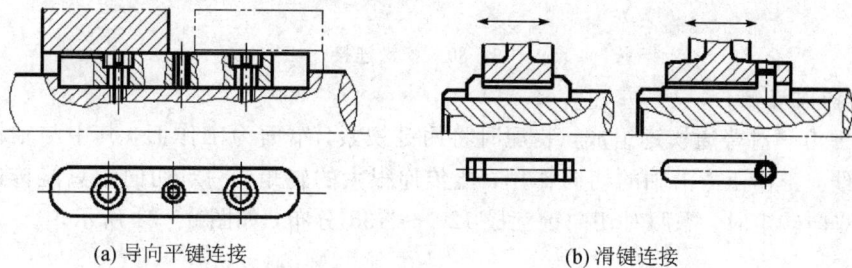

(a) 导向平键连接　　　　　　　　(b) 滑键连接

图9-28　导向平键和滑键连接

2）半圆键连接

在半圆键连接中，轴上的键槽是用尺寸相同的半圆键槽铣刀铣出的，因而键在槽中能绕其几何中心摆动以适应轮毂键槽的斜度，如图9-29所示。半圆键工作时也是靠键的侧面来传递转矩。

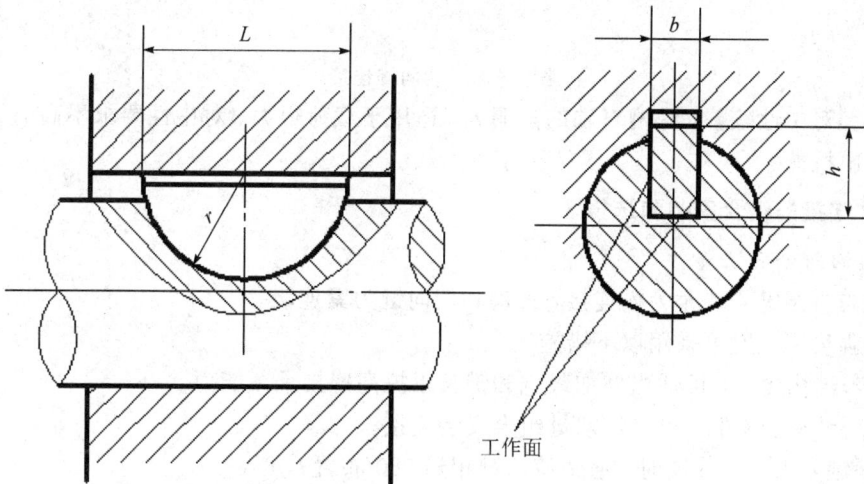

图9-29　半圆键连接

半圆键连接工艺性好，装配方便，但轴上槽较深，对轴的强度削弱大。半圆键连接一般用于轻载静连接中,适用于锥形轴端的连接。

3) 楔键连接

楔键连接会使轴上零件与轴的配合产生偏心,故适用于精度要求不高和转速较低的场合,如图 9 - 30 所示。常用的楔键有普通楔键和钩头楔键。

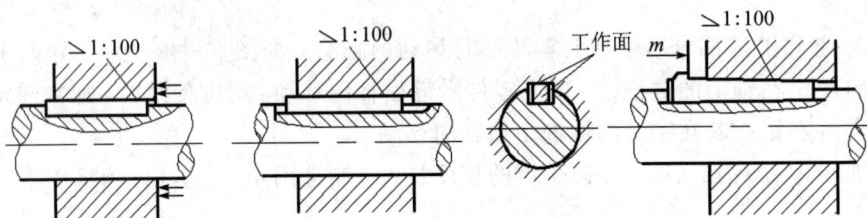

图 9 - 30　楔键连接

4) 切向键连接

切向键由一对普通楔键组成,装配时将两键楔紧,窄面为工作面,其中与轴槽接触的窄面过轴线,工作压力沿轴的切向作用,能传递很大的转矩。一对切向键只能传递单向转矩,传递双向转矩时,需两对切向键互成 $120° \sim 135°$ 分布,如图 9 - 31 所示。

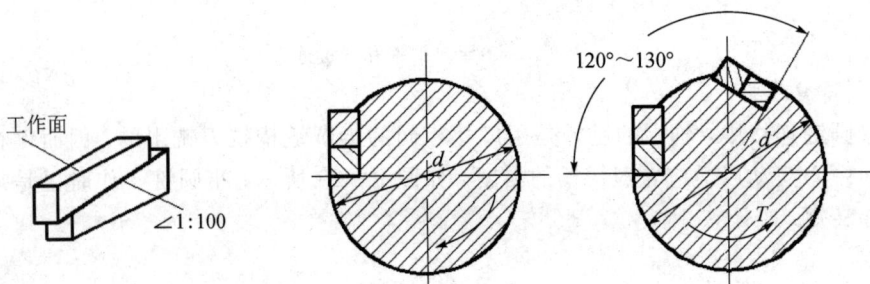

图 9 - 31　切向键连接

切向键对中性较差,键槽对轴的削弱大,适用于载荷很大、对中性要求不高的场合,如重型及矿山机械。

2. 键连接的组合安装和选择

1) 键的组合安装

平键与半圆键安装时为松连接,楔键和切向键为紧连接。

单键强度不足时可采用以下措施:

(1) 若结构允许,可适当增加毂宽和键长以提高连接承载能力。

(2) 若结构受限制,可使用双键组合安装连接。

① 平键要求双键安装时,通常使两键相隔 $180°$ 布置;

② 半圆键要求双键安装时,通常使两键布置在同一母线上;

③ 楔键要求双键安装时,通常使两键相隔 $90° \sim 120°$ 布置;

④ 切向键双键安装时,通常使两键相隔 $120° \sim 135°$ 布置。

2）普通平键的选择

键一般采用抗拉强度不低于 590 MPa 的钢材料，常用 45 钢。

平键的尺寸主要是键的截面尺寸 $b \times h$ 和键长 L。$b \times h$ 根据轴径 d 由标准中查得，键的长度参考轮毂的长度确定，一般应略短于轮毂长，并符合标准中规定的尺寸系列。

3. 花键连接

花键是由外花键和内花键组成的。工作时，利用内花键和外花键的相互挤压传递运动和转矩。花键的齿侧为工作面，其承载能力高，定心性和导向性好，对轴的强度削弱小，多适用于传递中等或较大载荷的固定连接或滑动连接。

花键已标准化。按齿形的不同，花键可分为矩形花键和渐开线花键，如图 9 - 32 所示。

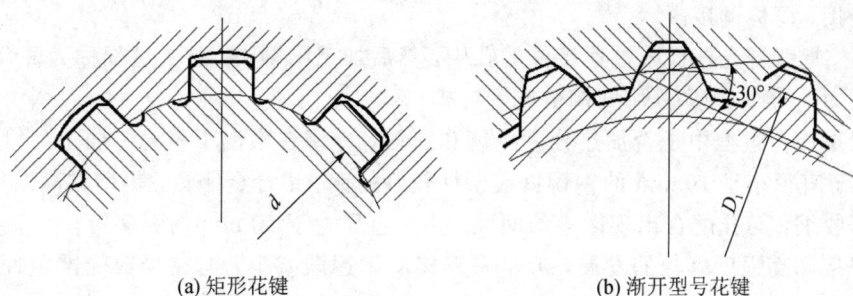

(a) 矩形花键   (b) 渐开型号花键

图 9 - 32　花键连接

矩形花键安装时，靠内外花键的小径定心。渐开线花键安装时，靠内外花键的齿侧定心。

花键连接的承载能力高，定心性和导向性好，对轴的削弱小，但加工花键需专门的设备和刀具，成本高。花键适用于载荷大和定心精度要求高的静连接、动连接及大批量生产，如汽车、飞机、拖拉机、机床等。

二、联轴器

联轴器用来连接两轴或轴与回转件，使它们一起旋转并传递运动和转矩。联轴器连接的两根轴只有在机器停车后经过拆卸才能被分离。

联轴器所连接的两轴，在设计时应该严格对中，但制造及安装的误差、承载后的变形和温度的影响会导致两轴产生某种形式的相对位移，如图 9 - 33 所示。

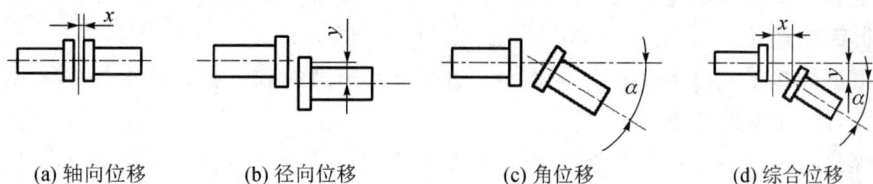

(a) 轴向位移   (b) 径向位移   (c) 角位移   (d) 综合位移

图 9 - 33　联轴器连接形式

选择联轴器类型时，首先应熟悉各类联轴器的特性，明确两轴的连接要求，再参照同类机器的使用经验，合理地选择联轴器的类型。

（1）低速、刚性大的短轴可选用固定式刚性联轴器；

（2）低速、刚性小的长轴可选用可移式刚性联轴器；

（3）传递转矩较大的重型机械选用齿式联轴器；

（4）对于高速、有振动和冲击的机械，应选用弹性联轴器；

（5）轴线位置有较大变动的两轴，应选用万向联轴器。

三、铆接

铆钉连接是指利用铆钉把两个以上的零件（钢板、型钢和机械零件）连在一起的一种不可拆卸的连接，简称铆接。

使用时，把铆钉光杆插入被连接件的孔中，然后加工出铆头，这个过程称为铆合。铆合时可以用人力、气力或液力（用气铆枪或铆钉机）。

铆接根据铆合过程中是否加热分为冷铆和热铆。冷铆在常温下铆合，加工后铆钉杆胀满钉孔，用于直径小于 10 mm 的钢铆钉或塑性较好的铜、铝合金铆钉。热铆在高温下铆合，冷却后钉杆收缩，与孔配合出现微小的间隙，用于直径大于 10 mm 的钢铆钉。

由于焊接和高强度螺栓的发展，近年来铆接应用逐渐减少，但在少数受严重冲击或振动的金属结构中，由于焊接技术的限制，目前还采用铆接。根据钉头形状的不同，常见铆钉连接形式如图 9-34 所示。

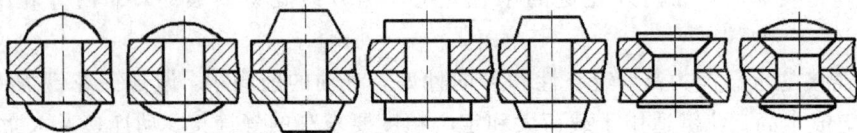

图 9-34　铆钉连接形式

铆钉是标准件，在铆接设计时可以参考相应的国家标准。此外，在结构设计时铆接的厚度一般不大于 $5d$（d 为铆钉直径），被连接件的层数不应多于 4 层。在传力铆接中，排在力作用方向的铆钉不宜超过 6 个，但也不少于 2 个。铆钉材料应尽量与被连接件相同。

四、焊接

焊接是利用加热或加压的方法使两个金属元件在连接处形成原子或分子间的接合而构成的不可拆卸的连接。

焊接根据焊接工艺分为三种基本类型：熔化焊、压力焊和钎焊。熔化焊中常见的焊接方法有电弧焊、气焊和电渣焊。

电弧焊是目前使用最广的焊接方法。电弧焊缝常见的形式如图 9-35 所示，包括正接角焊接（图（a））、搭接角焊接（图（b））、对接焊接（图（c））、卷边焊接（图（d））和塞焊缝焊接（图（e））。

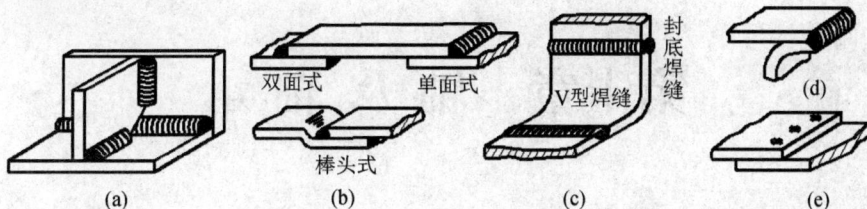

图 9-35 电弧焊缝常见的形式

思 考 题

9-1 常用螺纹的类型有哪些? 分别适用于什么场合?

9-2 常用的螺纹连接件有哪些? 如何应用?

9-3 常见的螺栓失效形式有哪几种? 通常发生在螺栓的什么部位?

9-4 螺栓连接为什么要防松? 具体可以采取哪些措施?

9-5 什么是预紧力? 为什么要控制预紧力? 如何控制?

9-6 在进行螺栓连接强度计算时, 为何将螺栓的拉力增加 30%?

9-7 如图 9-17 所示的凸缘联轴器中, 若 $D_1 = 160$ mm, 传递的转矩 $T = 1200$ N·m (静载荷), 用 4 个普通螺栓连接, 螺栓材料为 45 号钢。试计算下列两种不同的连接情况下的螺栓直径 d。

(1) 采用普通螺栓连接, 安装时不控制预紧力, 两半联轴器之间的摩擦系数 $f = 0.15$。

(2) 采用铰制孔用螺栓连接, 螺栓杆与联轴器孔壁的最小接触长度为 $L_{min} = 15$ mm。

9-8 根据螺纹之间的摩擦性质不同, 将螺旋传动分为哪几类? 各有何特点?

第十章　轴 及 轴 承

　　机器上所安装的旋转零件，例如带轮、齿轮、联轴器和离合器等都必须用轴来支承才能正常工作，因此轴是机械中不可缺少的重要零件。轴承的作用是支承轴及轴上的零件，使其回转并保持一定的旋转精度。合理地选择和使用轴承对提高机器的使用性能、延长寿命都有重要作用。

第一节　轴 的 设 计

　　本节讨论轴的类型、材料和轴的设计问题，其中包括轴的结构设计和强度计算。轴的结构设计是指合理确定轴的形状和尺寸，除应考虑轴的强度和刚度外，还要考虑使用、加工和装配等方面的许多因素。轴的强度计算使轴具有可靠的工作能力，其计算方法在工程力学中已经介绍过。对于初学者，轴的结构设计较难掌握，因此，轴的结构设计是重点之一。

一、轴的类型和常用材料

1. 轴的类型及应用

　　根据轴的承载性质和功用可将轴分为心轴、传动轴、转轴三类。只承受弯矩而不承受转矩的轴称为心轴，如车辆轴和滑轮轴(见图10-1)。只承受扭矩不承受弯矩或所受弯矩很小的轴称为传动轴，如汽车传动轴(见图10-2)。既承受弯矩又承受转矩的轴称为转轴，如减速箱中的齿轮轴(见图10-3)。转轴在各类机械中最为常见。

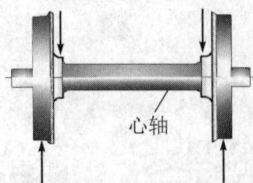

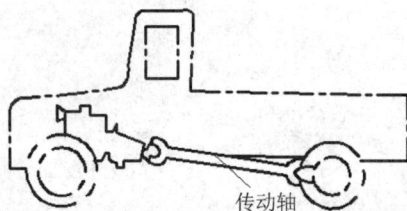

　　　　图10-1　心轴　　　　　　　　　　　　　　图10-2　传动轴

　　按照轴的轴线形状，又可将轴分为直轴、曲轴和挠性轴。直轴各轴段轴线为同一直线。曲轴各轴段轴线不在同一直线上，主要用于有往复式运动的机械中，如内燃机中的曲轴(见图10-4)。挠性轴轴线可任意弯曲，可改变运动的传递方向，常用于远距离控制机构、仪表传动及手持电动工具中(见图10-5)。另外还有空心轴、光轴和阶梯轴(见图10-6)。

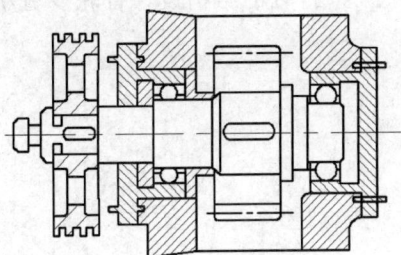

图 10-3 转轴

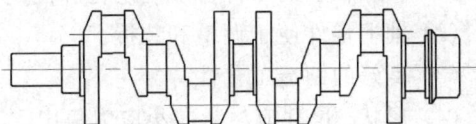

图 10-4 曲轴

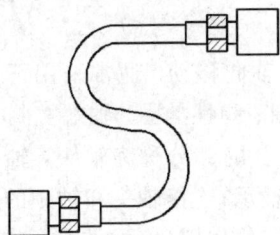

图 10-5 挠性轴

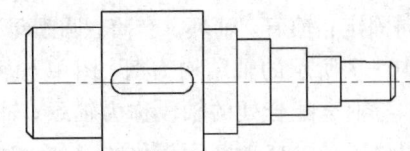

图 10-6 阶梯轴

2. 轴的材料

轴的材料种类很多，选择时应主要考虑如下因素：轴的强度、刚度及耐磨性要求；轴的热处理方法及机加工工艺性的要求；轴的材料来源和经济性等。

轴的常用材料是碳钢和合金钢。碳钢比合金钢价格低廉，对应力集中的敏感性低，可通过热处理改善其综合性能，加工工艺性好，故应用最广。一般用途的轴多用含碳量为 $0.25\% \sim 0.5\%$ 的中碳钢，尤其是 45 号钢，对于不重要或受力较小的轴也可用 Q235A 等普通碳素钢。

合金钢具有比碳钢更好的机械性能和淬火性能，但对应力集中比较敏感，且价格较贵，多用于对强度和耐磨性有特殊要求的轴。如 20Cr、20CrMnTi 等低碳合金钢，经渗碳处理后可提高耐磨性；20CrMoV、38CrMoAl 等合金钢有良好的高温机械性能，常用于在高温、高速和重载条件下工作的轴。

值得注意的是：由于常温下合金钢与碳素钢的弹性模量相差不多，因此当其他条件相同时，如想通过选用合金钢来提高轴的刚度是难以实现的。

低碳钢和低碳合金钢经渗碳淬火可提高其耐磨性，常用于韧性要求较高或转速较高的轴。

球墨铸铁和高强度铸铁因其具有良好的工艺性，不需要锻压设备，吸振性好，对应力集中的敏感性低，近年来被广泛应用于制造结构形状复杂的曲轴等，只是铸件质量难于控制。轴的毛坯多用轧制的圆钢或锻钢。锻钢内部组织均匀，强度较好，因此重要的大尺寸的轴常用锻造毛坯。

二、轴的结构设计

轴的结构设计就是确定轴的形状和尺寸，这与轴上零件的安装拆卸和零件的定位及加工工艺有着密切的关系,因此轴的结构没有统一的形状。进行轴的结构设计首先要分析轴上零件的定位和固定以及轴的结构工艺性。

对轴的结构基本要求是:

(1)轴和轴上的零件有准确定位和固定。

(2)轴上零件便于调整和装拆。

(3)良好的制造工艺性。

(4)形状、尺寸应尽量减小应力集中。

1. 轴上零件的定位和固定

轴上零件的定位是为了保证传动件在轴上有准确的安装位置;固定则是为了保证轴上零件在运转中保持原位不变。

(1)轴上零件的轴向定位和固定。为了防止零件的轴向移动,通常采用下列结构形式以实现轴向固定:轴肩、轴环、套筒、圆螺母和止退垫圈、弹性挡圈、轴端挡圈等。

以图10-7所示的轴结构为例,图中与回转零件配合的部分称为轴头,轴头上一般设置有键槽;与轴承配合处的轴段称为轴颈,轴颈上装有轴承;连接轴头和轴颈的部分称为轴身。轴肩和轴环是阶梯轴截面变化的部位,对轴起轴向定位作用。例如齿轮、带轮和右端轴承都是靠轴肩定位的,左端轴承是靠套筒定位的,两端轴承把轴固定在箱体上。

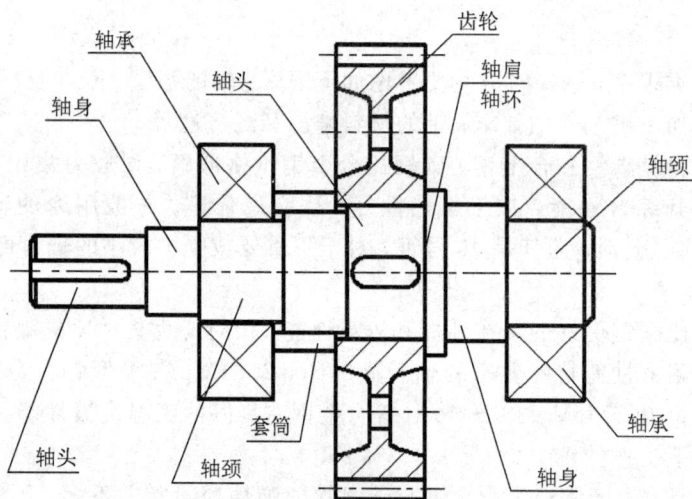

图10-7　轴的结构

(2)轴上零件的周向固定。周向固定的目的是为了限制轴上零件相对于轴的转动,以满足机器传递扭矩和运动的要求。常用的周向固定方法有键、花键、销、过盈配合、成型连接等,其中以键和花键连接应用最广。

2. 轴的结构工艺性

轴的结构形状和尺寸应尽量满足加工、装配和维修的要求。为此,常采用以下措施。

(1)当某一轴段需车制或磨削加工时,应留有退刀槽或砂轮越程槽,如图10-8所示。

（2）轴上所有键槽应沿轴的同一母线布置，如图 10 - 9 所示。

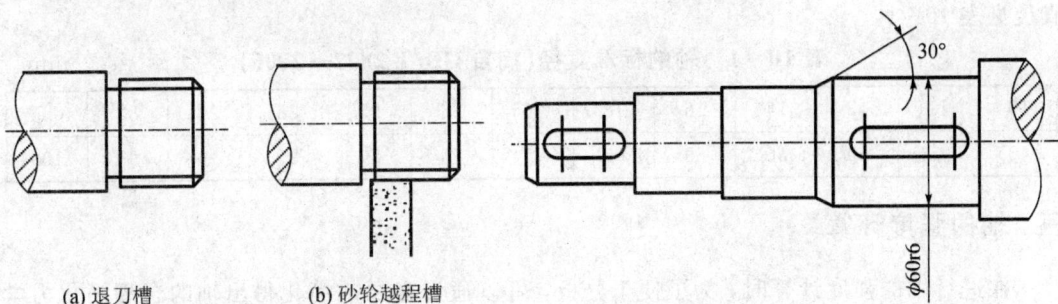

(a) 退刀槽　　　(b) 砂轮越程槽

图 10 - 8　退刀槽和越程槽　　　　图 10 - 9　轴的结构与键槽在轴上的布置

（3）为了便于所有轴上零件的装配和去除毛刺，轴端及轴肩一般均应制出 45° 的倒角。过盈配合轴段的装入端加工出半锥角为 30° 的导向锥面，如图 10 - 9 所示。

（4）为便于加工，应使轴上直径相近处的圆角、倒角、键槽和越程槽等尺寸一致。

3. 提高轴强度、刚度的措施

（1）结构设计方面。轴截面尺寸突变会造成应力集中，所以阶梯轴相邻轴段直径不宜相差太大，在轴径变化处的过渡圆角不宜过小；尽量避免在轴上开横孔、凹槽和加工螺纹。在重要结构中可采用中间环或凹切圆角以增加轴肩处过渡圆角半径和减小应力集中，如图 10 - 10 所示。

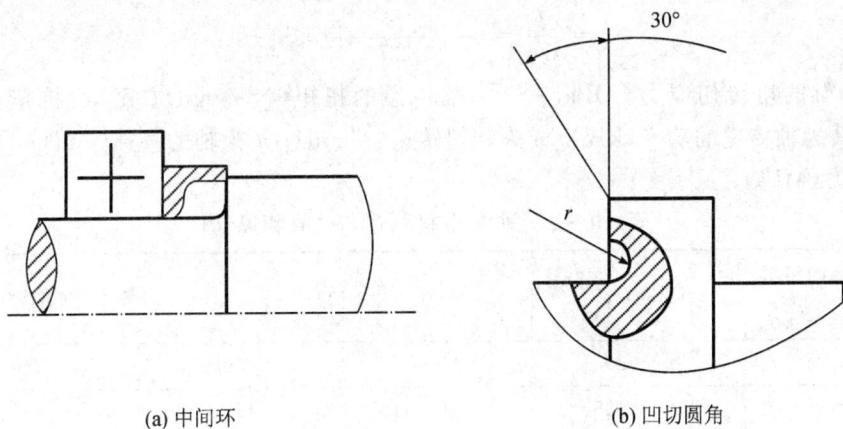

(a) 中间环　　　　　　　　　(b) 凹切圆角

图 10 - 10　减小轴圆角处应力集中的结构

（2）制造工艺方面。提高轴的表面质量，降低表面粗糙度，对轴表面采用碾压、喷丸和表面热处理等强化方法，均可显著提高轴的疲劳强度。

（3）轴上零件的合理布局。在轴结构设计时，可采取改变受力情况和零件在轴上的位置等措施，达到减轻轴载荷，减小轴尺寸，提高轴强度的目的。

4. 轴的直径和长度

（1）与滚动轴承配合的轴颈直径必须符合滚动轴承内径的标准系列。

（2）轴上车制螺纹部分的直径必须符合外螺纹大径的标准系列。

（3）安装联轴器的轴头直径应与联轴器的孔径范围相适应。

（4）与零件（如齿轮、带轮等）相配合的轴头直径应优先采用标准直径尺寸。轴的标准直径见表 10 - 1。

表 10 - 1　轴的标准直径（摘自 GB/T 2822—2005） 　　　　　mm

10	11	12	14	16	18	20	22	25	28	30	32	36
40	45	50	56	60	63	71	75	80	85	90	95	100

三、轴的强度计算

在进行轴的强度计算时，为了便于分析，可以通过必要的简化得出轴的合理简化力学模型，即轴的计算简图。

通常将轴简化为一置于铰链支座上的梁，轴和轴上零件的自重可忽略不计。作用在轴上的扭矩通常从传动件轮毂中点计算。

根据受载情况，轴常用的强度计算方法有以下几种：

1. 按扭转强度计算

对只受转矩或以承受转矩为主的传动轴，应按扭转强度条件计算轴的直径。若有弯矩作用，可用降低许用应力的方法来考虑其影响。

圆轴扭转的强度条件为

$$\tau = \frac{T}{W_p} = \frac{9.55 \times 10^6 \dfrac{P}{n}}{0.2 d^3} \leqslant [\tau] \tag{10 - 1}$$

式中，τ 为轴的扭转切应力（MPa）；T 为轴传递的扭矩（N·mm）；W_p 为抗扭截面系数（mm^3）；P 为轴传递的功率（kW）；n 为轴的转速（r/min）；d 为轴的直径（mm）；$[\tau]$ 为许用扭转切应力（MPa），见表 10 - 2。

表 10 - 2　轴常用材料的 $[\tau]$ 值和 A 值

参数　轴的材料	Q235, 20	35	45	40Cr, 35SiMn
$[\tau]$/MPa	12～20	20～30	30～40	40～52
A	160～135	135～118	118～106	107～97

注：当作用在轴上的弯矩比转矩小或只受转矩时，$[\tau]$ 取较大值，A 取较小值；反之，$[\tau]$ 取较小值，A 取较大值。

由式（10 - 1）可得轴的直径设计公式：

$$d \geqslant \sqrt[3]{\frac{9.55 \times 10^6 P}{0.2 [\tau] n}} = A \sqrt[3]{\frac{P}{n}} \tag{10 - 2}$$

式中 A 是由轴的材料和承载情况确定的常数，其值可查表 10 - 2。

2. 按弯扭合成强度条件计算

对于同时承受弯矩和转矩的轴，可根据转矩和弯矩的合成强度进行计算。计算时，先根据结构设计所确定的轴的几何结构和轴上零件的位置画出轴的受力简图，然后绘制弯矩图、转矩图，按第三强度理论条件建立轴的弯扭合成强度条件：

$$\sigma_e = \frac{M_e}{W} = \frac{\sqrt{M^2 + (\alpha T)^2}}{W} \leqslant [\sigma_{-1}] \qquad (10-3)$$

式中，σ_e 为当量应力（N/mm）；M_e 为当量弯矩（N·mm），$M_e = \sqrt{M^2 + (\alpha T)^2}$；$M$ 为危险截面上的合成弯矩，$M = \sqrt{M_H^2 + M_V^2}$（N·mm），其中，M_H、M_V 分别为水平、垂直面上的弯矩；W 为危险截面抗弯截面系数，对圆截面 $W \approx 0.1d^3$。

α 是考虑弯曲正应力与扭转切应力循环特性的不同，将转矩 T 转化为当量弯矩时的折合系数。对于不变化的转矩，$\alpha = \frac{[\sigma_{-1}]_b}{[\sigma_{+1}]_b} \approx 0.3$；对于脉动变化的转矩，$\alpha = \frac{[\sigma_{-1}]_b}{[\sigma_0]_b} \approx 0.6$；对于频繁正反转即对称变化的转矩，$\alpha = \frac{[\sigma_{-1}]_b}{[\sigma_{+1}]_b} = 1$；若转矩变化的规律未知，一般可按脉动循环变化处理（$\alpha = 0.6$）。这里 $[\sigma_{-1}]_b$、$[\sigma_0]_b$、$[\sigma_{+1}]_b$ 分别为对称循环、脉动循环、静应力状态下材料的许用弯曲应力，其值见表 10-3。

表 10-3 轴的许用弯曲应力 MPa

材 料	σ_b	$[\sigma_{+1}]_b$	$[\sigma_0]_b$	$[\sigma_{-1}]_b$
碳钢	400	130	70	40
	500	170	75	45
	600	200	95	55
	700	230	110	65
合金钢	800	270	130	75
	900	300	140	80
	1000	330	150	90
铸铁	400	100	50	30
	500	120	50	40

由式（10-3）可推得圆轴的设计公式为

$$d \geqslant \sqrt[3]{\frac{M_e}{0.1[\sigma_{-1}]_b}} \qquad (10-4)$$

当危险截面有键槽时，应将计算出的轴径加大 4%～7%，双键时轴径应加大 10%。

对于重要的轴，应按疲劳强度对危险截面的安全系数进行精确验算；对于有刚度要求的轴，在强度计算后，应进行刚度校核。

【例 10-1】 设计图 10-11 所示的斜齿轮减速器的低速轴。已知低速轴的转速 $n = 140$ r/min，传递的功率 $P = 5$ kW。大齿轮齿数 $z = 58$，法面模数 $m_n = 3$ mm，齿轮分度圆螺旋角 $\beta = 11°17'3''$，左旋，齿宽 $b = 70$ mm。

解 （1）选择轴的材料，确定许用应力。

减速器功率不大，又无特殊要求，故选用 45
钢并作正火处理，查表 9 - 6 得 $\sigma_b = 600$ MPa，又
由表 10 - 3 查得 $[\sigma_{-1}]_b = 55$ MPa。

（2）按扭转强度估算轴的最小直径。

由表 10 - 2 查得 $A = 110$，由式(10 - 2) 得

$$d \geqslant A\sqrt[3]{\frac{P}{n}} = 110 \times \sqrt[3]{\frac{5}{140}} = 36.2 \text{ mm}$$

轴身安装联轴器，考虑补偿轴的可能位移，
选用弹性柱销联轴器。由 n 和转矩 $T_C = KT =$

1—电动机；2—带传动；
3—齿轮减速器；4—联轴器；
5—滚筒

图 10 - 11　斜齿圆柱齿轮减速器

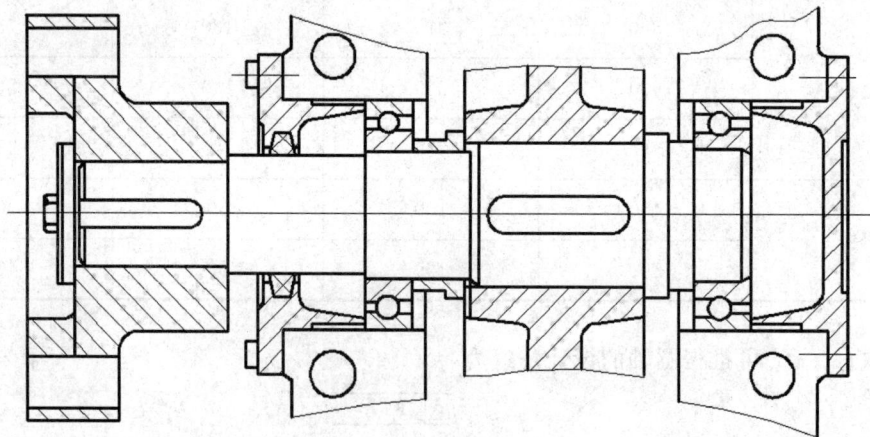

$1.5 \times 9.55 \times 10^6 \times 5/140 = 511\,607$ N·mm，查 GB/T 5014—2003 选用 HL3 弹性柱销联轴
器，标准孔径 $d_1 = 38$ mm，即轴身直径 $d_2 = 38$ mm。

（3）确定齿轮和轴承的润滑方式。

计算齿轮圆周速度：

$$v = \frac{\pi d_n n}{60 \times 1000} = \frac{\pi m_n z n}{60 \times 1000 \times \cos\beta} = \frac{\pi \times 3 \times 58 \times 140}{60 \times 1000 \times \cos 11°17'3''} = 1.3 \text{ m/s}$$

因此齿轮传动采用油浴润滑，轴承采用脂润滑。

（4）轴系的初步设计。

根据轴系结构要点及结构尺寸，按比例绘制轴系结构草图，如图 10 - 12 所示。

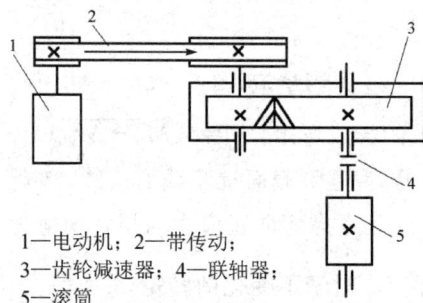

图 10 - 12　轴系结构草图

第二节　滚动轴承设计

轴承的作用是支承轴及轴上的零件，使其回转并保持一定的旋转精度。合理地选择和
使用轴承对提高机器的使用性能、延长寿命都有重要作用。

　　根据转动副工作表面摩擦性质的不同，轴承可以分为滑动摩擦轴承(简称滑动轴承)和滚动摩擦轴承(简称滚动轴承)两大类。滚动轴承是一个标准件，由专门工厂成批生产。它具有摩擦阻力小、启动灵敏、效率高，安装及维护方便、类型较多、易于选购和互换等优点，广泛应用于各类机器和仪器中。在高速、精密机械和低速、重载或冲击载荷较大的机器中，滑动轴承显示出其优异的性能。在需要剖分结构的场合，必须采用滑动轴承。

一、滚动轴承的结构及类型

　　滚动轴承是标准化、系列化程度很高的一种部件，也是现代机器中广泛应用的部件之一。它依靠主要元件间的滚动接触来支承转动零件。

1. 滚动轴承的结构

　　滚动轴承的基本结构形式如图 10-13(a)所示。滚动轴承主要由外圈 1、内圈 2、滚动体 3 和保持架 4 等组成。滚动体位于内外圈的滚道之间，是滚动轴承中必不可少的基本元件。内圈用来和轴颈装配，外圈装在机座或零件的轴承孔内。外圈一般不转动，内圈和轴一起转动。当内外圈相对转动时，滚动体即在内外圈滚道间滚动。保持架的主要作用是均匀地隔开滚动体，并减少滚动体之间的碰撞和磨损。常见滚动体的形状如图 10-13(b)所示。

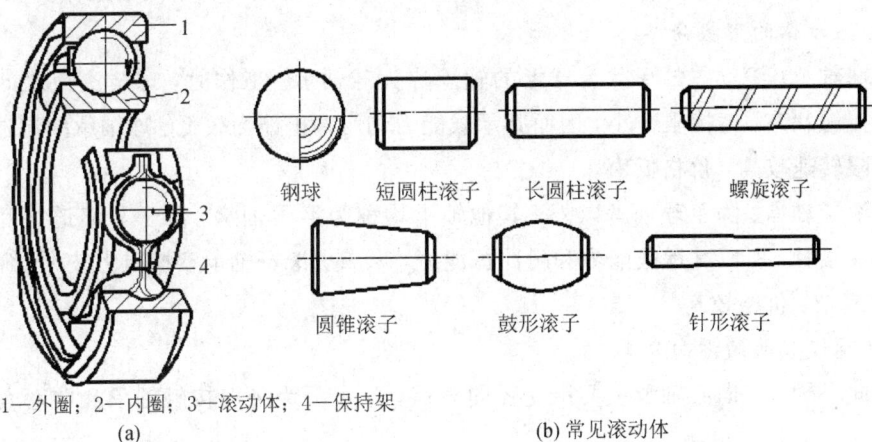

1—外圈；2—内圈；3—滚动体；4—保持架
(a)

钢球　　短圆柱滚子　　长圆柱滚子　　螺旋滚子
圆锥滚子　　鼓形滚子　　针形滚子
(b) 常见滚动体

图 10-13　滚动轴承

2. 滚动轴承的结构特性

　　(1) 接触角。滚动体和外圈接触处的法线 nn 与轴承径向平面(垂直于轴承轴心线的平面)之间的夹角 α 称为接触角，如图 10-14 所示。α 愈大，轴承承受轴向载荷的能力愈大。

　　(2) 游隙。滚动体与轴承的内、外圈之间存在着一定的间隙，因此，内、外圈之间可产生相对移动，其最大位移量称为游隙。轴承轴向和径向都可能产生游隙，如图 10-15 所示。游隙的大小对轴承寿命、噪声、运动精度、载荷和温升等都有很大影响，应按使用要求进行游隙的选择或调整。

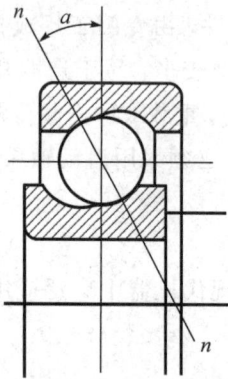

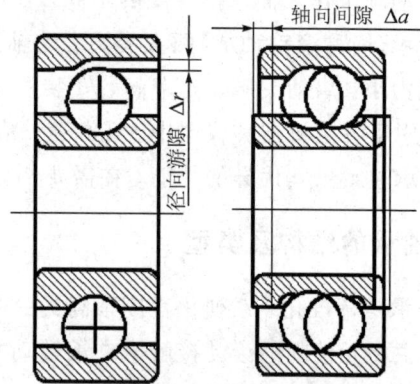

图 10-14　接触角　　　　　　　　图 10-15　轴承的游隙

（3）偏移角　轴承的安装误差或轴的变形等都会引起其内、外圈轴线发生相对倾斜，此时两轴线所夹的锐角称为偏移角。偏移角愈大，轴承的摩擦力矩愈大，造成运转不灵活，偏移角愈大，噪声愈大，发热愈严重。能自动适应角偏移的轴承称为调心轴承。

3. 滚动轴承的主要类型

滚动轴承的类型很多，其结构形式也不尽相同，可以适应各种不同的工作要求。

1）按滚动体的形状分类

（1）球轴承。滚动体的形状为球形的轴承称为球轴承。工作时，球与滚道之间形成高副，呈点接触状态，摩擦阻力小，因而其承载能力和耐冲击能力较低。球轴承的制造工艺较简单，极限转速较高，价格低廉。

（2）滚子轴承。除了球轴承以外，其他轴承均称为滚子轴承。滚子与滚道之间亦为高副，且呈线接触，所以其承载能力和耐冲击能力均较高。滚子轴承摩擦阻力较大，制造工艺较球轴承复杂，价格较高。

2）按承受载荷的方向分类

（1）向心轴承。向心轴承主要承受径向载荷，又可分为径向接触轴承和向心角接触轴承两种。

径向接触轴承（接触角 $\alpha=0°$）主要承受径向载荷，也可以承受不大的轴向载荷，如深沟球轴承、调心轴承等。

向心角接触轴承（$0°<\alpha<45°$）能同时承受径向和轴向两种载荷的联合作用。如角接触球轴承、圆锥滚子轴承等。其接触角愈大，承受轴向载荷的能力愈强。圆锥滚子轴承能同时承受较大的径向和单向轴向载荷，内、外圈可沿轴向分离，安装和拆卸较方便，间隙可调。

也有的向心轴承不能承受轴向载荷，只能承受径向载荷，如圆柱滚子轴承、滚针轴承等。

（2）推力轴承。推力轴承只能（或主要）承受轴向载荷。它又有轴向推力轴承和推力角接触轴承两种。

轴向推力轴承($\alpha=90°$)只能承受轴向载荷,如单、双向推力球轴承、推力滚子轴承等。推力球轴承的两个套圈的孔径不相等。直径较小的套圈安装在轴颈上,称为轴圈;直径较大的套圈安装在机座上,称为座圈。由于套圈上滚道深度较浅,当转速较高时,滚动体的离心力增大,轴承对滚动体的限制不够,所以允许的转速较低。

推力角接触轴承($45°<\alpha<90°$)主要承受轴向载荷,如推力调心球面滚子轴承等。

二、滚动轴承的代号及选择

滚动轴承应用极广,类型繁多。每种类型又有独特的结构与尺寸,有不同的精度和技术要求。为了便于组织生产、设计和选用,GB/T 272—2017 规定了滚动轴承代号的表示方法。

1. 滚动轴承的代号

滚动轴承代号由前置代号、基本代号和后置代号构成。其排列格式如下:

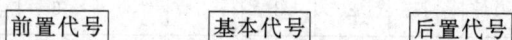

| 前置代号 | 基本代号 | 后置代号 |

1) 基本代号

基本代号由轴承的类型代号、尺寸系列代号及内径代号组成。国家标准规定,滚动轴承的基本代号表示方法如图 10 - 16 所示。

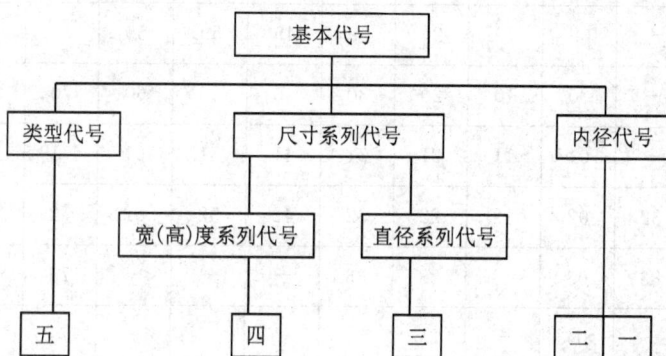

图 10 - 16　滚动轴承的基本代号

图中类型代号用数字或大写拉丁字母表示,尺寸系列代号和内径代号用数字表示,小方框内的数字表示位数。

(1) 内径代号。自右至左第一、二位数字为内径代号,表示方法见表 10 - 4。

表 10 - 4　常用滚动轴承内径代号

内径代号	00	01	02	03	04~96
轴承内径/mm	10	12	15	17	数字×5

内径为 22 mm、28 mm、32 mm 的轴承,需直接用内径值(mm)表示,但必须用"／"号与前面的尺寸系列代号分开。

(2) 尺寸系列代号。基本代号中右起第三、四为数字为尺寸系列代号。其中右起第三位数字为直径系列代号，右起第四位数字为宽度（对推力轴承为高度）系列代号。

直径系列代号表示相同内径的同类轴承有不同的滚动体和外径。对向心轴承，标准中规定，该代号按 7、8、9、0、1、2、3、4 顺序表示轴承外径的依次递增。

宽度（或高度）系列代号表示内、外径尺寸都相同的同类轴承宽度（或高度）变化。对向心轴承，该代号按 8、0、1、2、3、4、5、6 的顺序表示轴承宽度依次递增；对推力轴承，按 7、9、1、2 的顺序表示轴承高度依次递增。

轴承宽（高）度系列和直径系列代号如表 10-5 所示。

表 10-5　轴承宽（高）度系列和直径系列代号

直径系列代号	向心轴承								推力轴承			
	宽度系列代号								高度系列代号			
	8	0	1	2	3	4	5	6	7	9	1	2
	尺寸系列代号											
7	—	—	17	—	37	—	—	—	—	—	—	—
8	—	08	18	28	38	48	58	68	—	—	—	—
9	—	09	19	29	39	49	59	69	—	—	—	—
0	—	00	10	20	30	40	50	60	70	90	10	—
1	—	01	11	21	31	41	51	61	71	91	11	—
2	82	02	12	22	32	42	52	62	72	92	12	22
3	83	03	13	23	33	—	—	—	73	93	13	23
4	—	04	—	24	—	—	—	—	74	94	14	24
5	—	—	—	—	—	—	—	—	—	95	—	—

2）前置代号

前置代号用字母表示，是用以说明成套轴承分部件特点的补充代号。例如，L 表示可分离轴承的可分离套圈；K 表示轴承的滚动体与保持架组件等。一般轴承没有前置代号。前置代号及其含义参阅 GB/T 272—2017。

3）后置代号

后置代号用字母、数字或二者的组合来表示轴承在结构、公差和材料等方面的特殊要求。它置于基本代号的右边，并与基本代号空半个汉字距或用符号"—"、"/"分隔。后置代号内容较多，下面介绍几种常用的代号。

(1) 内部结构代号：表示同一类型轴承的不同内部结构，用字母在后置代号左起第一位表示。例如角接触球轴承的公称接触角为 15°、25°、40°，分别用 C、AC、和 B 表示结构的不同。同一类型轴承的加强型用 E 表示。

（2）公差等级代号：共分为 0 级、6 级、6X 级、5 级、4 级和 2 级等 6 个级别，依次由低级到高级，其代号分别为/PN、/P6、/P6X、/P5、/P4 和/P2。公差等级中 0 级为普通级，在轴承代号中不标注。

（3）径向游隙代号：常用的轴承游隙系列分为 2 组、N 组、3 组、4 组和 5 组等，依次由小到大。其中，N 组游隙是常用的游隙组别，在轴承代号中不标注，其余的游隙组别在轴承代号中用/C_2、/CN、/C_3、/C_4 和/C_5 表示。

例如：滚动轴承代号 7210AC 和 NU2208/P6 的含义如下：

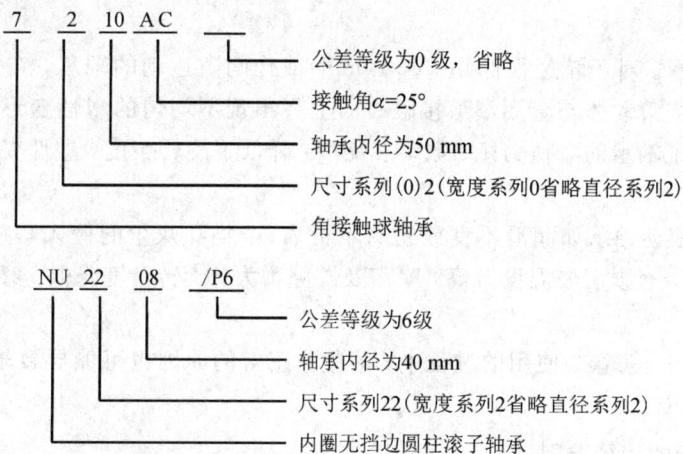

```
7  2  10  AC ┌──── 公差等级为0级，省略
             ├──── 接触角α=25°
             ├──── 轴承内径为50 mm
             ├──── 尺寸系列(0)2（宽度系列0省略直径系列2）
             └──── 角接触球轴承
```

```
NU  22  08  /P6 ┌──── 公差等级为6级
                ├──── 轴承内径为40 mm
                ├──── 尺寸系列22（宽度系列2省略直径系列2）
                └──── 内圈无挡边圆柱滚子轴承
```

2. 滚动轴承类型的选择

机械设计中，对于滚动轴承类型的选择，只有在对各类轴承的性能和结构充分了解的基础上，再根据轴承的工作载荷（大小、方向、性质）、转速、轴的刚度以及其他特殊要求，才能作出正确的判断。选择时建议参照以下几点：

（1）轴承所受载荷。轴承所受载荷大小、方向和性质以及转速是选择轴承类型的主要依据，应根据不同情况选取。

① 转速较高、载荷较小、要求旋转精度高时优先选用球轴承；转速较低、载荷较大并有冲击载荷时宜选用滚子轴承。

② 以径向载荷为主（或只受纯径向载荷）时，可选用深沟球轴承。

③ 当承受轴向载荷比径向载荷大很多（或只受纯轴向载荷）时，可采用推力轴承和向心轴承的组合结构，以便分别承受轴向载荷和径向载荷。

④ 径向载荷和轴向载荷都较大时，可选用角接触球轴承或圆锥滚子轴承。

（2）轴承的调心性能。由于制造和安装误差等因素的影响，使得轴的中心线与轴承中心线不重合；或轴受力弯曲造成轴承内外圈轴线发生偏斜。为了不使其相对偏移角度超过许用值，此时可选用调心性能好的调心轴承。

（3）轴承的尺寸要求。当径向尺寸受到限制时，可选用滚针轴承或特轻、超轻直径系列的轴承；轴向尺寸受到限制时，可选用宽度尺寸较小的轴承（如窄或特窄宽度系列的）。

（4）轴承的经济性能、噪声与振动等方面的要求也应全面考虑。

三、滚动轴承的失效形式和寿命计算

1. 滚动轴承的主要失效形式

滚动轴承的主要失效形式有以下几种：

（1）疲劳点蚀。滚动轴承以 $n > 10$ r/min 的转速运转时，滚动体和内圈（或外圈）不断地转动，在载荷的作用下，滚动体与滚道接触表面受交变接触应力作用，因此在工作一段时间后，接触表面就会产生疲劳点蚀。疲劳点蚀将使噪声和振动加剧，旋转精度明显降低，致使轴承失效。

（2）塑性变形。对于转速很低（$n < 10$ r/min）或作间隙运动的轴承，在过大的静载荷和冲击载荷作用下，滚动体与套圈滚道接触表面上将出现不均匀的塑性变形（凹坑）。塑性变形发生后，增加了轴承的摩擦力矩、振动和噪声，降低了旋转精度。塑性变形会导致轴承丧失工作能力。

（3）磨损。滚动轴承如润滑不良或密封不可靠（杂物和灰尘的侵入），相互运动的表面会产生早期磨损，磨损后使温度升高，噪声及游隙增大，旋转精度降低。磨损最终将导致轴承失效。

此外，在设计、安装、使用的过程中，某些非正常的原因也可能导致轴承因套圈断裂、保持架损坏而报废。

2. 滚动轴承的计算准则

（1）对于一般转速的轴承，在制造、保管、安装、使用等均良好的情况下，其失效形式主要表现为疲劳点蚀，故应以疲劳强度计算为依据进行轴承的寿命计算。

（2）对于不转动、转速很低（$n \leqslant 10$ r/min）或间歇摆动的轴承，为防止其发生塑性变形，应以静强度计算为依据，进行轴承的强度计算。

（3）对于高速轴承，除考虑疲劳点蚀外，其余各元件接触表面过热也是很重要的失效形式，故除需进行寿命计算外，还应校验其极限转速。

3. 滚动轴承的寿命计算

1）寿命计算中的基本概念

（1）轴承寿命。指滚动轴承任一元件首次出现疲劳点蚀前所经历的实际总转数，或在一定转速下的实际总工作小时数。

（2）基本额定寿命。一批同样型号、同样结构、同样材料的轴承，即使在完全相同的工作条件下，由于材料的不均匀程度、制造工艺及精度等存在差异，其寿命也是不相同的，可相差几倍甚至几十倍。故实际选择轴承时，常以基本额定寿命为标准。即将一组同型号的轴承在相同的常规条件下运转，其中，以 10% 的轴承发生点蚀破坏而 90% 的轴承不发生点蚀破坏前的总转数（以 10^6 r 为单位）或工作小时数作为轴承基本额定寿命，用 L 或 L_h 表示。

（3）基本额定动载荷。滚动轴承抵抗点蚀破坏的能力可由基本额定动载荷来表示。它是指基本额定寿命为 10^6 r 时，轴承所能承受的最大载荷值，用符号 C 表示。对于推力轴承是指纯轴向载荷，用 C_a 表示；对于向心轴承是指纯径向载荷，用 C_r 表示。

（4）额定静载荷。额定静载荷是用来限制塑性变形的极限载荷值。它是指轴承工作时，受载最大的滚动体和内、外圈滚道接触处的接触应力达到一定值（向心和推力球轴承为 4200 MPa，滚子轴承为 4000 MPa）时的静载荷。该静载荷称为额定静载荷，用 C_0 表示。

2）滚动轴承的当量动载荷及计算

滚动轴承的基本额定动载荷是在特定受载试验条件下确定的。轴承的实际工作载荷既有径向载荷又有轴向载荷，这就要把载荷换算成一个大小和方向恒定的载荷，在这一载荷的作用下，轴承寿命与实际载荷作用下的寿命相等。这一换算后的假想载荷称为当量动载荷，用 P 表示，其计算公式为

$$P = XF_r + YF_a \tag{10-5}$$

式中：X 为径向载荷系数；Y 为轴向载荷系数，X 和 Y 的值可由表 10-6 查得；F_r 为轴承承受的径向载荷；F_a 为轴承承受的轴向载荷。

表 10-6　径向载荷系数 X 和轴向载荷系数 Y

轴承类型		$\dfrac{F_a}{C_0}$	e	$F_a/F_r > e$		$F_a/F_r \leqslant e$	
				X	Y	X	Y
深沟球轴承 （60000）		0.014	0.19		2.30		
		0.028	0.22		1.99		
		0.056	0.26		1.71		
		0.084	0.28		1.55		
		0.110	0.30	0.56	1.45	1	0
		0.170	0.34		1.31		
		0.280	0.38		1.15		
		0.420	0.42		1.04		
		0.560	0.44		1.00		
角接触 轴承 （单列）	$\alpha = 15°$ （70000C）	0.015	0.38		1.47		
		0.029	0.40		1.40		
		0.058	0.43		1.30		
		0.087	0.46		1.23		
		0.120	0.47	0.44	1.19	1	0
		0.170	0.50		1.12		
		0.290	0.55		1.02		
		0.440	0.56		1.00		
		0.580	0.56		1.00		
	$\alpha = 25°$ （70000AC）	—	0.68	0.41	0.87	1	0
	$\alpha = 40°$ （70000B）	—	1.14	0.35	0.57	1	0
圆锥滚子轴承（单列）		—	$1.5\tan a$	0.4	$0.4\cot a$	1	0
调心球轴承（双列）		—	$1.5\tan a$	0.65	$0.65\cot a$	1	$0.42\cot a$

对于只承受径向载荷的轴承，当量动载荷为轴承的径向载荷 F_r，即

$$P = F_r \qquad\qquad (10-6)$$

对于只承受轴向载荷的轴承，当量动载荷为轴承的轴向载荷 F_a，即

$$P = F_a \qquad\qquad (10-7)$$

在实际计算中，系数 X、Y 是由轴承的尺寸、型号、载荷决定的，所以必须先初步确定轴承的型号、尺寸，然后进行寿命计算，计算完毕选定型号、尺寸后，再与初定的型号、尺寸比较，修改计算。

表 $10-6$ 中，e 为判断系数，用以判别轴向载荷 F_a 对当量动载荷 P 影响的程度，其数值由 F_a/C_0 的比值选定；C_0 是轴承额定静载荷，其值可查阅轴承手册或机械设计手册。

3）滚动轴承的寿命计算

大量实验表明，轴承的载荷 P 与寿命 L 之间的关系曲线如图 $10-17$ 所示，其表达式为

$$P^\varepsilon L = 常数$$

式中：P 为当量动载荷；L 为基本额定寿命（单位为 $10^6 r$）；ε 为寿命系数，球轴承 $\varepsilon = 3$，滚子轴承 $\varepsilon = 10/3$。

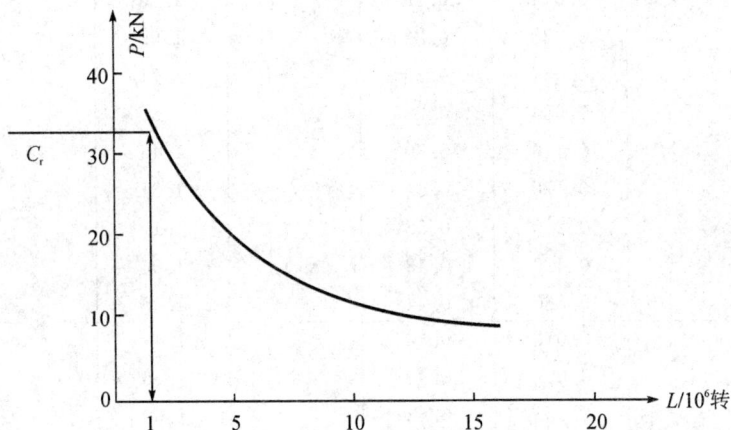

图 $10-17$　滚动轴承的 $P-L$ 曲线

已知轴承基本额定寿命 $L = 1$，基本额定动载荷为 C^ε，可得

$$P^\varepsilon L = C^\varepsilon \times 1$$

由此可得寿命计算公式为

$$L = \left(\frac{C}{P}\right)^\varepsilon$$

若以工作小时数表示，可写为

$$L_h = \left(\frac{C}{P}\right)^\varepsilon \frac{10^6}{60n}$$

其中 n 为轴承工作转速，单位为 r/min。

实际工作中，影响轴承寿命的因素很多，在这里我们只考虑工作温度和载荷性质的影响，引入温度系数 f_T（见表 $10-7$）和载荷系数 f_P（见表 $10-8$），因此实际寿命公式为

$$L_{\mathrm{h}} = \frac{10^6}{60n}\left(\frac{f_T C}{f_P P}\right)^{\varepsilon} \tag{10-8}$$

如果当量动载荷 P 和转速 n 已知，预期寿命 L_{h}' 已选定，可根据下式选择轴承型号：

$$C' = \frac{f_P P}{f_T}\sqrt[\varepsilon]{\frac{60n L_{\mathrm{h}}'}{10^6}} \leqslant C \tag{10-9}$$

式中：C' 为计算额定动载荷（kN）；L_{h}' 为预期寿命。其他符号意义同上。

表 10-7　温度系数

轴承工作温度/℃	100	125	150	200	250	300
f_T	1	0.95	0.90	0.80	0.70	0.60

表 10-8　载荷系数

载荷性质	无冲击或轻微冲击	中等冲击	强烈冲击
f_P	1.0～1.2	1.2～1.8	1.8～3

【例 10-2】 齿轮减速器中的 7204C 轴承的轴向力 $F_a = 800\,\mathrm{N}$，径向力 $F_r = 2000\,\mathrm{N}$，载荷系数 $f_P = 1.2$，工作温度系数 $f_T = 1$，工作转速 $n = 700\,\mathrm{r/min}$。求该轴承的寿命 L_{h}。

解 （1）由机械设计手册查得，对于 7204C 轴承 $C = 14\,500\,\mathrm{N}$，$C_0 = 8220\,\mathrm{N}$。

（2）确定径向载荷系数 X、轴向载荷系数 Y。由于 $F_a/C_0 = 0.097$，因此查表 10-6 知 $e = 0.46$。而 $\dfrac{F_a}{F_r} = 0.4 < e$，因此查得 $X = 1$，$Y = 0$。

（3）计算当量动载荷：

$$P = XF_r + YF_a = 1\times2000 + 0\times800 = 2000\,\mathrm{N}$$

（4）计算轴承寿命 L_{h}：

$$L_{\mathrm{h}} = \frac{10^6}{60n}\left(\frac{f_T C}{f_P P}\right)^{\varepsilon} = \frac{10^6}{60\times700}\left(\frac{1\times14500}{1.2\times2000}\right)^3 = 512\,\mathrm{h}$$

四、滚动轴承的组合设计

为了保证滚动轴承在机器中正常工作，除应正确地选用轴承的类型和尺寸外，还必须合理地从结构上考虑轴承的组合设计。即正确解决轴承的轴向位置与固定、轴承的装拆与间隙调整、轴承的润滑与密封以及与其他零件的配合等一系列问题。

1. 滚动轴承的轴向固定

滚动轴承内外圈的轴向固定是靠内圈与轴（颈）间以及外圈与机座孔间的配合来保证的。为了防止轴承在承受轴向载荷时，轴和轴承座孔产生轴向相对移动，轴承内圈与轴、外圈与座孔必须进行轴向固定。

在机器中，轴（或其上零件）的位置是依赖轴承来固定的。工作时，轴和轴承不允许有径向移动，轴向移动也不能超过一定的限度，另外，还要考虑轴在工作时的热变形。轴向固定的目的是防止轴工作时发生轴向窜动，保证轴上零件有确定的工作位置。轴向固定方式有两种：双支点单向固定和单支点双向固定。

2. 滚动轴承组合的调整

轴承装入机座后需要进行细致的调整，一是保证轴承中有正常的游隙；二是使轴上零件处于正确的位置。主要有以下几个方面的内容。

1) 轴承游隙的调整

(1) 靠加减轴承盖与机座之间垫片的厚度进行调整。

(2) 利用螺钉推动压在轴承外圈上的压盖进行调整，调整后用螺母锁紧防松。

(3) 利用调整端盖与座孔内的螺纹连接进行调整。

2) 轴承的预紧

轴承预紧的目的是为了提高轴承的旋转精度和刚度，减少振动，以满足机器的工作要求。在安装轴承时要预加一定的轴向压力（预紧力），以消除内部原始游隙（或形成负游隙），并使滚动体和内、外圈接触处产生弹性预变形。

3) 轴承组合位置的调整

调整的目的是使轴上的零件（如齿轮、蜗轮等）具有准确的工作位置。例如，圆锥齿轮传动要求两个节锥顶点重合，才能保证正确啮合；又如，蜗杆转动要求蜗轮的中间平面通过蜗杆的轴线等。这些情况下需要有轴向位置调整的措施。

3. 滚动轴承的配合与装拆

1) 滚动轴承的配合

滚动轴承是标准件，轴承内孔与轴的配合采用基孔制，轴承外圈与轴承座孔的配合则采用基轴制。选择轴承的配合时应考虑载荷大小、方向和性质，以及轴承的类型、转速和使用条件等因素。一般情况下可参照下列原则：

(1) 当外载荷方向不变时，转动套圈应比固定套圈的配合紧一些。一般情况下内圈随轴一起转动，外圈固定不动，故内圈常取具有过盈的基孔制过渡配合。轴常用 n3、m6、k6、js6 公差带，孔常用 J7、J6、H7、G7 公差带。

(2) 当轴承作游动支承时，轴承外圈与座孔间应采用间隙配合，但又不能过松而发生相对转动。

(3) 高速、重载情况下应采用较紧配合；反之，则选取较松配合。

2) 滚动轴承的装拆

滚动轴承是精密部件，在进行轴承的组合设计时，应考虑轴承的便于装拆。装拆方法必须正确规范，以便在拆卸的过程中不致损坏轴承和其他零件。装拆时，要求滚动体不受力，装拆力直接对称或均匀地施加在被装拆的套圈端面上。

当轴承内圈与轴采用过盈配合时，可采用压力机在内圈上加压将轴承压套到轴承颈上。对于小型轴承，可使用手锤与简单的辅助套筒来装配；对于大尺寸的轴承，可放入油中加热至 80 ℃～120 ℃后进行热装。

轴承内圈的拆卸常用拆卸器进行。

4. 滚动轴承的润滑和密封

根据滚动轴承的实际工作条件选择合适的润滑方式，设计可靠的密封装置，是保证其正常工作的重要条件，同时对滚动轴承的使用寿命有着极大的影响。

1) 滚动轴承的润滑

润滑不仅可以减少滚动轴承的摩擦和磨损、提高效率、延长轴承使用寿命，还起着散热、减小接触应力、吸收振动和防止锈蚀等作用。

滚动轴承常用的润滑剂有润滑油和润滑脂两种。润滑油为液体状，是一种应用最广泛的润滑剂，可分为矿物油、植物油和动物油三种。润滑脂是用矿物油、金属皂调剂而成的膏状物，根据金属皂不同，又可分为钙基、钠基、锂基和铝基润滑脂等。

滚动轴承的润滑方式可根据其速度因素 dn 值的大小来选择，其中 d 为轴承内径 (mm)，n 为转速 (r/min)；当 dn 值在 $(2\sim3)\times10^5$ mm·r/min 范围以内时，采用脂润滑方式。因为润滑脂稠度大，不易流失，便于密封，不易污染，使用周期长。但其理化性质不如油稳定，摩擦损失也较大，故多用于低速、重载或摆动轴承中。注意：润滑脂填充量不得超过轴承空隙的 1/3~1/2，过多或不足会均引起轴承发热。润滑脂的选择见表 10-9。

表 10-9 滚动轴承润滑脂选择

轴承工作温度 /℃	dn /(mm·r/min)	使用环境	
		干燥	潮湿
0~40	＞80000	2 号钙基脂、2 号钠基脂	2 号钙基脂
	＜80000	3 号钙基脂、3 号钠基脂	3 号钙基脂
40~80	＞80000	2 号钠基脂	3 号钡基脂、3 号锂基脂
	＜80000	3 号钠基脂	

当轴承的速度因素 dn 值过高或具备润滑油源的装置（如变速器、减速器）时，可采用油润滑。润滑油最重要的物理性能指标是黏度（分动力黏度、运动黏度、相对黏度），它反映了润滑油流动时内部摩擦阻力的大小。选择时应以黏度为主要指标。原则上当转速低、载荷大时，应选用黏度大的润滑油；反之，则选用黏度小的润滑油。具体方法可查阅有关机械设计手册。

滚动轴承的润滑方式可按轴承类型和 dn 值选取，见表 10-10。

表 10-10 滚动轴承润滑方式的选择

轴承类型	dn/(mm·r/min)				
	脂润滑	浸油、飞溅润滑	滴油润滑	喷油润滑	油雾润滑
深沟球轴承	$\leqslant(2\sim3)\times10^5$	$\leqslant2.5\times10^5$	$\leqslant4\times10^5$	$\leqslant6\times10^5$	$＞6\times10^5$
角接触球轴承					
圆锥滚子轴承		$\leqslant1.6\times10^5$	$\leqslant2.3\times10^5$	$\leqslant3\times10^5$	—
推力轴承		$\leqslant0.6\times10^5$	$\leqslant1.2\times10^5$	$\leqslant1.5\times10^5$	—

2）滚动轴承的密封

滚动轴承密封的目的是为了防止灰尘、水分、酸气和其他杂物侵入轴承，并阻止润滑剂的流失。滚动轴承密封方法的选择与润滑剂的种类、工作环境、工作温度以及密封表面的圆周速度有关。常用的密封装置可分为接触式和非接触式两大类。

第三节　滑动轴承设计

一、滑动轴承的主要类型

滑动轴承按其受载方向的不同，可分为向心滑动轴承和推力滑动轴承。向心滑动轴承只能承受径向载荷；推力滑动轴承只能承受轴向载荷。

1. 向心滑动轴承

1）整体式滑动轴承

整体式滑动轴承如图 10-18 所示。轴承座常采用铸铁材料，轴套采用减摩材料制成并镶入轴承座中；轴承上开有油孔，可将润滑油输至摩擦面上。这种轴承形式较多，大多都已标准化。其优点是结构简单、成本低。缺点是轴颈只能从端部装入，安装和检修不方便，而且轴承套磨损后，轴承间隙难以调整，只能更换轴套，故只能用于间歇工作或低速、轻载的简单机械中。

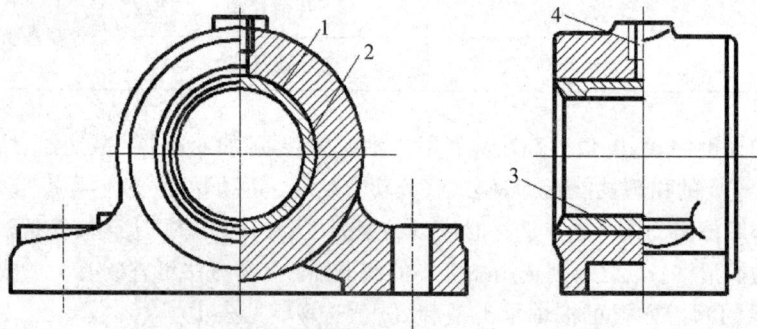

1—轴承座；2—轴瓦；3—轴套；4—油孔

图 10-18　整体式滑动轴承

2）剖分式滑动轴承

剖分式滑动轴承如图 10-19 所示。轴承盖与轴承座的剖分面上设置有阶梯形定位止口，这样在安装时容易对中。另在剖分面间放置调整垫片，以便在安装或磨损时调整轴承间隙。若载荷垂直向下或略有偏斜，轴承的剖分面常为水平布置；若载荷方向有较大偏斜，则轴承的剖分面可偏斜布置，使剖分面垂直或接近垂直载荷。

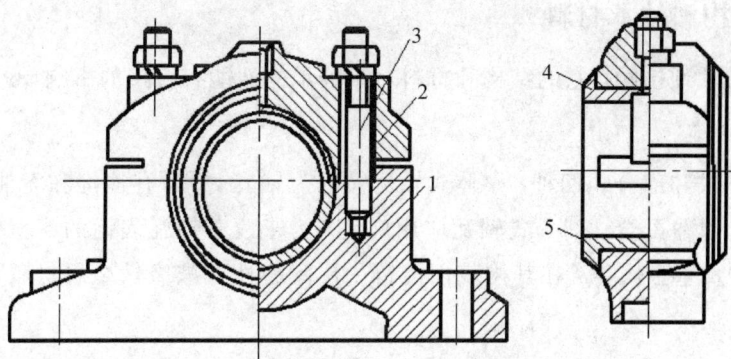

1—轴承座；2—轴承盖；3—螺栓；4—上轴瓦；5—下轴瓦

图 10-19 剖分式滑动轴承

剖分式滑动轴承装拆方便，并且轴瓦磨损后可更换剖分面处垫片的厚度来调整轴承间隙，克服了整体式滑动轴承的缺点，因而得到了广泛的应用。

3）调心式滑动轴承

当轴颈较长或轴承宽度 B 较大时（$B/d > 1.5 \sim 2$，d 为轴颈的直径），由于轴的挠曲或轴承孔的同轴度较低而造成轴与轴瓦端部边缘产生局部接触，这将导致轴承两端边缘急剧磨损。在这种情况下，应采用调心式滑动轴承。调心式滑动轴承外支承表面呈球面，球面的中心恰好在轴线上，轴承可绕球形配合面自动调整位置，这种结构承载能力较大。

2. 推力滑动轴承

推力滑动轴承不仅可用来承受轴向载荷，而且能防止轴的轴向移动。常见的推力滑动轴承有实心、空心、环形和多环等几种，如图 10-20 所示。由图可见，推力轴承的工作表面可以是轴的端面或轴上的环形平面。对于实心式，当轴回转时，其端面边缘相对滑动速度较大，因而磨损也较严重，而中心磨损很轻，使实心端面上的压力分布极不均匀，故很少采用，一般多采用空心式、环形式和多环式。空心式轴颈接触面上压力分布较均匀，克服了实心式的不足；多环式既能承受双向的轴向载荷，又有较大的承载能力。

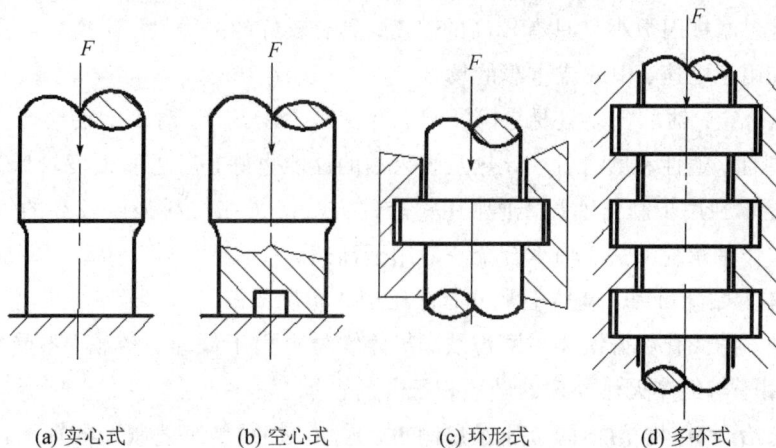

(a) 实心式　　　(b) 空心式　　　(c) 环形式　　　(d) 多环式

图 10-20 推力滑动轴承

二、轴瓦的结构和轴承材料

轴瓦直接与轴颈接触，它的结构和材料对于轴承的性能有直接的影响，必须加以重视。

1. 轴瓦的结构

轴瓦有整体式和剖分式两种。整体式轴瓦又称为轴套(分为有油沟和无油沟两种)，与轴承座一般采用过盈配合。剖分式轴瓦应用广泛。为了改善轴瓦表面的摩擦性质，提高其承载能力，节省贵重金属，常在其内表面浇铸一层耐磨性或减摩性金属材料，通常称为轴承衬。

2. 轴承材料

1) 对轴承材料的性能要求

轴承材料是指轴瓦和轴承衬的材料。轴承的主要失效形式是磨损，以及由于强度不够出现的疲劳损坏，或由于工艺原因出现的减摩层脱落。对轴承材料性能的主要要求如下：

(1) 足够或必要的强度(包括抗压、抗冲击、抗疲劳等强度)，以保证在冲击、变载及高压力下有足够的承载能力。

(2) 良好的减摩性、耐磨性和磨合性。良好的减摩性是指与钢质轴颈不易产生胶合，相对滑动时不易发热，功率损失小，可以提高轴承的效率及延长使用寿命。

(3) 良好的导热性和吸附性。对润滑油的吸附能力强便于建立牢固的润滑油膜，改善工作条件，导热性好则有利于保持油膜。

(4) 良好的耐腐蚀性、工艺性、嵌藏性，价格低廉。

然而很难直接找到能同时满足上述性能要求的轴承材料。比较常见的方法是用两层不同的金属材料做成轴瓦，使其在性能上形成互补。

2) 常用的轴承材料

常用的轴承材料有下列几种：

(1) 青铜。青铜主要是铜与锡、铅或铝的合金，其中以铸锡青铜(ZCuSn10Pb1)应用最普遍。这种材料摩擦因数小且具有较高的强度，具有较好的减摩性、耐磨性以及导热性，承载能力大，宜用于中速、中载或重载的场合。

(2) 轴承合金。轴承合金主要是锡(Sn)、铅(Pb)、锑(Sb)、铜(Cu)的合金。这种材料具有良好的耐磨性、塑性和磨合性，导热及吸附油的性能也好，但它的强度较低且价格较贵。这种材料不能单独用于制作轴瓦，通常用铸造的方法浇铸在材料强度较高的钢、铸铁或青铜轴瓦表面，作轴承衬使用。轴承合金一般用于高速、重载或中速、中载的情况。为使轴承衬在轴瓦基体上贴附可靠，基体上常开有燕尾槽或螺旋槽。

(3) 铸铁。铸铁有灰铸铁和耐磨铸铁。灰铸铁材料用于低速、轻载、不受冲击的轴承；耐磨铸铁则用于与经淬火热处理的轴颈相配合的轴承。

(4) 粉末冶金材料。由不同金属经过制粉、成型、烧结等工艺制造的轴承，其内部组织具有多孔性的特点，孔隙约占总体积的 $10\%\sim35\%$，并能储存大量的润滑油，故亦称含油轴承。工作时，轴承的温度逐步升高，因油的膨胀系数比金属的大，所以能自动进入摩擦表面起润滑作用。停止工作后，油又被吸回孔隙。含油轴承使用前，应先把轴瓦放在热油中浸数小时，使孔隙中渗满润滑油，可以使用较长时间，常用于加油不方便的场合。

（5）非金属材料。非金属材料主要有橡胶、塑料、硬木等。橡胶轴承弹性较大，能吸振，使运转平稳，可以用水润滑，常用于水轮机、潜水泵、砂石清洗机、钻机等在含泥沙的水中工作的机器。塑料轴承具有小的摩擦因数，良好的自润性、磨合性、耐磨性和抗蚀性，可以用水、油及化学溶液润滑等优点。但塑料轴承的导热性差，线膨胀系数较大，尺寸稳定性差。为改善此缺陷，可将薄层塑料作为轴承衬材料附在金属轴承上使用。硬木轴承用得很少。

常用轴承材料的性能如表 10 - 11 所示。

表 10 - 11　常用轴承材料的性能

材　料	牌　号	$[p]$ /MPa	$[v]$ /(m/s)	$[pv]$ /(MPa·m/s)	备　注
锡锑 轴承合金	ZSnSb11Cu6	25	80	20	用于高速、重载的重要轴承。 变载荷下易疲劳，价高
	ZSnSb8Cu4	20	60	15	
铅锑 轴承合金	ZPbSb16Sn16Cu2	15	12	10	用于中速、中载轴承，不宜受 显著冲击，可作为锡锑轴承合 金的代用品
	ZPbSb15Sn5Cu3Cd2	5	8	5	
锡青铜	ZCuSn10Zn2	15	10	15	用于中速、重载及承受变载 荷的轴承
	ZCuSn10P1	5	3	10	用于中速、中载轴承
铅青铜	ZCuAl9Mn2	25	12	30	用于高速、重载轴承，能承受 变载荷和冲击载荷
铝青铜	ZCuZn25Al6Fe3Mn3	15	4	12	最宜用于润滑充分的低速、 重载轴承
黄铜	ZCuZn16Si4	12	2	10	用于低速、中载轴承
	ZCuZn38Mn2Pb2	10	1	10	
铝合金	20%铝锡合金	28～35	14		用于高速、中载轴承
铸铁		0.1～6	3～0.75	0.3～4.5	用于低速、轻载的不重要轴 承，价廉

三、非液体摩擦滑动轴承的设计计算

1. 设计步骤

非液体摩擦滑动轴承的工作表面无论处于何种润滑状态，都不可避免存在着局部微小表面的直接接触。为了防止其发生黏着磨损，保持边界膜的存在，其设计准则是压强、压强与圆周速度之积等均不超过许用值。由于影响边界膜的因素较复杂，且尚在探索中，故该设计计算是间接的、有条件的。

设计的已知条件：轴颈的直径、转速、载荷情况和工作要求。

设计步骤如下：

(1) 根据工作条件和使用要求，确定轴承结构类型及轴瓦材料。

(2) 根据轴颈尺寸确定轴承宽度。轴承宽度与轴颈直径之比 B/d 称为宽径比，它是向心滑动轴承的重要参数之一。对于液体摩擦的滑动轴承，常取 $B/d=0.5\sim1$，对于非液体摩擦的滑动轴承，常取 $B/d=0.8\sim1.5$。

(3) 校核轴承的工作能力。

(4) 选择轴承的配合，见表 10-12。

表 10-12　滑动轴承的配合

配合代号	应 用 举 例
H7/g6	磨床、车床及分度头主轴承
H7/f7	铣床、钻床及车床的轴承；汽车发动机曲轴的主轴承及连杆轴承；齿轮及蜗杆减速器的轴承
H9/f9	发电机、离心泵、风扇及惰轮轴承；蒸汽机与内燃机曲轴的主轴承及连杆轴承
H11/d11	农业机械用轴承
H7/e8	汽轮发电机轴、内燃机凸轮轴、高速轴、机车多支点轴、刀架丝杠等轴承
H11/b11	农业机械用轴承

(5) 确定润滑装置，选择润滑剂的牌号。

2. 向心滑动轴承的校核计算

1) 校核轴承的平均压强 p

校核(或限制)轴承平均压强的目的，是为了保证润滑油不被过大的压力挤出轴承的工作表面，以防止轴承产生过度磨损，即

$$p = \frac{F_r}{Bd} \leqslant [p] \tag{10-10}$$

式中：F_r 为轴承承受的径向载荷(N)；B 为轴承宽度(mm)；d 为轴颈直径(mm)；$[p]$ 为轴承材料的许用平均压强(MPa)。

2) 校核轴承的 pv 值

校核(或限制)轴承 pv 值的目的，是为了防止轴承工作时产生过高的热量而导致胶合，因为轴承的发热量与其单位面积上表征摩擦功耗的 fpv 成正比。

$$pv = \frac{F_r n}{19100B} \leqslant [pv] \tag{10-11}$$

式中：v 为轴颈的圆周速度(m/s)；n 为轴的转速(r/min)；$[pv]$ 为许用 pv 值(MPa·m/s)，见表 10-11。

若上述校核结果不能满足工作要求，建议更换轴瓦的材料或适当增大轴承的宽度。对低速或间歇工作的轴承，只需要进行平均压强的校核。

3. 推力滑动轴承的计算

1）校核轴承的平均压强

$$p = \frac{F_a}{z \frac{\pi}{4}(d^2 - d_0^2)K} \leqslant [p] \tag{10-12}$$

式中：F_a 为轴承所受的轴向载荷（N）；d_0 和 d 分别为轴颈的内、外直径（mm）；z 为轴环数；K 为支承面积减小系数，有油沟时 $K=0.8\sim0.9$，无油沟时 $K=1.0$；$[p]$ 为许用压强（MPa），其值见表 10-13。

表 10-13　推力轴承的 $[p]$ 值和 $[pv]$ 值

轴材料	未淬火钢			淬火钢		
轴承材料	铸铁	青铜	轴承合金	青铜	轴承合金	淬火钢
$[p]$/MPa	2~2.5	4~5	5~6	7.5~8	8~9	12~15
$[pv]$/(MPa·m/s)	1~2.5					

注：多环推力滑动轴承许用压力 $[p]$ 取表中值的一半。

2）验算轴承的 pv_m 值

$$pv_m = \frac{\pi d_m n}{60 \times 1000} \leqslant [pv] \tag{10-13}$$

式中：v_m 为轴颈平均直径处的圆周速度（m/s）；d_m 为轴颈的平均直径（mm），$d_m = (d+d_0)/2$；n 为轴颈的转速（r/min）；$[pv]$ 为许用 pv 值（MPa·m/s），其值见表 10-13。

四、液体摩擦滑动轴承简介

液体摩擦是滑动轴承的理想摩擦状态。根据轴承获得液体润滑原理的不同，液体摩擦滑动轴承可分为液体动压滑动轴承和液体静压滑动轴承。动压轴承由摩擦表面的相对运动将黏性流体引入楔形间隙形成油膜而润滑；静压轴承的润滑是依靠润滑系统泵入压力黏性流体。

1. 液体动压滑动轴承

液体动压滑动轴承工作原理如图 10-21 所示。当轴颈处于静止状态（$n=0$）时，在外载荷 F 作用下，轴颈处在轴承的正下方并在 A 点接触，从而自然形成一个楔形间隙（如图 10-21(a)所示）。当轴颈开始转动时，轴颈与轴承孔壁不时接触而产生摩擦，由于轴承对轴颈的摩擦力的方向与轴颈表面的圆周速度方向相反，使轴颈沿轴承孔壁向右运动，而在 B 点接触。随着转速的升高，被带入楔形间隙的润滑油逐步增多，使油受挤而产生一定的压力，同时摩擦力有所减小，又迫使轴颈向左下方有所移动。转速愈高，带进的油量愈多，油的压力亦愈大(如图 10 - 21(b)所示)。当轴颈达到稳定的工作转速时,油压力在垂直方向的合力与外载荷 F 平衡,润滑油把轴颈抬起,隔开摩擦表面而形成液体润滑,此时轴颈中心更接近轴承孔中心(如图 10 - 21(c)所示)。

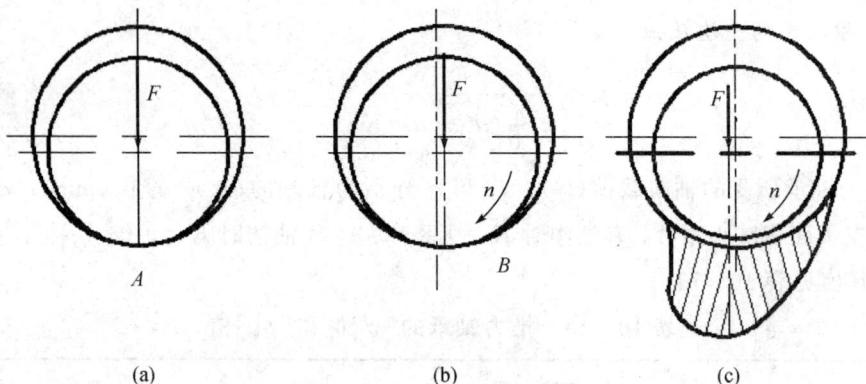

图 10 - 21　　液体动压滑动轴承工作原理

2. 液体静压滑动轴承

液体静压滑动轴承的工作原理如图 10 - 22 所示。具有一定压力的润滑油经过节流器同时进入几个对称的油腔,然后经轴承间隙流到轴承两端和油槽并流回油箱。当轴承处于非工作状态时,各油腔油压均衡,轴颈与轴承孔的几何中心重合。当轴承受到外载荷作用时,油腔压力发生相对变化,这时节流器会自动调节各油腔压力而与外载荷保持平衡,轴承仍然处于液体摩擦状态,但轴颈与轴承孔的几何中心稍有偏离。

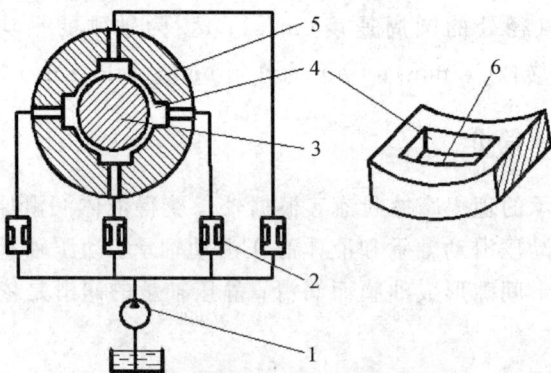

1—液压泵；2—节流器；3—轴颈；4—油腔；5—静压轴承；6—进油孔

图 10 - 22　　液体静压滑动轴承工作原理

思　考　题

10 - 1　　自行车前轴、后轴、中轴各属于什么类型的轴?

10 - 2　轴上零件的周向固定有哪些方法？采用键固定时应注意什么？

10 - 3　轴上零件的轴向固定有哪些方法？各有何特点？

10 - 4　一级圆柱齿轮减速器如图 10 - 23 所示。已知主动轴转速 $n_1 = 960$ r/min，传递功率 $P = 100$ kW，$z_1 = 20$，$z_2 = 55$，轴材料采用 45 钢。试按扭转强度初步估算两轴的最小直径。

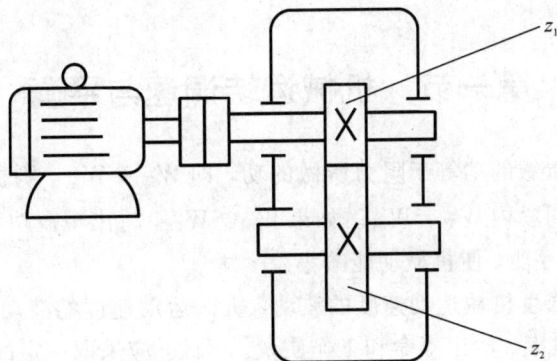

题 10 - 4 图

10 - 5　试述平键连接和楔键连接的工作特点和应用场合。

10 - 6　花键有何优点？说明矩形花键和渐开线花键的应用场合和定心方式。

10 - 7　联轴器与离合器的主要区别是什么？

10 - 8　选用联轴器应考虑哪些主要因素？

10 - 9　滑动轴承和滚动轴承各分为哪几类？各有什么特点？选用时各应注意哪些问题？

10 - 10　常用轴承的材料有哪些？轴承合金为什么只能做轴衬？轴瓦上为什么要开油沟、油孔？开油沟时应注意些什么？

10 - 11　说明轴承代号 6201、6410、7207C、30209/P5、62/22 的含义。

10 - 12　滚动轴承的主要失效形式有哪些？

10 - 13　滚动轴承的组合设计包括哪些方面的内容？

10 - 14　校核一非液体摩擦滑动轴承。其径向载荷 $F_r = 16\ 000$ N，轴颈直径 $d = 80$ mm，转速 $n = 100$ r/min，轴承宽度 $B = 80$ mm，轴瓦材料为 ZCuSn5Pb5Zn5。

10 - 15　一非液体摩擦滑动轴承。已知轴颈直径 $d = 60$ mm，转速 $n = 960$ r/min，轴承宽度 $B = 60$ mm，轴瓦材料为 ZCuPb30。求其所能承受的最大径向载荷。

10 - 16　某水泵的轴颈直径 $d = 30$ mm，转速 $n = 1450$ r/min，径向载荷 $F_r = 1320$ N，轴向载荷 $F_a = 600$ N。要求寿命 $L'_h = 5000$ h，载荷平稳。试选择轴承型号。

第十一章　机械传动系统

第一节　机械运转调速与平衡

如果机械驱动力所做的功等于阻力所做的功，即 $W_{驱}＝W_{阻}$，则机械主轴将匀速运转。然而机械工作时某时间段内 $W_{驱}≠W_{阻}$。如果 $W_{驱}＞W_{阻}$，将出现盈功，使机械动能增加；如果 $W_{驱}＜W_{阻}$，将出现亏功，使机械动能减小。

机械动能的增减产生机械运动速度的波动，机械运动速度的波动将在运动副中造成附加压力，降低机械的效率、使用寿命和工作质量。因此，应采取一定的措施，把速度波动限制在一定范围内。

一、机械运转速度波动的调节

1. 周期性速度波动及其调节方法

在运动周期内任一区段，由于驱动力矩 M_d 和阻抗力矩 M_r 是变化的，因此它们所做的功不总是相等，系统动能变化 $\Delta E≠0$，即机械速度有波动。

在一个运动周期内，驱动力矩所做的功等于阻抗力矩所做的功，即

$$\int_{\varphi}^{\varphi+\varphi_T} (M_d - M_r)\mathrm{d}\varphi = 0 \tag{11-1}$$

所以经过了一个运动周期后，系统的动能增量为零，机械速度也恢复到周期初始时的大小。由此可知，在稳定运转过程中，机械速度将呈周期性波动。

衡量速度波动程度的参数为平均角速度和速度不均匀系数。

平均角速度计算公式为

$$\omega_m \approx \frac{\omega_{\min} + \omega_{\max}}{2} \tag{11-2}$$

速度不均匀系数计算公式为

$$\delta = \frac{\omega_{\max} - \omega_{\min}}{\omega_m} \tag{11-3}$$

不同类型的机械允许速度波动的程度不同，设计时应使所设计机械的速度不均匀系数不超过许用值。

周期性速度波动的调节方法是在机械中安装一个具有很大转动惯量的回转构件（飞轮）。飞轮在机械中的作用实质上相当于一个能量储存器。当外力对系统做盈功时，飞轮以动能形式把多余的能量储存起来，使机械速度上升的幅度减小；当外力对系统做亏功时，飞轮又释放储存的能量，使机械速度下降的幅度减小。为减小飞轮尺寸，通常将飞轮安装

在转速较高的轴上。

2. 非周期性速度波动及其调节方法

机械运转的过程中,若驱动力矩和阻抗力矩呈非周期性的变化,则机械的稳定运转状态将遭到破坏,此时出现的速度波动称为非周期性速度波动。非周期性速度波动的调节方法是安装调速器。

二、机械的平衡

1. 机械平衡的目的和分类

1) 机械平衡的目的

构件在运动过程中产生惯性力和惯性力矩,这必将在运动副中产生附加的动压力,从而增大构件中的内应力和运动副中的摩擦,加剧运动副的磨损,降低机械效率和使用寿命。机械平衡的目的是消除惯性力和惯性力矩的影响,改善机械工作性能。

2) 机械平衡的类型

(1) 回转件的平衡。绕固定轴线回转的构件称为回转件(又称为转子),其惯性力和惯性力矩的平衡问题称为转子的平衡。转子的平衡分为刚性转子的平衡和挠性转子的平衡两类。

对于刚性较好、工作转速较低的转子,由于其工作时旋转轴线挠曲变形可以忽略不计,故称为刚性转子。刚性转子的平衡可以通过重新调整转子上质量的分布,使其质心位于旋转轴线的方法来实现。平衡后的转子在其回转时各惯性力形成一个平衡力系,从而抵消了运动副中产生的附加动压力。

对于刚性较差、工作转速很高的转子,由于其工作时旋转轴线挠曲变形较大,不可忽略,故称为挠性转子。挠性转子在运转过程中会产生较大的弯曲变形,所产生的离心惯性力也随之明显增大,所以解决挠性转子平衡问题的难度将会大大增加。

(2) 机构的平衡。所有构件的惯性力和惯性力矩,最后以合力和合力矩的形式作用在机构的机架上,这类平衡问题称为机构在机架上的平衡。

2. 刚性转子的平衡

1) 静平衡设计

对于径宽比 $D/b \geqslant 5$ 的转子(如齿轮、盘形凸轮、带轮、链轮及叶轮等),它们的质量可以视为分布在同一平面内。如果存在偏心质量,转子在运转过程中必然产生惯性力,从而在转动副中引起附加动压力。刚性转子的静平衡就是利用在刚性转子上加减平衡质量的方法,使其质心回到回转轴线上,从而使转子的惯性力得以平衡的一种平衡措施。

静平衡的条件:分布于转子上的各个偏心质量的离心惯性力的合力为零或质径积的向量和为零。

对于静不平衡的转子,无论它有多少个偏心质量,都只需要适地增加一个平衡质量即可获得平衡,即对于静不平衡的转子,需增加平衡质量的最少数目为 1。

2) 动平衡设计

对于径宽比 $D/b < 5$ 的转子,质量分布于多个平面内,除受离心惯性力的影响外,尚受

离心惯性力偶矩的影响，这种只有在转子转动时才能显示出来的不平衡称为动不平衡。动平衡不仅平衡各偏心质量产生的惯性力，而且还要平衡这些惯性力所产生的惯性力矩。

动平衡的条件：当转子转动时，转子上分布在不同平面内的各个质量所产生的空间离心惯性力系的合力及合力矩均为零。

对于动不平衡的转子，无论它有多少个偏心质量，都只需要在任选的两个平衡平面内各增加或减少一个合适的平衡质量即可使转子获得动平衡，即对于动不平衡的转子，需增加平衡质量的最少数目为 2。因此，动平衡又称为双面平衡。

由于动平衡同时满足静平衡条件，所以经过动平衡的转子一定是静平衡的；反之，经过静平衡的转子则不一定是动平衡的。

3. 刚性转子的平衡实验

经平衡设计的刚性转子理论上是完全平衡的，但由于制造误差、安装误差以及材质不均匀等原因，实际生产出来的转子在运转的过程中还可能出现不平衡现象。这种不平衡在设计阶段是无法确定和消除的，需要利用实验的方法对其作进一步的平衡。

静不平衡刚性转子只需进行静平衡实验。静平衡实验所用的设备称为静平衡架。

对于径宽比 $D/b < 5$ 的刚性转子，其动平衡工作需要通过动平衡实验来完成，以确定需加于两个平衡平面中的平衡质量的大小及方位。

动平衡实验一般需要在专用的动平衡机上进行，生产中的动平衡机种类很多，虽然其构造及工作原理不尽相同，但其作用都是用来确定需加于两个平衡平面中的平衡质量的大小及方位。

图 11 - 1 所示的电测式动平衡机由驱动系统、试件的支承系统和不平衡量的测量系统三个主要部分所组成。利用动平衡机，通过测量转子本身或支架的振幅和相位来测定转子平衡基面上不平衡量的大小和方位。

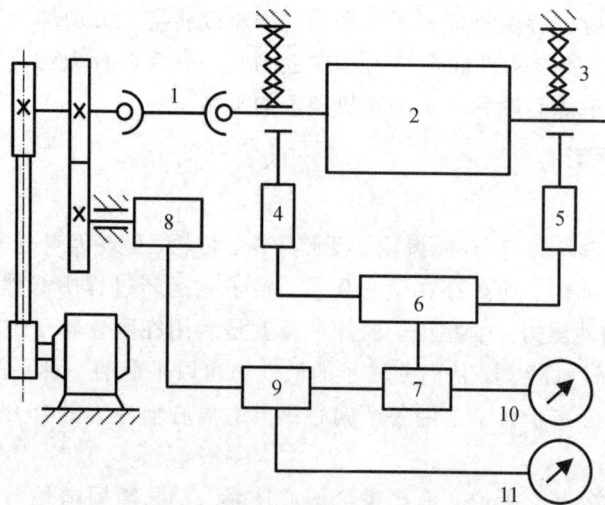

1—双万向联轴节；2—回转构件；3—弹簧支架；4、5—传感器；
6—解算电路；7—放大器；8—基准信号发生器；9—鉴相器；10、11—仪表

图 11 - 1　电测式动平衡机

第二节　机械传动系统设计与实例

　　机械传动系统是指将原动机的运动和动力传递到执行构件的中间环节，它是机械的重要组成部分。其作用不仅是转化运动形式，改变运动大小和保证各执行构件的协调配合工作等，而且还要将原动机的功率和转矩传递给执行构件，以克服生产阻力。

　　机械传动系统的设计是机械设计中极其重要的一环，设计的正确及合理与否对提高机械的性能和质量，降低制造成本与维护费用等影响很大，故应认真对待。

　　机械传动系统方案设计一般按下述步骤进行：

　　(1) 拟定机械的工作原理。

　　(2) 执行构件和原动机的运动设计。

　　(3) 机构的选型、变异与组合。

　　(4) 根据工艺要求对各执行构件动作的要求，编制机器的运动循环图，确定各执行构件间动作的协调配合关系。

　　(5) 拟订机械传动系统运动方案。

　　(6) 进行机械传动系统的运动尺寸综合。

　　(7) 方案分析。

一、机构的选型

　　机构的选型就是选择或创造出满足执行构件运动和动力要求的机构。它是机械传动系统方案设计中的重要环节。

1. 传递回转运动的传动机构

　　传递回转运动的传动机构常用的有三类。

　　(1) 摩擦传动机构：包括带传动、摩擦轮传动等。

　　(2) 啮合传动机构：包括齿轮传动、蜗杆传动、链传动等。

　　(3) 连杆传动：如双曲柄机构和平行四边形机构等，多用于有特殊需要的地方。

2. 实现单向间歇回转运动的机构

　　实现单向间歇回转运动的机构常用的有棘轮机构、槽轮机构、不完全齿轮机构和凸轮式间歇机构等。

　　槽轮机构的槽轮每次转过的角度与槽轮的槽数有关，要改变其转角的大小必须更换槽轮，所以槽轮机构多用于转动角为固定值的转位运动。

　　如果要求每次间歇转动的角度很小，或根据工作需要必须调节转角的大小时，则宜选用棘轮机构。棘轮机构的运动平稳性较差，故常用于低速轻载的场合。

　　不完全齿轮机构的转角在设计时可在较大范围内选择，故常用于大转角而速度不高的场合。

　　凸轮式间歇机构的运动平稳，分度、定位准确，且自身具有定位锁定作用，但制造较困难，故多用于速度较高或定位精度要求较高的转位装置中。

3. 实现往复移动或往复摆动的机构

执行构件作往复直线运动是一种很常见的运动形式。因原动件多作回转运动，故运动链中常需要有变回转运动为往复移动的机构。常用的有连杆机构、凸轮机构、螺旋机构和齿轮齿条机构等。

连杆机构中用来实现往复移动的主要是曲柄滑块机构、正弦机构等。连杆机构是低副机构，制造容易，但连杆机构难以准确地实现任意指定的运动规律，所以多用在无严格的运动规律要求的场合。

螺旋机构可获得大的减速比和较高的运动精度，常用作低速进给和精密微调机构。

齿轮齿条机构适用于移动速度较高的场合。由于精密齿条制造困难，传动精度及平稳性不及螺旋机构，所以不宜用于精确传动及平稳性要求高的场合。

4. 再现轨迹的机构

再现轨迹的机构有连杆机构、齿轮—连杆组合机构、凸轮—连杆组合机构等。用四杆机构来再现所预期的轨迹时，机构的结构最简单、制造最方便，但其待定的尺寸参数较少，故一般都只能近似地实现所预期的轨迹。用多杆机构或齿轮—连杆机构来实现所预期的轨迹时，因增加了待定的尺寸参数数目，因而增大了设计的灵活性及精确度，当然随之也就增大了制造的难度和成本。用凸轮—连杆组合机构则几乎可以完全准确地实现任意预期的轨迹，缺点是凸轮制造较困难，成本较高。

在选择机构的类型时，首先要看机构的运动形式、运动特性、动力特性能否满足工作需要。其次要看机构运动速度的范围、传递功率的大小、传动精度的高低等能否满足工作需要。第三要看对机构是否有特殊要求，如自锁性、缓冲减振性和安全性等。最后还要看机构工作寿命的长短、轮廓尺寸的大小、价格的高低、制造维护的难易程度等。总之，选择机构的类型时要从符合使用要求、工作性能良好、使用维护方便、制造成本低廉等各方面进行综合考虑，以求达到合理、优良和先进的目的。

二、机构的变异

1. 改变构件的结构形状

在摆动导杆机构中，若在原直线导槽上设置一段圆弧槽，如图 11 - 2 所示，其圆弧半径与曲柄长度相等，则导杆在左极位时将作长时间的停歇，即变为单侧停歇的导杆机构。这时导杆正、反行程的运动规律均将有所改变。

2. 改变构件的运动尺寸

在槽轮机构中，槽轮作间歇回转运动，若槽轮的直径变为无穷大，槽数增加到无限多，于是槽轮机构就演变为一个图 11 - 3 所示作间歇直线移动的槽条机构。

3. 选不同的构件作为机架

选运动链中不同构件作为机架可以获得不同的机构，这种机构的变异方式在平面连杆机构一章中已作过介绍。此外，图 11 - 4(a)所示为一普通的摆动推杆盘形凸轮机构，若将凸轮 1 固定起来作为机架，而原来的机架 2 使之成为作回转运动的曲柄，然后再将各构件的运动尺寸作适当改变，就变异为用于异型罐头的封口机构了。

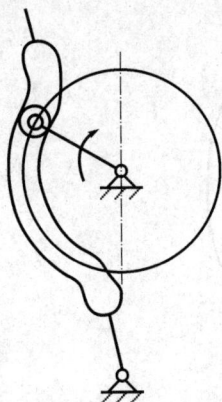 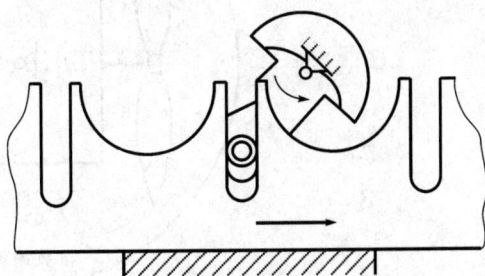

图 11 - 2　单侧停歇的导杆机构　　　　　图 11 - 3　间歇直线移动的槽条机构

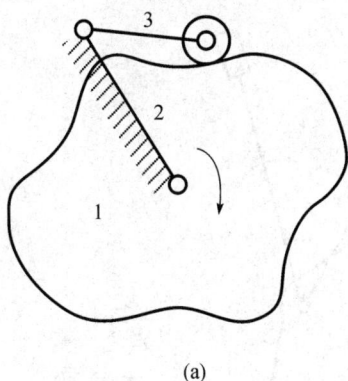 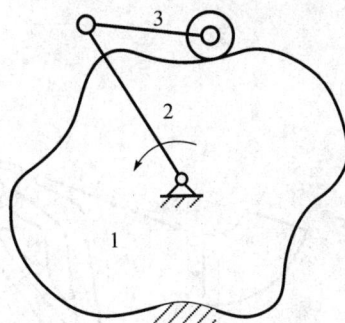

(a)　　　　　　　　　　　　　　　　(b)

图 11 - 4　摆动推杆盘形凸轮机构变异

4. 选不同的构件作为原动件

一般的机构常取连架杆之一为原动件，而在图 11 - 5 所示的摇头风扇装置的双摇杆机构中，却以连杆为原动件。这样既巧妙地利用了风扇转子的动力源，又巧妙地利用了连杆相对于两连架杆都在作整周相对回转这一特点，从而使传动大为简化。

5. 增加辅助构件

图 11 - 6 所示为手动插秧机的分秧、插秧机构。当用手来回摇动摇杆 1 时，连杆 5 上的滚子 B 将沿着机架上的凸轮槽 2 运动，迫使连杆 5 上 M 点沿着图示点画线轨迹运动。装于 M 点处的插秧爪先在秧箱 4 中取出一小撮秧苗，并带着秧苗沿着铅垂路线向下运动，将秧苗插于泥土中，然后沿另一条路线返回。为保证秧爪运行的正反路线不同，在凸轮机构中附加了一个辅助构件——活动舌 3。当滚子 B 沿左侧凸轮廓线向下运动时，滚子压开活动舌左端而向下运动，当滚子离开活动舌后，活动舌在弹簧 6 的作用下恢复原位。使滚子向上运动时只能沿右侧凸轮廓线返回。在通过活动舌的右端时，又将其压开而向上运动，待其通过以后，活动舌在弹簧 6 的作用下又恢复原位，使滚子只能继续向左下方运动，从而实现所预期的运动。

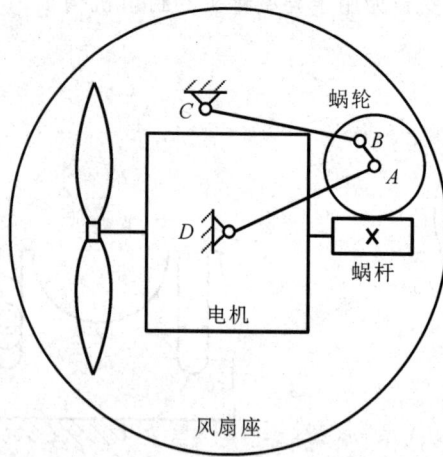

图 11 - 5　摇头风扇机构

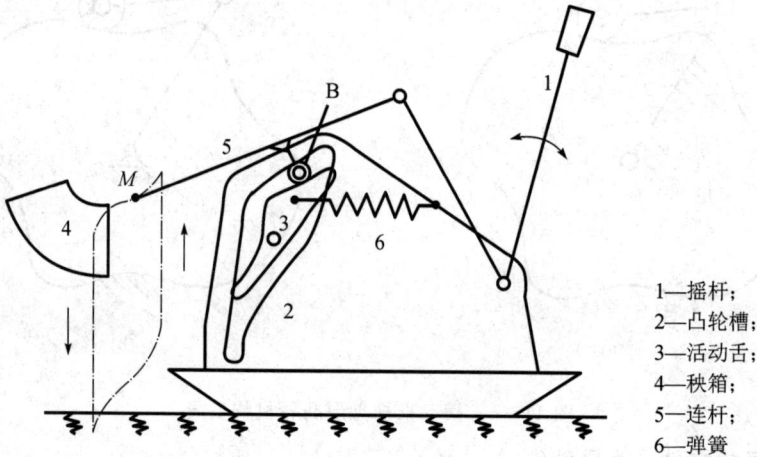

1—摇杆；
2—凸轮槽；
3—活动舌；
4—秧箱；
5—连杆；
6—弹簧

图 11 - 6　插秧机机构

三、机构的组合方式及类型

1. 机构的串联组合

前后几种机构依次连接的组合方式称为机构的串联组合。根据被串联构件的不同，其又可分为如下两种。

（1）一般串联组合。后一级机构的主动件串联在前一级机构的一个连架杆上的组合方式称为一般串联组合。

（2）特殊串联组合。后一级机构串接在前一级机构不与机架相连的浮动件上的组合方式称为特殊串联组合。

2. 机构的并联组合

一个机构产生若干个分支后续机构，或若干个分支机构汇合于一个后续机构的组合方式称为机构的并联组合。前者又可进一步区分为一般并联组合和特殊并联组合。

（1）一般并联组合。各分支机构间无任何严格的运动协调配合关系的并联组合方式称为一般并联组合。在这种组合方式中，各分支机构可根据各自的工作需要独立进行设计。

（2）特殊并联组合。各分支机构间在运动协调上有所要求的并联组合方式称为特殊并联组合，它又可细分为如下四种：

① 有速比要求者。当各分支机构间有严格的速比要求时，各分支机构常用一台原动机来驱动。这种组合方式在设计时，除应注意各分支机构间的速比关系外，其余和一般并联组合设计差不多，也较简单。

② 有轨迹配合要求者。每一分支凸轮机构使从动件完成一个方向的运动，因此其设计和单个凸轮机构的设计方法相同，但要注意两个凸轮机构工作上的协调问题。

③ 有时序要求者。各分支机构在动作的先后次序上有严格要求。

④ 有运动形式配合要求者。

（3）汇集式并联组合。若干分支机构汇集一道共同驱动一后续机构的组合方式称为汇集式并联组合。例如在重型机械中，为了克服其传动装置庞大笨重的缺点，近年来发展了一种多点啮合传动。

3. 机构的封闭式组合

机构的封闭式组合是将一个多自由度的机构中的某两个构件的运动用另一个机构联系起来，使整个机构成为一个单自由度机构的组合方式。

机构的封闭式组合根据被封闭构件的不同又可分为如下两种。

（1）一般封闭式组合。将基础机构的两个主动件或两个从动件用约束机构封闭起来的组合方式称为机构的一般封闭式组合。

（2）反馈封闭式组合。通过约束机构使从动件的运动反馈回基础机构的组合方式称为反馈封闭式组合。

4. 机构的装载式组合

将一机构装载在另一机构的某一活动构件上的组合方式称为机构的装载式组合。它又可根据自由度的多少分为如下两种。

（1）单自由度的装载式组合。在图 11-5 所示的摇头风扇机构中，风扇装载在双摇杆机构的一个摇杆上，风扇回转时通过蜗杆传动使摇杆来回摆动。该机构只有一个自由度，主动件为风扇转子，装载机构由被装载机构带动。图 11-7 为单自由度的装载式组合的示意框图。

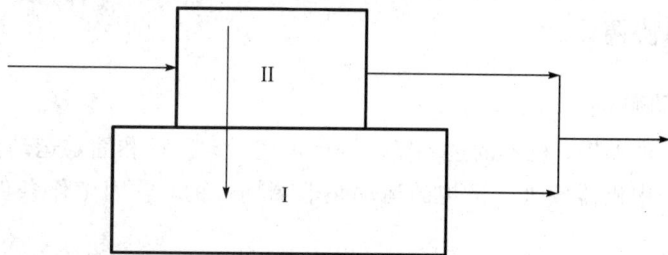

图 11-7　单自由度的装载式组合示意框图

（2）双自由度的装载式组合。图 11-8(a)所示的电动木马机构即为双自由度的装载式组合。装载机构本身作回转运动，被装载机构的曲柄也作主动运动，两个运动的组合使木马产生飞跃向前的雄姿。图 11-8(b)为双自由度的装载式组合示意框图。

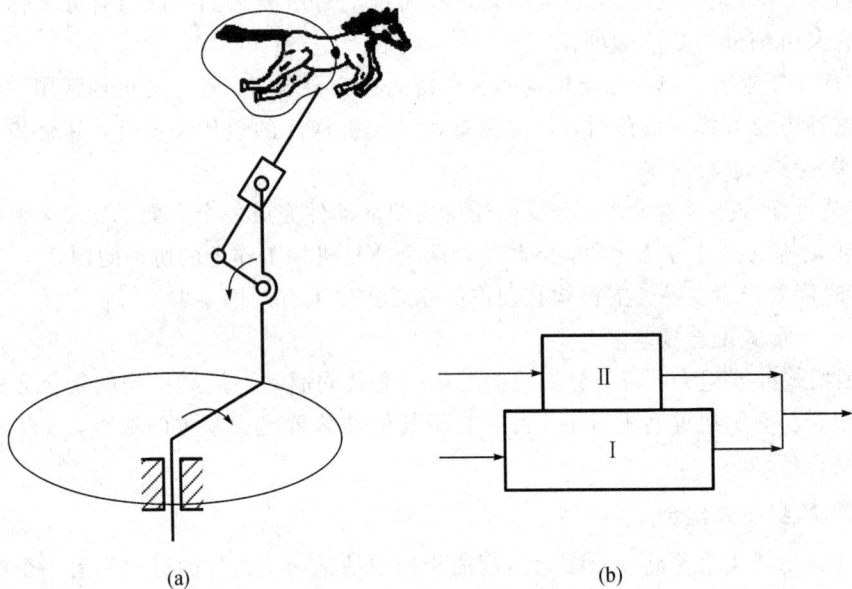

(a)

(b)

图 11-8   电动木马机构

5. 组合机构的类型及应用

（1）联动凸轮组合机构。在许多自动机器中，为了实现预定的运动轨迹，常采用由两个凸轮机构组成的联动凸轮组合机构。

（2）凸轮—齿轮组合机构。应用凸轮—齿轮组合机构可使从动件实现多种预定的运动规律，例如具有任意停歇时间或复杂运动规律的间歇运动，以及机械传动校正装置中所要求的一些特殊规律的补偿运动等。

（3）凸轮—连杆组合机构。应用凸轮—连杆组合机构可以实现多种预定的运动规律和运动轨迹。

（4）齿轮—连杆组合机构。应用齿轮—连杆组合机构可以实现多种运动规律和不同运动轨迹的要求。

四、机器的运动协调设计

1. 机器的运动循环

根据生产工艺的差别，机器的运动循环分为可变运动循环和固定运动循环两大类。

可变运动循环中机器各执行机构的运动是非周期性的，它因工作条件的改变而改变，如起重机等。

固定运动循环中机器中各执行机构的运动是周期性变化的，即每经过一定的时间间隔，机器完成一个运动循环，各执行构件的位移、速度、加速度等运动参数周期性重复一次。大部分机器的运动循环属此类型。

对于作固定运动循环的机器，可采用集中式或分散式控制方式控制其各执行机构按预定生产工艺有序地动作。在集中式控制条件下，机器只用一台原动机驱动各执行机构协调运动，各执行机构的原动件则固连在主轴上，或者用分配轴上的几个凸轮来控制各执行机构。各执行机构原动件与主轴固连的方位，或各执行机构驱动凸轮在分配轴上的安装方位由机器的运动循环图决定。因此，为使各执行机构间的动作协调，必须在分析机器工艺过程的基础上拟定运动循环图，然后用循环图来指导机器各执行机构间的协调设计及机器的装配调试。

2. 机器的运动循环图

所谓机器的运动循环图，是指反映机器各执行机构相对其中某一主要执行机构起始位置的运动循环的图形。运动循环图应能反映各执行机构动作的先后次序，为此其时间坐标应采用同一比例尺。常用的机器运动循环图有下列三种。

（1）直线式运动循环图。这种运动循环图将运动循环各运动区段的时间和顺序按比例绘制在直线坐标上。其优点是图形简单，能清楚地表示各执行机构各行程的起讫时间。

（2）圆环式运动循环图。这种运动循环图将运动循环各运动区段的时间和顺序按比例绘制在圆形坐标上。其优点是在具有分配轴的机器中，能比较直观地反映各执行机构的原动件在分配轴上的相位，便于各原动凸轮的安装和调整。

（3）直角坐标式运动循环图。这种运动循环图将运动循环各运动区段的时间和顺序按比例绘制在横坐标轴上，并用纵坐标表示各执行机构的运动特征。其特点是能清楚地表示各执行机构的运动状态，对指导各执行机构的运动设计非常便利。

机器运动循环图的作用可概括为：保证执行机构的动作能紧密配合，互相协调；为计算生产率提供依据；为下一步具体设计执行机构提供依据；为机器的装配、调试提供依据；可作为分析、研究提高机器生产率的依据。

3. 机器运动循环图的设计

合计设计机器的运动循环图，可使机器具有较高的生产率和较低的能耗。具体设计时，先根据给定的生产率进行计算或通过实验、类比等方法，确定各执行机构在一个运动循环中各运动区段的时间及相应转角，然后根据各执行机构运动时应互不干涉、且机器完成一个运动循环所需时间最短的原则，合理地设计机器的运动循环并绘制机器的运动循环图。

五、机械传动系统的运动方案设计

1. 合理设计传动路线，简化传动环节

在保证机械实现预期功能的条件下，应尽量简化和缩短传动路线，即简化传动环节（运动链）。这不仅是结构选型时应考虑的问题，更是设计机械传动系统整个运动方案时必须考虑的问题。因为传动环节越简短，组成机器的结构和零件的数目越少，制造和装配费用就越低，降低了机械成本；减少传动环节也将降低能量耗损，减少运动链累积误差，从而有利于提高机器的机械效率和传动精度。

除此之外，减少原动机轴与机器末端输出轴之间的转速差，采用几个原动机分别驱动

各执行机构运动链均能使传动环节简化。

2. 合理安排传动系统中机构的排列顺序

机械传动系统中机构排列的顺序应遵循一定的规律，以便简化传动环节，减小传动系统外轮廓尺寸和质量，提高机械传动效率和传动精度。

首先，从总体上讲，执行机构布置在传动系统整个运动链的末端，传动机构则应布置在与原动机轴相连的运动链前端。通常一个运动链中只有一个执行机构，但其传动机构却可能由几个机构组成。传动机构中各机构的排列顺序同样应遵循一定的规律，一般应考虑以下几点：

(1) 带传动及其他摩擦传动应布置在运动链的最前端（高速级），以减小外轮廓尺寸和质量。链传动、开式齿轮传动则宜布置在运动链中紧靠执行机构一端（低速级），以求运动尽可能平稳和延长使用寿命。

(2) 斜齿轮传动与直齿轮传动相比，斜齿轮传动应布置在直齿轮传动前端。

(3) 圆锥齿轮传动应布置在运动链前端并限制其传动比，以减小圆锥齿轮的模数和直径。

(4) 对采用铝青铜或铸铁作为蜗轮材料的蜗杆传动，应布置在运动链靠近执行机构一端（低速级），以减少齿面相对滑动速度，防止胶合与磨损等；对采用锡青铜为蜗轮材料的蜗杆传动，最好布置在传动链高速级，以利于形成润滑油膜，提高效率和延长寿命，并可减小蜗轮尺寸，节省有色金属。

(5) 整个传动机构的布局应外形协调、机构合理，并便于制造、安装、调试和维护等。

3. 注意区分主、辅运动链和合理安排功率传动顺序

当机械传动系统中同时有几个运动链时，应分清主、辅运动链并优先设计运动链运动方案，然后再设计各辅助运动链的运动方案，以有利于理清设计思路、提高设计效率。

机械传动系统中功率传递顺序一般遵循"前大后小"的原则，即原动机先传动消耗功率较大的执行结构，后传动消耗功率较小的执行结构，以便于减少传递功率的损失和减小传动件的尺寸。例如机床总是先传动主运动系统，再传动进给系统。

4. 合理分配各级传动比

依据原动机的输出转速和执行结构的输入转速（该转速根据执行机构的运动速度确定），可求出传动结构的总传动比。而传动机构机构通常包括若干个机构（或称若干级传动），这就存在一个合理分配各级传动比的问题。具体分配传动比时应考虑以下原则：① 各级传动的传动比应在相应机构常用的传动比取值范围内选取；② 各级传动件应尺寸协调、结构均匀合理，传动件之间不应发生干涉碰撞；③ 整个传动机构应结构紧凑、外轮廓尺寸小、质量轻，并应利于采取合理的润滑、密封措施；④ 对多级同类传动，如多级齿轮传动、多级蜗杆传动等，一般应遵循"前大后小"的传动比分配原则。

5. 注意提高机械传动效率

机械传动系统的总效率显然与组成该系统的各机构的传动效率有关。而且，对大多数机器来说，其总效率通常等于机器中各级传动的分效率的连乘积。因此缩短运动传递路线及尽力提高各级传动的效率，都是不可忽略的工作。尤其是传动功率较大时，机构效率应

作为选择机构类型和设计传动方案的主要依据。

通常减速比很大的机构，如螺旋机构、蜗杆传动及某些行星轮系等效率均很低。因此，如果在传动功率较大的运动链中必须选用以上大减速比机构时，应注意恰当地选择这类机构的基本参数，以保证较高的机械传动效率。

六、机械传动系统设计实例

下面以牛头刨为例，介绍其机械传动系统设计的主要内容和主要结果。

牛头刨床用于加工长度较大的平面或成型表面，其工作原理是：刨头作往复切削运动，工作台带动工件作间歇直线进给运动，从而实现对工件平面的切削加工。给定刨头行程 H（mm）、刨刀每分钟切削次数 n'（次/min）及行程速度变化系数 K，刨刀在切削前后的空刀距离各约 $0.05H$，工作台进给量 f（mm/次）。要求进给量 f、刨刀切削深度、刨刀行程长度及每分钟切削次数均可调整，工作台上下位置和刨头前后位置可手动调整，刨头刀架转动速度以及工作台进给方向可变等。

1. 拟定牛头刨床的工作原理

牛头刨床的工作原理及工艺要求见第六章所述，从中可知其执行构件为作往复直线运动的刨头和作间歇直线进给运动的工作台。

2. 拟定原动机方案

选用 Y 系列三相交流异步电动机，同步转速为 1500 r/min。

3. 牛头刨床执行机构选型

1）实现刨头往复移动的机构的选型

可供选用的实现刨头往复移动的机构有：螺旋机构、直动从动件凸轮机构、齿轮齿条机构或蜗杆齿条机构、曲柄滑块机构、转动导杆机构和曲柄滑块机构串联而成的组合机构、摆动导杆机构和摆杆滑块机构串联而成的组合机构等。

其中螺旋机构虽具有面接触、受力好及刨头（螺母）工作行程为匀速移动等优点，但驱使螺杆反转和变速、实现刨头快速返回必须另有换向和变速机构，此外行程开始和终了时有冲击，其安装和润滑也有一定难度，故不是最好的刨头运动机构。直动从动件凸轮机构易实现急回运动和工作行程的匀速移动，但凸轮和整个机床的纵向尺寸过大，且高副受力较差，易磨损，难于平衡和制造，故不适于牛头刨床。齿轮齿条或蜗杆齿条机构能保证工作行程为匀速移动，但行程两端有冲击，且不易实现急回运动（必须另加换向和变速机构），因此也不是最好的牛头刨床的刨头运动机构（但可用于大行程龙门刨床）。曲柄滑块机构的主要缺点是不易实现工作行程的匀速或近似匀速移动，沿滑块移动方向机构尺寸较大，所以不宜用作刨头运动机构。

图 11-9 所示的转动导杆机构和曲柄滑块机构串联而成的组合机构为全低副机构，具有受力好、有急回特性、工作行程为近似匀速运动、无需反向机构及工作可靠等优点。其缺点是牛头刨床沿刨头移动方向尺寸太大，且轴 A 必须设计成悬臂梁结构，受力较差，因此也不是最好的刨头运动机构。图 11-10 所示摆动导杆机构与摆杆滑块机构串联而成的组合机构具有与图 11-9 所示结构相同的优点，但无后者的缺点，因而是最佳的刨头运动机构。

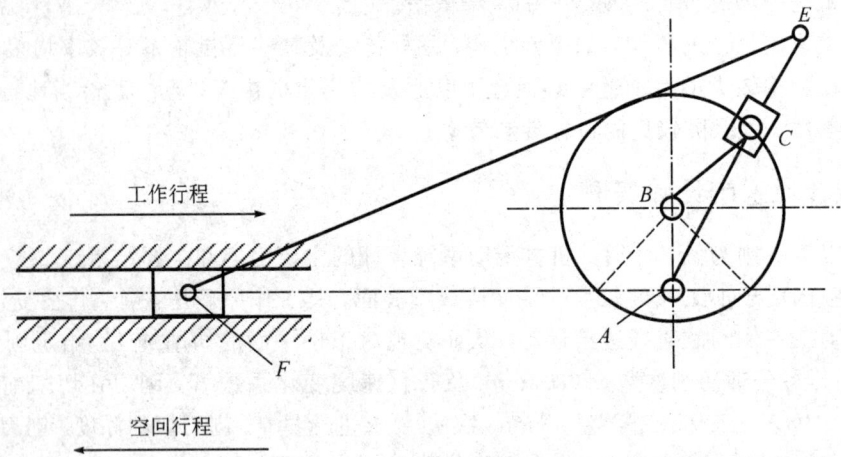

图 11-9　刨头往复移动的可选运动方案 1

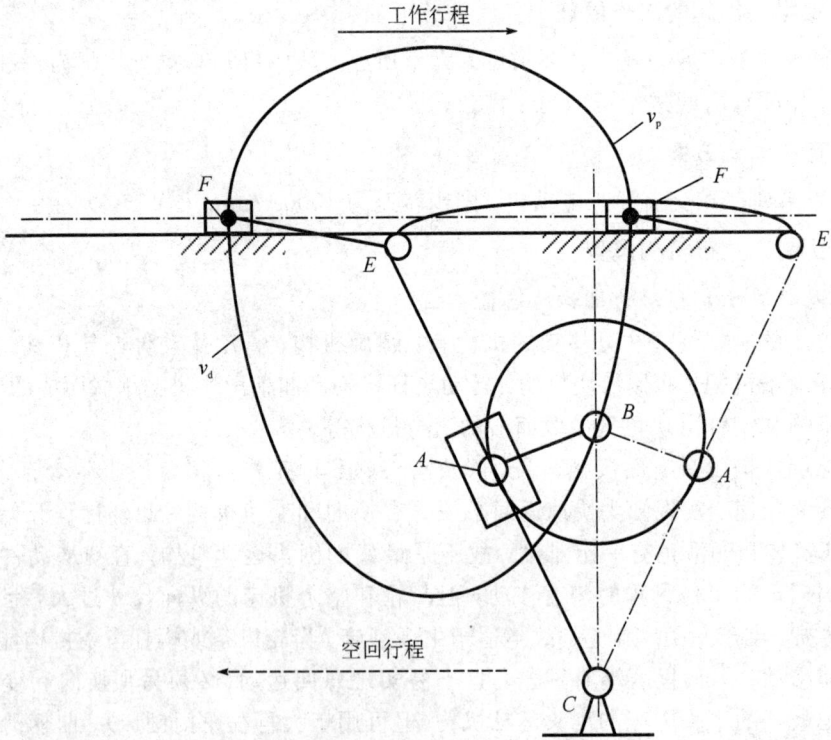

图 11-10　刨头往复移动的可选运动方案 2

2）牛头刨床工作台进给机构选型

工作台的运动特点是间歇的等量直线进给。若仅仅为了能够等量直线进给，则螺旋机构、蜗杆蜗齿条机构和一般的齿轮齿条机构都能做到。其中前两种机构具有自锁性，不进给时工作台会自动固定不动，满足其停歇要求；后一种机构则无自锁性，故一般不宜选用。又因螺旋机构比较简单和易于制造，所以当优先选用。再考虑满足间歇运动、进给量可调及正反向进给三项要求，槽轮机构、不完全齿轮机构和凸轮式间歇运动均因从动件转角不易改变而不宜采用。最后采用一个曲柄长度可变的曲柄摇杆机构和一个可变向式棘轮机构相串联而得到的机构，可很好地满足上述三项要求。

最后，在刨床运动机构的曲柄轴和工作台进给机构的曲柄轴之间，还应用一对等大的齿轮连接起来，以保证在一个运动循环中两曲柄轴均回转一周。

思 考 题

11-1　机械系统速度的波动有哪几种类型？它们各对机械系统有什么影响？

11-2　试述机械运动的速度周期性波动的原因及调节方法。

11-3　什么叫机械运动的非周期性速度波动？它产生的原因和调节方法是什么？

11-4　什么叫静平衡？什么叫动平衡？

11-5　刚性转子平衡的条件是什么？

11-6　设计机械传动系统时要考虑哪些基本要求？其设计的大致步骤是什么？

11-7　机构的组合与变异有何重要意义？各有哪些方法？

11-8　组合机构有哪些类型？各应用于什么场合？

11-9　设计机械传动系统运动方案的基本原则和基本思路是什么？

11-10　试以生活或生产中任一常用机械为例，分析、拟定其运动循环图并分析、讨论其传动系统运动方案。

参 考 文 献

［1］薛铜龙．机械设计基础［M］．北京：电子工业出版社，2011．

［2］刘向锋．机械设计基础［M］．北京：清华大学出版社，2008．

［3］张鄂．机械设计基础［M］．北京：机械工业出版社，2010．

［4］赵洪志．机械设计基础［M］．北京：高等教育出版社，2008．

［5］于兴芝．朱敬超．机械设计基础［M］．武汉：武汉理工大学出版社，2008．

［6］陈桂芳．田子欣．王凤娟．机械设计基础［M］．北京：人民邮电出版社，2012．

［7］上官同英．熊娟．机械设计基础［M］．上海：复旦大学出版社，2010．

［8］于辉．机械设计基础教程［M］．北京：北京交通大学出版社，2009．

［9］王宁侠．机械设计基础［M］．北京：机械工业出版社，2018．